中国科学院科学出版基金资助出版

有限体积法和非结构动网格

刘 君 徐春光 白晓征 著

科 学 出 版 社

北 京

内 容 简 介

本书讲述采用非结构动网格技术数值模拟高速飞行器的气动弹性和多体分离等存在相对运动界面的流固耦合问题的计算方法。第 2 章推导建立 ALE 形式的流体动力学方程。第 3 章介绍有限体积法的基本原理和分析理论。第 4 章讨论有限体积法中模拟激波的算法。第 5 章分析流固耦合界面条件的离散算法。第 6 章是网格变形技术和离散几何守恒律，实际问题常结合网格重构来解决大变形或大位移。第 7 章讲述在新旧网格之间传递流场信息时保持二阶精度的新算法和保持物理量守恒的插值算法。第 8 章介绍基于有限体积法的非平衡流动解耦算法理论。最后给出体现以上算法特色的应用算例。

本书适合航空航天领域从事流固耦合教学和科研的教师、研究生作为教学用书，也适合相关行业研究人员和工程技术人员参考学习。

图书在版编目(CIP)数据

有限体积法和非结构动网格/刘君，徐春光，白晓征著．—北京：科学出版社，2016

ISBN 978-7-03-048396-6

Ⅰ. 有… Ⅱ. ①刘…②徐…③白… Ⅲ. ①计算流体力学②传热计算③非定常流动-网格-计算方法 Ⅳ. ①O35②TK124

中国版本图书馆 CIP 数据核字(2016)第 117213 号

责任编辑：魏英杰 / 责任校对：桂伟利
责任印制：苏铁锁 / 封面设计：陈 敬

科 学 出 版 社 出版
北京东黄城根北街 16 号
邮政编码：100717
http://www.sciencep.com

北京凌奇印刷有限责任公司 印刷

科学出版社发行 各地新华书店经销

*

2016 年 6 月第 一 版 开本：720×1000 1/16
2017 年 9 月第二次印刷 印张：15 1/2
字数：310 000

POD定价： 110.00元

前　言

流固耦合问题在飞行器设计中有重要的应用需求，涉及流体力学和固体力学等交叉学科，试验非常困难，发展趋势是采用数值模拟开展研究。流固耦合数值模拟方法在一般的计算流体力学理论中很少论述，也不同于一般计算固体力学问题，是一门新的技术学科分支。我在国防科学技术大学教书的时候，每次修改研究生培养方案时都要求开设一定比例新课程，认真编写教案，这样基本上著作初稿也写出来了。2003 年开设“超声速流动与燃烧”课程时写过一本书，2008 年开设“流固耦合计算方法”课程，系统整理课题组从 1998 年开始的非结构网格相关研究成果，2009 年出版《非结构动网格计算方法及其在包含运动边界的流场模拟中的应用》。专研和教学的主要差异在于前者只要研究者自己的感悟，后者需要教师按照逻辑关系表达出来让学生理解，课堂教学互动，学生有些问题常能促进教师学术思考。专著作为教材已用于 4 届研究生教学，为回答硕士生和博士生的提问，不断增加相关理论，同时课题组新成果在以上专著中也没有体现。完善和丰富教学内容，并系统介绍研究新成果是写作本书的主要目的。

本书讨论的流固耦合问题主要包括两大类：一类是流场中有多个飞行体，它们之间有相对运动，称为多体分离问题；另一类是物体表面的变形对流场影响不容忽视的情况，称为物体变形引起的流固耦合问题。这两类问题的共同特点是包含有相对运动边界的非定常流动，本书主要介绍采用变形网格有限体积法数值模拟这类流固耦合现象时在控制方程、网格、离散方法、边界条件等方面的理论和算法。全书内容按照如下次序安排：从常比热量热完全气体动力学基本方程出发推导 ALE 形式，然后给出描述湍流、非平衡流的控制方程；针对格心格式，进行有限体积方法离散，通过细致分析计算方法的近似过程，介绍稳定性分析理论，提出相容性(格式精度)的验证性方法。为了说明有限体积法模拟激波的原理和多种对流项通量计算格式的本质，补充双曲型守恒律方程的弱解理论。在数学上计算流体力学属于偏微分方程的初边值问题，边界条件非常重要，以上流固耦合问题在两相交界面上传递流体和固体之间相互作用，因此专门讨论 ALE 形式有限体积方法计算运动边界的特殊问题及其处理，为了实现高精度需要构建离散几何守恒律。对网格变形技术综述和简单介绍两种算法以后，主要讨论离散几何守恒律和网格局部重构后流场信息传递方法。多体分离问题常采用发动机作为分离动力，流场内涉及燃气组分或化学反应，有限体积法计算非平衡流动控制方程源项时存在精度问题，新型解耦算法可以很好解决。最后，给出体现以上算法特色的应用算例，包括解决“接触/脱离”计算区域拓扑变化的“虚拟网格通气”技术等。

本书主要阅读对象是完成相关理论学习，并准备开展运动界面应用问题研究的研究生。目前国内细致论述有限体积方法的计算流体力学教科书不多，涉及非结构动网格技术的专门著作很少，本书介绍数值模拟流固耦合现象的力学理论和计算方法，使学生了解流固耦合问题的应用领域和研究进展，掌握应用流体力学和固体力学基本知识解决解决飞行器设计中遇到的飞行器多体分离、结构响应、气动弹性和武器装备研究中遇到的爆炸冲击响应问题的数值模拟方法，培养学生开展交叉学科研究的能力，为研究生开展进一步的方法探索或应用研究奠定理论基础。

本书研究工作先后得到国家自然科学基金面上项目(批准号 11272074 和 91541117)和重点项目(批准号 11532016)的资助，研究工作还在继续。

本人有幸师从张涵信院士学习，在计算流体力学进入中国蓬勃发展之初得到系统的专业训练，中国空气动力研究与发展中心的张来平研究员提供的二维非结构静止网格计算程序是我们编程的起点，在此表示衷心感谢！

感谢郭正、王巍、周松柏、刘瑜博士，本书也凝聚了他们的心血。感谢我现在指导的研究生，他们不懈努力使我能够专心思考和写作、啜茶看书，从容生活。

限于水平，书中不妥之处在所难免，诚望读者提出宝贵意见。

刘君

大连理工大学

目　　录

前言
第 1 章　引言 …… 1
1.1　有限体积法的理论问题 …… 1
1.2　非结构动网格的技术问题 …… 5
1.2.1　物理比拟方法 …… 5
1.2.2　网格光顺法 …… 6
1.2.3　插值方法 …… 6
1.2.4　运动子网格方法 …… 7
1.2.5　变拓扑方法 …… 7
1.3　流固耦合问题 …… 8
参考文献 …… 9
第 2 章　基本方程 …… 14
2.1　Lagrange 坐标系和 Euler 坐标系 …… 14
2.2　ALE 形式的质量方程 …… 18
2.3　ALE 形式的 Navier-Stokes 方程 …… 22
2.4　可压缩湍流的 Faver 方程 …… 28
2.5　存在组分变化的流体动力学方程 …… 34
2.6　湍流和非平衡流的统一方程 …… 37
参考文献 …… 41
第 3 章　有限体积法基本原理和分析理论 …… 42
3.1　有限体积法基本原理 …… 42
3.2　有限差分法基本理论 …… 50
3.3　有限体积法的相容性(格式精度)分析方法 …… 54
3.4　有限体积法的稳定性分析方法 …… 60
3.5　有限体积法的时间离散格式 …… 62
3.6　黏性项的计算 …… 68
3.7　高精度格式的限制器 …… 70
参考文献 …… 72
第 4 章　可压缩流体方程的有限体积方法 …… 73
4.1　双曲型守恒律方程的弱解理论 …… 74

4.1.1 标量守恒型方程的弱解理论 …… 76
4.1.2 双曲型守恒律方程组的弱解理论 …… 79
4.2 Godunov 守恒格式 …… 87
4.3 量热完全气体 Euler 方程的有限体积方法 …… 91
4.3.1 守恒变量的空间重构 …… 91
4.3.2 界面通量计算格式 …… 92
4.4 湍流和非平衡流方程的对流项计算 …… 103
4.5 黏性通量计算格式 …… 105
4.6 时间离散格式 …… 106
参考文献 …… 109
第 5 章 边界计算格式和流固耦合界面算法 …… 110
5.1 无黏进出口均匀流动边界条件 …… 110
5.2 边界的虚拟网格技术 …… 112
5.2.1 面镜像 …… 113
5.2.2 点镜像 …… 114
5.3 流固耦合的界面算法 …… 116
5.3.1 流固界面条件 …… 120
5.3.2 界面算法的精度分析模型 …… 122
5.3.3 高精度的界面算法 …… 125
参考文献 …… 126
第 6 章 网格变形算法和离散几何守恒律 …… 127
6.1 弹簧近似方法 …… 128
6.2 空间插值方法 …… 131
6.2.1 基于 Delaunay 三角形的插值法 …… 132
6.2.2 基于径向基函数的插值法 …… 140
6.2.3 RBFs-MSA 混合动网格变形算法 …… 142
6.2.4 距离倒数加权插值算法 …… 145
6.3 离散几何守恒律 …… 146
参考文献 …… 150
第 7 章 网格间信息传递方法 …… 151
7.1 网格间高精度信息传递方法简介 …… 152
7.2 移动网格方法的应用难点及其改进算法 …… 153
7.3 基于单元的守恒插值 …… 157
7.4 流固耦合界面信息传递 …… 162
参考文献 …… 163

第 8 章　化学非平衡流的有限体积法 …… 164
8.1　热完全气体和化学动力学模型 …… 164
8.1.1　混合气体的焓、内能和熵 …… 166
8.1.2　化学动力学模型 …… 170
8.1.3　化学反应的速率系数和平衡常数 …… 172
8.2　解耦算法的理论基础 …… 175
8.2.1　非平衡流动的刚性问题 …… 176
8.2.2　传统的解耦算法 …… 177
8.2.3　新型的解耦算法 …… 179
8.3　基于有限体积法的解耦算法 …… 181
参考文献 …… 183
第 9 章　验证算例和部分工程应用实例 …… 184
9.1　验证算例 …… 184
9.1.1　有限体积法的求解器 …… 184
9.1.2　动网格技术 …… 186
9.1.3　几何守恒律 …… 189
9.1.4　界面算法 …… 190
9.1.5　信息传递 …… 193
9.1.6　ALE 求解器 …… 198
9.1.7　非平衡流的有限体积法 …… 205
9.2　应用实例 …… 207
9.2.1　冷分离 …… 208
9.2.2　热分离 …… 212
9.2.3　虚拟通气技术 …… 214
9.2.4　阀门动态特性 …… 222
9.3　以非定常流动模拟为基础的多学科融合——数值飞行 …… 229
9.3.1　数值模拟飞行 …… 231
9.3.2　数值模拟飞行的关键技术 …… 232
9.3.3　数值模拟飞行是新的发展趋势 …… 235
参考文献 …… 236

第1章 引 言

有限体积法是个理论问题，将其讨论清楚有助于学科发展；动网格是个技术问题，说清其原理可以拓展应用范围。有限体积法和动网格结合起来主要用于模拟航空航天领域非常关心的、流场内包含有相对运动边界的非定常流动引起的流固耦合问题。

1.1 有限体积法的理论问题

有限体积法(finite volume method，FVM)，早期也译为有限容积法或控制体法，很早就随着计算传热学中著名的 SIMPLE 算法在国内得到普遍应用[1,2]，但是能够准确分辨激波的弱解理论不适合建立在交错网格上的 SIMPLE 算法，可压缩流的经典 CFD 著作[3-9]中很少专门论述有限体积法。近年来，因其适应任意形状的非结构网格而在复杂外形的计算上具有明显优势，有限体积法被国外 CFD 商业软件广泛采用，国内出版的 CFD 教材常提及这种算法[10-18]，“它比有限差分算法和有限单元算法发展更快，在计算流体力学中已经占有相当重要的地位”[19]。但是，考察以上提及 FVM 的著作，除了“有限差分法是从描述这些(流体运动)基本守恒律的微分方程出发构造离散方程，而有限体积法是以积分型守恒方程为出发点，通过对流体运动的体积域的离散来构造离散方程”[12]这样的定性结论外，在对具体计算理论，如相容性、稳定性、TVD、Riemann 分解、数值耗散和色散等均是针对有限差分法(finite difference scheme，FDS)进行分析的，很少有专门分析 FVM 的理论模型。

造成这种局面的主要原因是有些作者引用国外文献，“微分类方法(如有限差分法)和积分类方法(如有限体积法)的不同导致了几何项处理不同，这会对计算精度和效率产生影响，但都是非本质的。也就是说，有限差分法和有限体积法的不同主要是对网格的几何处理方法不同，而两者没有本质区别”[15]。“有限差分法和有限体积法是密切相关的。事实上，在矩形网格上，两者可以做到完全等价”[15,16]。按照这种观点，至少在结构网格(矩形网格)上 FVM 等价于 FDS。但是，也有教材或著作中对 FVM 和 FDS 等价有不同看法，认为“对于较均匀的网格，如果坐标变换函数的计算具有高精度，那么有限差分法可以通过多点格式或紧致格式获得高精度，但对于有限体积法很难获得二阶以上精度”[10]，表明 FVM 不能简单等同于 FDS。

有些文献把难以构造高精度 FVM 格式限制为“对于多维问题而言”[15,16]，这意味着存在一维的 FVM，至少表明一维 FVM 和多维 FVM 存在差异，但是有些文献直接把 TVD、ENO 等高精度格式推广到多维结构化网格的有限体积法中[14-16,19]，进一步还采用算子分裂算法把多维问题分裂为几个一维问题的来建立多维非线性对流方程的有限体积法，采用 Lax-Wendroff 格式求解[19]。由于很多高校开设 CFD 课程，从规范教学和学科发展的角度有必要清晰论述这两个问题。

综合分析以上 CFD 教材中关于 FVM 的分歧，主要来自于对 FVM 的理解不同，目前主要有以下三种定义。

① 只要算法构造过程中采用积分运算就称为 FVM。

② 只把构造过程中空间项采用积分运算的算法称为 FVM。

③ 特指采用高斯定理把体积分转换为面积分以后建立的算法。

定义①包括 Godunov 守恒格式，这是只能用于一维 Riemann 问题的格式，既不是 FDS，也不是 FVM，因此这种定义不正确。定义②将构造 ENO、WENO 和紧致格式时采用的积分型模板函数和 FVM 混淆了，第 3 章会对此专门讨论，此处直接引用分析结论：高精度格式使用的模板是沿单一坐标方向相邻点信息构建的单变量函数，无论采用拟合型，还是积分型函数，本质是在空间特定点上函数值或其导数值的近似，即使对于结构化网格，模板函数用于 FDS 和 FVM 的精度不同，高精度的积分型格式也很难构造出“真正的”高精度 FVM。我们认为采用定义③较为准确。

这里强调“真正的”FVM，是因为有些文献把一些 FDS 也归类为 FVM。下面介绍这种观点的来历。考虑二维线性偏微分模型方程，即

$$\frac{\partial u}{\partial t}+a\frac{\partial u}{\partial x}+b\frac{\partial u}{\partial y}=\frac{\partial u}{\partial t}+\frac{\partial f}{\partial x}+\frac{\partial g}{\partial y}=0$$

在结构网格的基础上，一般曲线坐标系下的模型方程可以变换为

$$\frac{\partial J^{-1}u}{\partial \tau}+\frac{\partial J^{-1}(f\xi_x+g\xi_y)}{\partial \xi}+\frac{\partial J^{-1}(f\eta_x+g\eta_y)}{\partial \eta}=0$$

再计算空间离散，即

$$\frac{\partial J^{-1}u}{\partial \tau}+(F_{i,j+\frac{1}{2}}-F_{i-\frac{1}{2},j})+(G_{i,j+\frac{1}{2}}-G_{i,j-\frac{1}{2}})=0$$

其中，$F=J^{-1}(f\xi_x+g\xi_y)$和$G=J^{-1}(f\eta_x+g\eta_y)$表示曲线坐标系下通量。

网格编号采用整数表示，则有

$$\Delta\xi=\xi_{i,j}-\xi_{i-1,j}=\Delta\eta=\eta_{i,j}-\eta_{i,j-1}=1$$

坐标变换产生的导数采用中心差分离散，则有

$$J_{i,j}^{-1}=x_\xi y_\eta-x_\eta y_\xi=\begin{bmatrix}x_\xi & x_\eta\\ y_\xi & y_\eta\end{bmatrix}=\begin{bmatrix}\dfrac{x_{i+1,j}-x_{i-1,j}}{2} & \dfrac{x_{i,j+1}-x_{i,j-1}}{2}\\ \dfrac{y_{i+1,j}-y_{i-1,j}}{2} & \dfrac{y_{i,j+1}-y_{i,j-1}}{2}\end{bmatrix}$$

近似等于包含(i,j)点周围网格单元构成的面积，记为$J_{i,j}^{-1}=\bar{V}_{ij}$，根据

$$\xi_x|_{i,j}=y_\eta J_{i,j}=\frac{y_{i,j+1}-y_{i,j-1}}{2\bar{V}_{ij}}$$

由此可知，$(J^{-1}\xi_x)_{i,j}$近似等于包含$(i,j-1)$和$(i,j+1)$两点构成线段在y轴上投影。采用符号S_{1x}和S_{3x}分别表示包含(i,j)网格单元的左侧和右侧面积投影，即

$$S_{1y}=\frac{1}{2}[(J^{-1}\xi_x)_{i,j}+(J^{-1}\xi_x)_{i-1,j}]$$

$$S_{3y}=\frac{1}{2}[(J^{-1}\xi_x)_{i+1,j}+(J^{-1}\xi_x)_{i,j}]$$

同样，对于线段投影$(J^{-1}\xi_y)_{i,j}=-x_\eta$、$(J^{-1}\eta_x)_{i,j}=-y_\xi$和$(J^{-1}\eta_y)_{i,y}=x_\xi$引入类似的符号$S_{1y}$、$S_{3y}$、$S_{2x}$、$S_{4x}$、$S_{2y}$和$S_{4y}$，代入FDS可以得到的空间离散表达式，即

$$\frac{\partial J^{-1}u}{\partial\tau}+(f_{i-\frac{1}{2},j}S_{1y}+g_{i-\frac{1}{2},j}S_{1x})+(f_{i,j-\frac{1}{2}}S_{2y}+g_{i,j-\frac{1}{2}}S_{2x})$$
$$+(f_{i+\frac{1}{2},j}S_{3y}+g_{i+\frac{1}{2},j}S_{3x})+(f_{i,j+\frac{1}{2}}S_{4y}+g_{i,j+\frac{1}{2}}S_{4x})=0$$

在同样的结构网格上构建FVM算法。在编码为k的控制体上积分流动方程，利用高斯公式把面积分换成线积分，可以得到对应的积分型控制方程，即

$$\frac{\partial}{\partial t}\iint_{V_k}u\,\mathrm{d}\sigma+\sum_{l=1}^{4}\left[\int_{S_l}(f\boldsymbol{i}+g\boldsymbol{j})\boldsymbol{n}_l\,\mathrm{d}s\right]_k=0$$

控制体就是实际物理空间区域，求解变量u、对流通量f和g是充满整个求解时间和空间区域的连续函数，随着控制体趋向无穷小，积分方程的解趋向于偏微分方程的解。基于离散数字结构体系的计算机技术无法描述以上建立在连续时间和空间区域的方程，为了适应信息存储和运算速度有限的计算机，必须对物理量进行时间和空间离散处理。采取何种离散方法就成为有限体积法的研究内容。从原理上说，控制体内存储信息的位置越多越有益于精确描述物理量的分布，但是从目前应用情况看，除了少量高精度格式文献，一个控制体的存储位置只有一点。尽管控制体可以具有任意形状，存储物理量的空间位置主要选择两个几何特征点：一种是网格的顶点，称为格点格式(vertex scheme)；另一种是网格单元的重心，称为格心格式(cell centered scheme)。对于格心格式，可以采用控制体内物理量积分得到的平均值，即

$$\bar{u}_k=\frac{1}{V_k}\iiint_{V_k}u\,\mathrm{d}\sigma$$

作为可操作的信息来表征整个控制体内物理量。可以看出，平均值不一定等于控制体格心位置(x_k，y_k)上物理量的实际值 $u_k=u(t,x_k,y_k)$。

为了得到积分方程中进出控制体表面的通量积分值，需要根据编码为 k 的控制体及其相邻控制体的格心位置上存储的平均值来近似原来的连续变量或函数，即所谓的空间重构(reconstruction)问题。采用控制体平均值 $\bar{u}$ 代替连续分布物理量 u 来重构对流通量分布，假设重构得到边界面上的对流通量为 $\bar{f}$ 和 $\bar{g}$，在此基础上进行第二次重构，即对 $\bar{f}$ 和 $\bar{g}$ 在边界面积分得到平均值，即

$$\hat{f}_l \approx \frac{1}{S_l}\int_{S_l}\bar{f}\,\mathrm{d}s, \quad g_l \approx \frac{1}{S_l}\int_{S_l}\bar{g}\,\mathrm{d}s$$

这样得到有限体积法的半离散形式，即

$$\frac{\partial(\bar{u}V)_k}{\partial t} + \sum_{l=1}^{m}[(\hat{f}_l\boldsymbol{i} + \hat{g}_l\boldsymbol{j})\boldsymbol{n}_l S_l]_k = 0$$

其中，$V_k=\bar{V}_{ij}$ 和 $\boldsymbol{n}_l S_l$ 表示的几何面积和线段和前面 FDS 中对应的符号完全一致。

由此可以得出结论，“有限差分方法和有限体积方法的不同主要是对网格的几何处理方法不同，而两者没有本质的区别”，“在适当处理几何度量系数条件下，在一般曲线坐标系下，守恒型流动方程的有限差分方法等价于物理空间的有限体积方法”。

但是从以上的建模过程可以看出，两者仅仅是形式相同，在本质上存在明显差异。

① V_k 和 S_l 是精确的几何面积，而有限差分方法中的 $\bar{V}_{ij}$ 来自坐标变换，用来表征几何参数时存在误差，如果采用高精度差分格式，则不能按照上述二阶精度方法计算 $\bar{V}_{ij}$、S_{lx} 等系数，因此即使同样的网格得到的 FVM 和 FDS 形式也不再相同。

② 采用高斯公式以后空间维数发生变化，数学上不存在一维高斯公式，本质上也没有一维积分型控制方程。

③ Taylor 级数理论不能用于空间平均值。

目前，CFD 分析理论主要建立在一维模型方程的基础上，适合 FDS，不能反映 FVM 的特点，有必要发展专门针对 FVM 的理论体系[20]。在本书第 3 章，从线性模型方程出发，通过比较有限体积法和有限差分法离散过程，论证两者之间的差异，指出采用有限差分法经典理论分析有限体积法存在的问题，提出分析有限体积法相容性(格式精度)的验证性方法，讨论了构造基于非结构网格的高精度有限体积法遇到的限制器、隐式迭代和黏性通量计算等问题。有限体积法用于模拟存在激波的流场，其空间积分特性决定了只能在控制体界面处描述激波，本书第 4 章先介绍双曲型守恒律方程的弱解理论，然后讨论对流项通量计算格式，最后给出黏性流动时界面应力计算方法。尽管支持不存在一维的 FVM 的观点，但是有限体积

法也可以采用时间分裂法，在本书第 8 章将讨论把基于有限差分法提出的化学非平衡流解耦算法拓展到有限体积法的理论基础。

1.2 非结构动网格的技术问题

网格是结构还是非结构并不在于其几何形状，而在于数据结构是否有序。非结构网格除了相邻单元编码无序外，也包括控制体形状和面元数目不受限制。严格地说，混合网格是指分块以后有些采用有序编码、有些采用无序编码的算法，把非结构网格中出现六面体形状网格称为混合网格的提法不准确。

边界运动引起流场的物理空间随时间变化，导致建立在计算区域上的离散网格也要随时间变化，在 CFD 领域处理这类问题有三种方法，即运动嵌套网格、笛卡儿自适应网格和变形动网格技术。采用变形动网格实现边界运动原理简单，但是需要发展变形能力强和计算效率高的网格技术。

很多文献按照求解方程类型把网格变形方法分为代数方法和偏微分方程方法两类，本书按照构造思想分为物理比拟、椭圆光顺、插值、运动子网格和变拓扑方法五种方法。网格变形有三个基本要求：变形中不出现失效单元，保持较好品质；能够精确描述边界，即保证网格是贴体的；不能造成 CFD 求解器计算精度和效率大幅度降低。下面按照这三条标准来评价以上五种方法的特点。

1.2.1 物理比拟方法

这是一类将网格点的运动比拟为某种物理过程的网格变形方法，常用的包括弹簧比拟法和固体比拟法。

1990 年，Batina 首次将弹簧比拟法用于三角形网格的变形[21]。它的原理是将网格边视为弹簧，整个计算区域网格构成弹簧系统，在弹簧系统内部节点（网格点）列出力的平衡方程组，边界发生运动或变形后使弹簧网络受到拉伸和挤压，整个弹簧系统受力发生变化，通过求解弹簧网络的平衡方程来更新网格节点的位置。这种方法只考虑弹簧的拉压，在扭转变形时易出现网格折穿（snap-through）。1998 年，Farhat 等在二维网格顶点处施加扭转弹簧增加抗扭转能力取得实效，但在推广到三维网格遇到困难[22,23]。2000 年，Blom 等根据三角形单元边对应的顶角来修正线弹簧刚度系数，提出半扭转弹簧方法[24]。2003 年，郭正等对四面体，采用不包含该边的二面角作为顶角，把这种方法推广到了三维情形，同时通过求解固体导热方程得到内部节点温度作为参数来增加动边界附近网格层的弹簧刚度系数，提高了网格变形能力[25]。弹簧方法一般只适用于三角形网格和四面体网格，应用于其他类型网格则需要剖分重构，例如，六面体单元剖分为 6 个四面体网格，这增加了计算量和实施难度，限制了该方法的应用。2005 年，Bottasso 等提出球点弹簧方法，在以网格边构成的弹簧系统内再添加新弹簧，这些新弹簧的起点位于网格节点，终点止于该点在所对面内的垂足，如此一来，格点便为多面球所包围，从而避免折穿，可以用于四边形和六面体单元的网格变形[26,27]。弹簧比拟法所求解的力平衡方程组对角占优，采用 Jacobi 迭代或 Seidel 迭代较快收敛，因此得到大量应用，但变形能力比固体比拟法差。

固体比拟法是 Tezduyar 等 1992 年提出的，它将计算域视为弹性体，运动边界的位移作为变形载荷施加在弹性体上，每个网格节点由一组弹性力学基本方程进行控制，通过计算得到在变形载荷下网格节点的位移，从而得到新的网格位置[28]。弹性体方法的模型完备，具有比较成熟的计算方法，适用于任何网格类型，通过调整弹性模量、泊松比、添加源项等等改进措施，使其具有很强的网格变形能力，至今依然在广泛应用[29-38]。但弹性体方法需要求解偏微分方程组，计算量大，不适用于大规模问题。

还有其他的物理比拟法，如 Kennon 等提出的流动比拟法[39]和陈炎等提出的温度体比拟法[40-43]，因其缺少普适性，这里不再介绍。

1.2.2 网格光顺法

基于偏微分方程的网格生成算法很早就广泛应用[44]，1996 年 Löhner 等用于网格变形，通过求解 Laplace 方程把边界运动逐步传递到计算区域内部网格点，由于椭圆型方程具有在求解域内部不会产生极值的数学特性，这种方法得到的网格变形光滑过渡，因此称为网格光顺方法[44]。计算均匀扩散系数的 Laplace 方程得到的位移主要和网格点所处位置相关，同样变形相对于不同网格单元的效果不一样，通过调整扩散系数让小单元经历较小变形、大单元经历较大变形，提高网格变形能力[45-50]。近几年探索从双调谐方程和双椭圆方程对网格实施变形[51,52]。

弹性力学基本方程和 Laplace 方程的数学性质类似，实际应用也表明网格光顺法和固体比拟法相似，具有较强的网格变形能力，但是计算量大，实施较复杂。

1.2.3 插值方法

采用插值函数根据已知边界网格点位移插值得到内部网格点位移，分为显式和隐式两种。采用代数插值、多项式插值、样条插值等函数，沿着网格线根据确定的边界位置直接计算网格内点位置的显式插值过去在激波装配法、气动弹性计算中常用，仅适用于结构网格和简单外形。近几年通过采用基于距离的插值函数建立了适用于任何类型的网格单元的显式插值[53-56]，其中 1968 年 Shepard 提出的逆距加权插值(inverse distance weighting interpolation，IDW)[57]采用未知点到已知点距离倒数的权重，通过已知点集的数据的加权平均得到未知点处的数据，IDW 算法用于网格变形取得很好效果[47-60]。显式插值具有很高的计算效率，适合于大规模的并行计算,但是不考虑连接关系的“点对点”特性使其变形后网格质量很快下降,外形或边界运动等情况远不如考虑相邻点影响的隐式插值。

常用的隐式插值是径向基函数法(radial basis functions,RBFs),采用点与点之间径向距离的函数,在已知运动边界离散点数据条件下,通过求解线性方程组得到插值函数的系数,然后得到内部网格点位置。该算法数据结构简单,可以应用于任何类型网格,并且有完备的理论基础[61]。2007 年,Boer 等用于网格变形,发现计算插值系数需要的线性方程组规模是边界点数目的平方,对于三维问题计算量很大[62],后来对这种方法进行改进减少了计算量,但算法变得较为复杂[63-66]。

尽管插值方法很少发生变形失败,但是主要考虑距离信息的特性使其难以保证网格质量,隐式插值计算效率也值得考虑。

1.2.4 运动子网格方法

运动子网格法早期特指 Delaunay 图映射方法,是 Liu 等在 2006 年提出的一种动网格方法[67],在所有动边界网格点和若干控制点基础上生成 Delaunay 图,也就是子网格,计算网格包含在子网格内部,每个计算网格点必然属于子网格中一个单元,可以在子网格单元内部的相对位置坐标,即得到计算网格节点和子网格单元的映射关系,边界运动牵引子网格运动,利用映射关系便可以得出计算网格节点在变形后的坐标。Delaunay 图映射方法具有很高的计算效率,但对于复杂外形和大幅度运动,网格质量很快下降,子网格易出现交叉,重新生成需要花费时间,近年来提出一些改进措施[68-70],其中周璇等利用弹簧比拟法计算运动子网格的变形[70],采用运动子网格法表述这类方法更合适。

1.2.5 变拓扑方法

以上列举的网格变形方法,网格点之间的连接关系不改变,在动边界经历大位移和大变形时,网格质量必然会变差,如果放弃网格点之间连接关系不变的限制,则动网格的变形能力会进一步增强。2011 年,Olivier 等用弹性体比拟法模拟叶片旋转,允许改变网格节点间的连接关系,极大增强变形能力,实现了二维叶片的 360°旋转[71,72],Guardone 等采用对质量差的网格单元进行边交换也具有同样效果[73,74]。2013 年,Wang 等用弹簧比拟法进行二维网格变形,通过改变网格节点间的连接关系模拟了双翼型扑动流场。变拓扑方法的数据结构变化较频,需要求解器进行改造,实现较为复杂。

最新的趋势同时采用两种以上方法的组合对网格进行变形,即混合方法。文献[75]用弹簧比拟法计算多块结构网格的块顶点位移,然后用超限插值方法更新块内网格节点坐标。我们结合径向基函数方法和运动子网格方法各自的优点提出 RBFs-MSA 网格变形算法也属于混合方法[76],很好的协调了变形能力和计算效率。

第 2 章在讨论 Euler 坐标系和 Lagrange 坐标系的基础上，论证了 ALE 形式的控制方程本质上是从 Euler 坐标系的流体动力学方程组出发，通过坐标变换推导得到的，给出了包括湍流、异质流、非平衡流的统一的 ALE 形式控制方程。第 6 章介绍括弹簧比拟法、空间插值方法和混合方法。

为了消除网格变形过程引入的误差，需要发展相应的几何守恒律。文献[20]详细讨论了离散几何守恒律，通过数学模型证明它是流场参数假设为常数的 ALE 形式流体控制方程的退化形式，不是独立的新约束条件，不满足几何守恒律引起非物理解的机理是由于网格变形过程中体积增量与面积运动形成的体积不等而产生误差。在非定常流场的计算过程中，随着时间推进步数增加，误差不断累积，因此必须构建几何守恒律算法来消除这种误差。第 6 章对国内外文献构造的几何守恒律进行分类，并介绍了我们提出的新思路。

用变形网格模拟复杂工程中遇到的大变形问题常需要进行局部网格重构，这又涉及新旧网格之间信息传递。插值会产生新的误差，导致激波分辨率降低或非物理波动。文献[20]提出一种基于动网格的信息传递方法，理论上从旧网格参数得到新网格参数的过程中不产生额外误差。在网格尺度相差较大，同时流场参数变化剧烈的情况下，流场信息传递中物理量的守恒性直接影响计算的稳定性和精度，这时非常需要守恒插值方法。在第 7 章介绍这种信息传递和守恒插值的新算法。

1.3　流固耦合问题

本书关心包含有相对运动边界的非定常流动的应用，主要包括两大类流固耦合问题。

① 物体表面变形对流场影响不容忽视的情况，称为物体变形引起的流固耦合(fluid Structure)问题。

② 流场中有多个物体，它们之间存在相对运动，而且大部分情况下运动还受到流场的影响，需要采用流体和刚体(fluid rigid)的耦合计算，为区别于前一类流固耦合问题，书中称为多体分离问题。

自然界中的大部分流动现象中都存在着流固耦合问题，从空中飞翔的鸟儿到水里嬉戏的鱼儿，从生生不息的呼吸系统到支撑生命的心血管系统，从声声汽笛到滚滚车轮……，都包含着运动边界和流体的相互作用。在飞行器设计中，研究这类流体与固体相互耦合作用的应用需求也很多。例如，飞行器结构不可能绝对刚硬，在气动力作用下会发生弹性变形，这种变形反过来又使气动力特性改变，对飞行器的操纵性和稳定性会产生影响，严重时会使结构破坏或造成飞行事故。随着飞行速度提高、结构重量减小，气动弹性问题变得严重起来，颤振验证也因此成为设计飞机必须考查的项目而载入强度规范。这类流场的共同特点是物体外形随时间变化，运动界面与流体相互作用，形成高度非定常、非线性的动力学系统。流体与固体两种介质的动力学和运动学特性采用不同方程描述，相互作用通过界面耦合。

多体分离问题在航天与航空领域并不鲜见，其中最典型的是飞行器在大气层内飞行时发生的多体分离问题，如外挂物与载机分离、座舱盖/座椅的弹射、多级火箭的级间分离、多弹头再入、子母弹抛撒、爆炸弹片飞散、冲击波驱动物体运动等。这类问题的共同之处在于相对气流高速运动的两个或多个物体之间有相对运动，形成的流场和物体受到的气动力具有明显的非定常流动特点，简单采用相对运动原理从“静止空气中的运动物体”变为“运动空气中的静止物体”难以描述流体动力学本质机理。由于物体相对运动形成的非定常流体作用力反过来又影响物体的运动特性，因此研究多体分离问题大多需要采用空气动力学和飞行力学相互耦合的方法。

由于流体方程和固体(刚体)方程的数学特性及其求解算法不同，采用基于动网格的有限体积法模拟流固耦合现象时，经常通过流体和固体之间的作用仅发生在两相交界面上的解耦算法实现流固耦合。在航天与航空领域的很多工程应用中，非常关心两个物体从接触到分离瞬态过程，多体分离常采用火箭发动机或火工品作为分离驱动力，需要考虑化学反应。第五章介绍高精度的流固耦合界面算法，第八章讨论和建立基于非结构网格的非平衡流动算法，在第九章介绍解决“接触/脱离”计算区域拓扑变化的虚拟网格通气技术。

参考文献

[1] 帕坦卡. 传热与流体流动的数值计算. 张政，译. 北京：科学出版社，1984.
[2] 陶文铨. 数值传热学. 西安：西安交通大学出版社，1988.
[3] 程心一. 计算流体动力学. 北京：科学出版社，1984.
[4] 朱家鲲. 计算流体力学. 北京：科学出版社，1985.
[5] 马铁犹. 计算流体力学. 北京：北京航空航天大学出版社，1986.
[6] 吴江航. 计算流体力学的理论、方法及应用. 北京：科学出版社，1988.
[7] 张涤明. 计算流体力学基础. 广州：中山大学出版社，1991.
[8] 苏铭德. 计算流体力学基础. 北京：清华大学出版社，1997.
[9] 张涵信. 计算流体力学—差分格式原理和应用. 北京：国防工业出版社，2003.
[10] 吴子牛. 计算流体力学. 北京：科学出版社，2001.
[11] 中国人民解放军总装备部. 计算流体力学及应用. 北京：国防工业出版社，2003.
[12] 傅德熏. 计算流体力学. 北京：高等教育出版社，2002.
[13] 李万平. 计算流体力学. 武汉：华中科技大学出版社，2004.
[14] 刘儒勋. 计算流体力学的若干新方法. 北京：科学出版社，2004.

[15] 阎超. 计算流体力学方法及应用. 北京：北京航空航天大学出版社，2006.

[16] 任玉新. 计算流体力学基础. 北京：清华大学出版社，2006.

[17] 龙天渝. 计算流体力学. 重庆：重庆大学出版社，2007.

[18] 江春波. 计算流体力学. 北京：中国电力出版社，2007.

[19] 张德良. 计算流体力学教程. 北京：高等教育出版社，2010.

[20] 刘君，白晓征，郭正. 非结构动网格计算方法——及其在包含运动界面的流场模拟中的应用. 长沙：国防科技大学出版社，2009.

[21] Batina J T. Unsteady Euler airfoil solutions using unstructured dynamic meshes. AIAA Journal，1990，28(8)：1381-1388.

[22] Farhat C，Degand C，Koobus B，et al. Torsional springs for two-dimensional dynamic unstructured fluid meshes. Computer Methods in Applied Mechanics and Engineering，1998，163：231-245.

[23] Degand C，Farhat C. A three-dimensional torsional spring analogy method for unstructured dynamic meshes. Computers and Structures，2002，80：305-316.

[24] Blom F J. Considerations on the spring analogy. International Journal for Numerical Methods in Fluids，2000，32：647-668.

[25] 郭正，刘君，瞿章华. 非结构动网格在三维可动边界问题中的应用. 力学学报，2003，35(2)：140-146.

[26] Bottasso C L，Detomi D，Serra R. The ball-vertex method：a new simple spring analogy method for unstructured dynamic meshes. Computer Methods in Applied Mechanics and Engineering，2005，194：4244-4264.

[27] Acikgoz N，Bottasso C L. A unified approach to the deformation of simplicial and non-simplicial meshes in two and three dimensions with guaranteed validity. Computers and Structures，2007，85：944-954.

[28] Tezduyar T E，Behr M，Mittal S，et al. Computation of unsteady incompressible flows with the finite element methods space-time formulations，iterative strategies and massively parallel implementations. New Methods in Transient Analysis，1992：7-24.

[29] Johnson A A，Tezduyar T. Mesh update strategies in parallel finite element computations of flow problems with moving boundaries and interfaces. Computer Methods in Applied Mechanics and Engineering，1994，119(1，2)：73-94.

[30] Johnson A A，Tezduyar T E. Advanced mesh generation and update methods for 3D flow simulations. Computational Mechanics，1999，23：130-143.

[31] Stein K，Tezduyar T，Benney R. Mesh moving techniques for fluid-structure interactions with large displacements. Journal of Applied Mechanics，2003，70：58-63.

[32] Stein K，Tezduyar T E，Benney R. Automatic mesh update with the solid-extension mesh moving technique. Computer Methods in Applied Mechanics and Engineering，2004，193：2019-2032.

[33] Chiandussi G,Bugeda G,Onate E. A simple method for automatic update of finite element meshes. Computer Methods in Applied Mechanics and Engineering,2000,16:1-19.

[34] Xu Z,Accorsi M. Finite element mesh update methods for fluid-structure interaction simulations. Finite Elements in Analysis and Design,2004,40:1259-1269.

[35] Smith R W. A PDE-Based Mesh Update Method for Moving and Deforming High Reynolds Number Meshes. AIAA-2011-472,2011.

[36] Smith R W,Wright J A. A classical elasticity-based mesh update method for moving and deforming meshes. AIAA-2010-164,2010.

[37] Yang Z,Mavriplis D J. Unstructured dynamic meshes with higher-order time integration schemes for the unsteady navier-stokes equations. AIAA 2005-1222,2005.

[38] Karman S L,Anderson W K,Sahasrabudhe M. Mesh generation using unstructured computational meshes and elliptic partial differential equation smoothing. AIAA Journal,2006,44(6):1277-1286.

[39] Kennon S R,Meyering J M,Berry C W. Geometry based Delaunay tetrahedralization and mesh movement strategies for multi-body CFD. AIAA-92-4575,1992.

[40] 陈炎,曹树良,梁开洪,等. 基于温度体模型的动网格生成方法及在流固耦合振动中的应用. 振动与冲击,2010,29(4):1-5.

[41] 陈炎,曹树良,梁开洪,等. 温度体动网格模型中控制参数的研究. 计算物理,2010,27(3):396-402.

[42] 陈炎,张勤昭,曹树良. 温度体动网格方法的旋转变形能力. 排灌机械工程学报,2012,30(4):447-451.

[43] 陈炎,张勤昭,曹树良,等. 基准温度分布动网格生成方法的研究及应用. 北京理工大学学报,2012,32(9):900-904.

[44] Thompson J F,Warsi Z U A,Mastin C W. Numerical Grid Generation:Foundations and Applications. Holland:North Holland,1985.

[45] Lohner R,Yang C. Improved ale mesh velocities for moving bodies. Communications in Numerical Methods in Engineering,1996,12:599-608.

[46] Lomtev I,Kirby R M,Karniadakis G E. A discontinuous Galerkin ALE method for compressible viscous flows in moving domains. Journal of Computational Physics,1999,155:128-159.

[47] Calderer R,Masud A. A multiscale stabilized ALE formulation for incompressible flows with moving boundaries. Comput. Mech. ,2010,46:185-197.

[48] Hussain M,Abid M,Ahmad M,et al. A parallel implementation of ALE moving mesh technique for FSI problems using OpenMP. Int J Parallel Prog,2011,39:717-745.

[49] Masud A,Bhanabhagvanwala M,Khurram R A. An adaptive mesh rezoning scheme for moving boundary flows and fluid-structure interaction. Computers and Fluids,2007,36:77-91.

[50] Masud A,Hughesb T J R. A space-time Galerkin/least-squares finite element formulation of

the Navier-Stokes equations for moving domain problems. Computer Methods in Applied Mechanics and Engineering,1997,146:91-126.

[51] Helenbrook B T. Mesh deformation using the biharmonic operator. International Journal for Numerical Methods in Engineering,2003,56:1007-1021.

[52] Wang Q,Hu R. Adjoint-based optimal variable stiffness mesh deformation strategy based on bi-elliptics equations. International journal for numerical methods in engineering,2011.

[53] Yigit S,Fer M S,Heck M. Grid movement techniques and their influence on laminar fluid-structure interaction computations. Journal of Fluids and Structures,2008,24:819-832.

[54] Allen C B. Parallel Flow-Solver and Mesh Motion Scheme for Forward Flight Rotor Simulation. AIAA 2006-3476,2006.

[55] Liefvendahl M,Tröeng C. Deformation and regeneration of the computational grid for CFD with moving boundaries. AIAA-2005-1090,2005.

[56] Persson P-O,Bonet J,Peraire J. Discontinuous Galerkin solution of the Navier-Stokes equations on deformable domains. Computer Methods in Applied Mechanics and Engineering, 2009,198:1585-1595.

[57] Shepard D. A two-dimensional interpolation function for irregularly-spaced data// ACM National Conference,1968:517-524.

[58] Witteveen J A S. Explicit and robust inverse distance weighting mesh deformation for CFD. AIAA 2010-165,2010.

[59] Witteveen J A S,Bijl H. Explicit mesh deformation using inverse distance weighting interpolation. AIAA 2009-3936,2009.

[60] Luke E,Collins E,Blades E. A fast mesh deformation method using explicit interpolation. Journal of Computational Physics,2012,231:586-601.

[61] Buhmann M. Radial Basis Functions. Cambridge:Cambridge University Press,2005.

[62] Boer A D,Schoot M S V D,Bijl H. Mesh deformation based on radial basis function interpolation. Computers and Structures,2007,85:784-795.

[63] Rendall T C S,Allen C B. Efficient mesh motion using radial basis functions with data reduction algorithms. Journal of Computational Physics,2009,228:6231-6249.

[64] Rendall T C S,Allen C B. Reduced surface point selection options for efficient mesh deformation using radial basis functions. Journal of Computational Physics,2010,229:2810-2820.

[65] Sheng C,Allen C B. Efficient mesh deformation using radial basis functions on unstructured meshes. AIAA Journal,2013,51(3):707-720.

[66] Bos F M,Oudheusden B W V,Bijl H. Radial basis function based mesh deformation applied to simulation of flow around flapping wings. Computers and Fluids,2013,79:167-177.

[67] Liu X,Qin N,Xia H. Fast dynamic grid deformation based on delaunay graph mapping. Journal of Computational Physics,2006,211:405-423.

[68] 肖天航,昂海松,仝超. 大幅运动复杂构型扑翼动态网格生成的一种新方法. 航空学报,2008,29(1):41-48.

[69] Lefrancois E. A simple mesh defomation technique for fluid-structure interaction based on a submesh approach. International Journal for Numerical Methods in Engineering, 2008, 75: 1085-1101.

[70] 周璇,李水乡,陈斌. 非结构动网格生成的弹簧-插值联合方法. 航空学报, 2010, 31(7): 1389-1395.

[71] Alauzet F D R. A changing-topology moving mesh technique for large displacements. Engineering with Computers, 2013.

[72] Olivier G, Alauzet F. A new changing-topology ALE scheme for moving mesh unsteady simulations. AIAA-2011-474, 2011.

[73] Guardone A, Isola D, Quaranta G. Arbitrary lagrangian Eulerian formulation for two-dimensional flows using dynamic meshes with edge swapping. Journal of Computational Physics, 2011, 230: 7706-7722.

[74] Isola D. An interpolation-free two-dimensional conservative ALE scheme over adaptive unstructured grids for rotorcraft aerocraft aerodynamics. Politecnico Di Milano, 2012.

[75] Gopalakrishnan P, Tafti D K. A parallel multiblock boundary fitted dynamic mesh solver for simulating flows with complex boundary movement. AIAA-2008-4142, 2008.

[76] Liu Y, Guo Z, Liu J. RBFs-MSA hybrid method for mesh deformation. Chinese Journal of Aeronautics, 2012, 25(4): 500-507.

[77] 刘君,徐春光,刘瑜,等,数值模拟流固耦合的界面新算法// 2012 全国计算流体力学会, 2012.

[78] Liu J, Bai X, Guo Z, et al. A new method for transferring flow information among meshes. Computational Fluid Dynamics Journal, 2007, 15(4): 509-514.

[79] 刘瑜. 量热完全气体/化学非平衡气体流动 ALE 有限体积计算方法研究. 长沙: 国防科技大学博士学位论文, 2013.

第 2 章 基 本 方 程

2.1 Lagrange 坐标系和 Euler 坐标系

流体微团概念是流体力学学科建立的基础,这个创造性的抽象模型非常重要。对于物理学家来讲,微团中包含的微观粒子足够多,采用密度、温度、压力等宏观统计量描述其物理特性是稳定的。对于数学家来讲,微团本身几何尺度无穷小,且连续布满整个时间和空间,对时间、面积和体积等物理量存在数学上的极限运算(时空导数),可以建立用微积分方程表示的物理定律。

尽管流体微团在空间体现为一个点,但它的运动形式比理论力学中刚体模型更为丰富,不但可以平移和旋转,而且能变形。它的受力也比理论力学中质点模型复杂,可以承受包含 9 个元素的应力张量。

认为流体微团的动力学过程满足质量守恒定律、Newton 动量定律、能量守恒定律等三大物理定律,结合流体介质状态方程和应力应变关系式等模型,可以推导出数学上较为完备的流体动力学基本方程组。具体推导过程属于经典流体动力学内容,参考文献较多,这里不再论述。下面主要根据文献[1]进行推导。

描述流体微团运动特性需要确定空间坐标系。在流体力学领域经常采用两种坐标系,一种是随流体微团一起运动的 Lagrange 坐标系,另一种是空间位置固定的 Euler 坐标系,如图 2.1 所示。流体动力学基本方程组在不同坐标系中的表现形式也不同。绝大部分流体动力学问题研究只需要其中一种坐标系,但是发展动网格技术时涉及两种坐标系。下面以质量方程(有时又称连续方程)为例,简单介绍一下在两种坐标系下应用质量守恒定律得到数学表达式的过程,以便理解下一节引入的 ALE(arbitrary Lagrange-Euler)形式的控制方程。

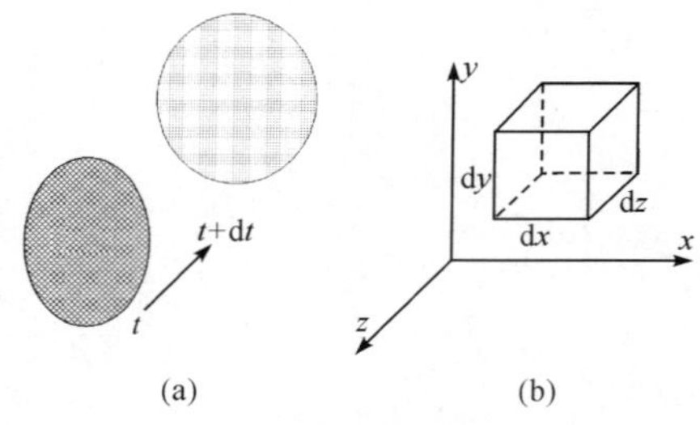

图 2.1 质量方程与两种运动坐标系

首先采用 Lagrange 坐标系进行建模。从空间连续分布、密度为 ρ 的流体介质中任意取一个封闭的控制体 V 作为观测对象，如图 2.1(a)所示，其质量为

$$m = \iiint_V \rho \mathrm{d}\sigma$$

由于坐标系随流体微团一起运动，保持控制体 V 表面封闭性，没有流体进出，因此根据质量守恒定律得到

$$\frac{\mathrm{d}m}{\mathrm{d}t} = \frac{\mathrm{d}}{\mathrm{d}t}\iiint_V \rho \mathrm{d}\sigma = 0 \tag{2.1}$$

控制体 V 在流动中除了位置和形状随时间发生变化外，体积也可能压缩或膨胀，积分和求导运算交换次序时需要考虑 V 的变化率，为了区别时间导数，引入 $\delta\sigma$ 表示体积微元随时间变化，即

$$\frac{\mathrm{d}}{\mathrm{d}t}\iiint_V \rho \mathrm{d}\sigma = \iiint_V \frac{\mathrm{d}\rho}{\mathrm{d}t}\mathrm{d}\sigma + \iiint_V \rho \frac{\mathrm{d}}{\mathrm{d}t}\delta\sigma = 0$$

应用数学分析中场论知识[1]，散度定义为体积微元 $\delta\sigma$ 相对变化率，因此第二项被积函数在空间点上可以写为

$$\frac{1}{\delta\sigma}\frac{\mathrm{d}}{\mathrm{d}t}\delta\sigma = (\nabla \cdot \boldsymbol{V}) = \mathrm{div}(\boldsymbol{V})$$

在 Lagrange 坐标系下，$\delta\sigma = \mathrm{d}\sigma$，这样就得到质量守恒定律的积分形式表达式，即

$$\iiint_V \left[\frac{\mathrm{d}\rho}{\mathrm{d}t} + \rho(\nabla \cdot \boldsymbol{V})\right]\mathrm{d}\sigma = 0 \tag{2.2}$$

由于被积函数连续，控制体 V 是任意选取，可以推出得到微分形式，即

$$\frac{\mathrm{d}\rho}{\mathrm{d}t} + \rho(\nabla \cdot \boldsymbol{V}) = 0 \tag{2.3}$$

式(2.3)的物理意义表示所研究的流体微团在运动过程中密度随时间变化的原因是体积变化引起的，密度时间导数和它的体积相对变化率(梯度)成正比。

采用 Lagrange 坐标系研究流体微团的运动特性，通过跟踪方法来描述其随时间到达不同位置的变化情况，如果空间内所有流体微团的运动规律知道了，那么整个流体运动的状况就知道了。

确定跟踪的流体微团时，一般采用初始位置或与其相关的函数作为标识符号。假如流体微团在初始时刻空间坐标为(c_1, c_2, c_3)，那么用这三个数字标识的流体微团任意 t 时刻的空间位置可以采用矢量表示，即

$$\boldsymbol{R}_c = [x_c(t), y_c(t), z_c(t)] \tag{2.4}$$

其中，$\boldsymbol{R}_c$ 仅是时间 t 的函数。

流体微团的速度和加速度表示 $\boldsymbol{R}_c$ 时间自变量的一阶和二阶导数，即

$$\boldsymbol{V}_c=\frac{\mathrm{d}\boldsymbol{R}_c}{\mathrm{d}t}=[u_c(t),v_c(t),w_c(t)],\quad \boldsymbol{a}=\frac{\mathrm{d}\boldsymbol{V}_c}{\mathrm{d}t}=\frac{\mathrm{d}^2\boldsymbol{R}_c}{\mathrm{d}t^2}=[a_x(t),a_y(t),a_z(t)]$$

流体微团服从 Newton 第二定律，在微团受到的合力 $\boldsymbol{F}$ 确定后，有

$$m\boldsymbol{a}=\boldsymbol{F} \tag{2.5}$$

对自变量 t 积分，可以得到任意时刻质点的速度和空间位置，即

$$\boldsymbol{V}_c=\int_{t_0}^{t}\boldsymbol{a}\mathrm{d}\tau,\quad \boldsymbol{R}_c=\int_{t_0}^{t}\boldsymbol{V}_c\mathrm{d}\tau=\int_{t_0}^{t}\int_{t_0}^{t}\boldsymbol{a}\mathrm{d}\tau_1\mathrm{d}\tau_2$$

尽管在不同空间位置流体微团的速度和加速度也有变化，但是本质上是时间的函数，以上各式中，只有一个自变量 t。

编号为(c_1,c_2,c_3)的流体微团随波逐流，把不同时刻的位置连成曲线，称为迹线。

可以看出，Lagrange 方法本质上是把理论力学中质点采用的方法推广到连续介质中而已，理论力学中质点经常是有限个数的，而无论多么小的连续介质，其内部微团是无限的，因此在流体力学中很少采用这种方法，大部分研究采用通过观测流经空间固定位置的流体微团来研究流动特性的 Euler 坐标系。

在空间坐标为(x,y,z)的观测点上，流体微团川流不息，能够得到的仅是 t 时刻正好经过该点流体微团的状态、速度等特性。这些物理量表示为时间和空间的函数，例如速度可以写为

$$\boldsymbol{V}=[u(x,y,z,t),v(x,y,z,t),w(x,y,z,t)] \tag{2.6}$$

选择如图 2.1(b)所示的控制体 V 作为研究对象，来建立在 Euler 坐标系下的质量方程。由于空间坐标固定，控制体 V 形状不随时间变化，有流体进出。通过固定边界面 S 流出控制体的流体质量必然引起内部密度分布改变，质量守恒定律可以表示为

$$\iiint_V\frac{\partial\rho}{\partial t}\mathrm{d}\sigma=-\iint_S\rho\boldsymbol{V}\cdot\boldsymbol{n}\mathrm{d}s=-\iint_S\rho U_n\mathrm{d}s$$

其中，$\boldsymbol{n}$ 是控制体边界的外法向单位矢量。

根据场论的奥高定理，可以写出 Euler 坐标系下积分形式的质量方程，即

$$\iiint_V\left[\frac{\partial\rho}{\partial t}+\nabla(\rho\boldsymbol{V})\right]\mathrm{d}\sigma=0 \tag{2.7}$$

控制体 V 是任意的，可以推出微分形式的质量方程，即

$$\frac{\partial\rho}{\partial t}+\nabla(\rho\boldsymbol{V})=0 \tag{2.8}$$

表示空间(x,y,z)的密度随时间变化等于流经该点流通量的梯度。

在 Lagrange 坐标系下，首先需要确定具体微团(c_1,c_2,c_3)，在此基础上定义速度的量才有物理意义，位置矢量 $\boldsymbol{R}_c$ 为原始变量，速度是导出的中间变量，流体动力

学方程(2.5)表述为 $\boldsymbol{R}_c$ 的二阶常微分方程组。在 Euler 坐标系下，观测点的空间坐标(x,y,z)与时间 t 不相关，物理量是多自变量(x,y,z,t)的函数，速度本身就是流体动力学方程的原始变量，流体动力学方程是一阶偏微分方程组。速度的物理定义和 Lagrange 坐标系一样，即数值上 $\boldsymbol{V}_c=\boldsymbol{V}$，但是动力学方程的数学特性有明显差异。

在数学上，把定义在空间区域上的函数称为场，在 Euler 坐标系下描述流动的物理参数均为空间坐标的函数，可以应用数学中的场论来分析。在流体力学领域经常提到速度场、密度场、压力场等术语实际上都隐含是在 *Euler* 坐标系进行研究。大部分流体力学研究采用 Euler 坐标系。

对连续的流场空间，在 t 时刻把 Euler 坐标系下满足微分方程 $\mathrm{d}\boldsymbol{R}\times\boldsymbol{V}=\boldsymbol{0}$ 的不同流体微团连起来形成的曲线称为流线。Euler 坐标系下流线与 Lagrange 坐标系下的迹线物理意义不同：一条迹线是一个特定流体微团位置随着时间变化历程，迹线上不同位置对应不同的时刻，相交点在数学上没有特殊的意义，仅表示这一特定的流体微团多次经过这个位置；一条流线上包含有无穷多流体微团，在某一时刻流场内的流线相交，表示流动微团发生了碰撞，这点上流线方程出现奇性，因此这些点又称为奇点(具体进一步细分为中心点、螺旋点和鞍点等)，采用常微分方程的奇点理论进行研究可以分析该点周围流线的特性，稳定的流场内奇点的分布需要满足拓扑规律。

尽管坐标系不同，但是描述的物理本质是相同的，比较式(2.3)和式(2.8)可以看出

$$\frac{\mathrm{d}\rho}{\mathrm{d}t}=\frac{\partial\rho}{\partial t}+(\boldsymbol{V}\cdot\boldsymbol{\nabla})\rho \tag{2.9}$$

其中，等式左端称为密度的随体导数，是 Lagrange 坐标系观点；右端两项是 Euler 坐标系观点，第一项称为局部导数，表示经过流场内(x,y,z)点时密度的时间变化率，第二项称为对流导数，反映随着速度经过该点的不同流体微团的密度不均匀性的贡献。

在流体力学理论中把式(2.9)称为密度传输公式。实际上，对于任意流体力学参数 φ，均存在沟通两种坐标系之间物理量的传输公式，即

$$\frac{\mathrm{d}\varphi}{\mathrm{d}t}=\frac{\partial\varphi}{\partial t}+(\boldsymbol{V}\cdot\boldsymbol{\nabla})\varphi$$

对上式空间积分，可以得到积分形式的传输公式，即

$$\frac{\mathrm{d}}{\mathrm{d}t}\iiint_V\varphi\mathrm{d}\sigma=\iiint_V\frac{\partial\varphi}{\partial t}\mathrm{d}\sigma+\iint_S\varphi U_n\mathrm{d}s \tag{2.10}$$

如果把图 2.1 中控制体 V 看作计算流体动力学的网格，在 Lagrange 坐标系下，网格在运动中必然变形，网格边界面 S 的运动速度与当地流体微团的速度相

同,由流体动力学方程决定,不能人为给定,采用 Lagrange 方法需要根据流体运动控制方程生成和调整网格,计算过程复杂,应用于复杂外形尚不成熟。目前计算流体动力学中几乎所有的计算方法,包括有限差分方法、有限体积方法、有限元等,大多是在已经生成好的网格基础上通过假设物理量空间近似分布或直接离散流体运动控制方程建立的,本质上采用或者说适合 Euler 坐标系。

在 Euler 坐标系下,如果控制体 V 也存在变形,从上面建立积分形式质量方程的过程可以看出,难以区别流体密度变化是由于微团进出控制体引起,还是控制体本身压缩或膨胀的贡献,很难直接应用质量守恒定律。为了应用 Euler 坐标系下建立的计算流体动力学方法,同时允许网格以任意速度运动,研究人员发展了可以描述变形动网格的任意 ALE 形式的流体力学控制方程。

2.2 ALE 形式的质量方程

计算式(2.6),时间导数项需要先求出物理量的时间导数,然后进行空间积分,由于在离散空间只能采用有限个几何点来存储流场参数,因此构造算法非常困难。为了解决密度变化率的空间积分问题,需要采用 ALE 形式的流体动力学控制方程。尽管大部分情况下是在有限体积法中应用 ALE 形式,但直接从积分形式的流体动力学控制方程出发推导 ALE 形式比较困难,还需从微分形式出发进行推导。

下面从直角 Euler 坐标系下微分形式的质量方程出发推导对应的 ALE 形式。

计算流体动力学常用到贴体网格(body fitted coordinate,BFC)技术或坐标变换方法,采用数学手段把几何形状较复杂的物理空间(x,y,z,t)变换到规则的计算空间(ξ,η,ζ,τ)内。引入如下坐标变换通用形式,即

正变换

$$\xi=\xi(x,y,z,t)$$
$$\eta=\eta(x,y,z,t)$$
$$\zeta=\zeta(x,y,z,t)$$
$$\tau=t$$

逆变换

$$x=x(\xi,\eta,\zeta,\tau)$$
$$y=y(\xi,\eta,\zeta,\tau)$$
$$z=z(\xi,\eta,\zeta,\tau)$$
$$t=\tau$$

采用计算空间自变量表示物理空间坐标函数的全微分,可以写成矩阵形式,即

$$\begin{bmatrix} \mathrm{d}x \\ \mathrm{d}y \\ \mathrm{d}z \\ \mathrm{d}t \end{bmatrix} = \begin{bmatrix} x_\xi & x_\eta & x_\zeta & x_\tau \\ y_\xi & y_\eta & y_\zeta & y_\tau \\ z_\xi & z_\eta & z_\zeta & z_\tau \\ 0 & 0 & 0 & 1 \end{bmatrix} \begin{bmatrix} \mathrm{d}\xi \\ \mathrm{d}\eta \\ \mathrm{d}\zeta \\ \mathrm{d}\tau \end{bmatrix}$$

采用物理空间自变量表示在计算空间函数的全微分，可以写成矩阵形式，即

$$\begin{bmatrix} \mathrm{d}\xi \\ \mathrm{d}\eta \\ \mathrm{d}\zeta \\ \mathrm{d}\tau \end{bmatrix} = \begin{bmatrix} \xi_x & \xi_y & \xi_z & \xi_t \\ \eta_x & \eta_y & \eta_z & \eta_t \\ \zeta_x & \zeta_y & \zeta_z & \zeta_t \\ 0 & 0 & 0 & 1 \end{bmatrix} \begin{bmatrix} \mathrm{d}x \\ \mathrm{d}y \\ \mathrm{d}z \\ \mathrm{d}t \end{bmatrix}$$

比较以上两式可以得到变化关系式，即

$$\begin{bmatrix} \xi_x & \xi_y & \xi_z & \xi_t \\ \eta_x & \eta_y & \eta_z & \eta_t \\ \zeta_x & \zeta_y & \zeta_z & \zeta_t \\ 0 & 0 & 0 & 1 \end{bmatrix} = \begin{bmatrix} x_\xi & x_\eta & x_\zeta & x_\tau \\ y_\xi & y_\eta & y_\zeta & y_\tau \\ z_\xi & z_\eta & z_\zeta & z_\tau \\ 0 & 0 & 0 & 1 \end{bmatrix}^{-1}$$

求解以上线性方程组，可以得到变换关系式，即

$$\begin{cases} \xi_x = J(y_\eta z_\zeta - y_\zeta z_\eta) \\ \xi_y = J(x_\zeta z_\eta - x_\eta z_\zeta) \\ \xi_z = J(x_\eta y_\zeta - x_\zeta y_\eta) \end{cases}, \quad \begin{cases} \eta_x = J(y_\zeta z_\xi - y_\xi z_\zeta) \\ \eta_y = J(x_\xi z_\zeta - x_\zeta z_\xi) \\ \eta_z = J(x_\zeta y_\xi - x_\xi y_\zeta) \end{cases}$$

$$\begin{cases} \zeta_x = J(y_\xi z_\eta - y_\eta z_\xi) \\ \zeta_y = J(x_\eta z_\xi - x_\xi z_\eta) \\ \zeta_z = J(x_\xi y_\eta - x_\eta y_\xi) \end{cases}, \quad \begin{cases} \xi_t = -x_\tau \xi_x - y_\tau \xi_y - z_\tau \xi_z \\ \eta_t = -x_\tau \eta_x - y_\tau \eta_y - z_\tau \eta_z \\ \zeta_t = -x_\tau \zeta_x - y_\tau \zeta_y - z_\tau \zeta_z \end{cases}$$

其中，Jacobi 矩阵行列式为

$$\begin{aligned} J &= \frac{\partial(\xi,\eta,\zeta,\tau)}{\partial(x,y,z,t)} \\ &= \det \begin{bmatrix} \xi_x & \xi_y & \xi_z & \xi_t \\ \eta_x & \eta_y & \eta_z & \eta_t \\ \zeta_x & \zeta_y & \zeta_z & \zeta_t \\ 0 & 0 & 0 & 1 \end{bmatrix} \\ &= \begin{vmatrix} \xi_x & \xi_y & \xi_z \\ \eta_x & \eta_y & \eta_z \\ \zeta_x & \zeta_y & \zeta_z \end{vmatrix} \\ &= [x_\xi(y_\eta z_\zeta - y_\zeta z_\eta) - x_\eta(y_\xi z_\zeta - y_\zeta z_\xi) + x_\zeta(y_\xi z_\eta - y_\eta z_\xi)]^{-1} \end{aligned}$$

其数学本质是计算空间(ξ,η,ζ)上单位体积在物理空间对应的实际体积的倒数。

采用自变量(ξ,η,ζ,τ)表述物理空间(x,y,z,t)的导数，即

$$\frac{\partial}{\partial t}=\frac{\partial}{\partial \tau}+\xi_t\frac{\partial}{\partial \xi}+\eta_t\frac{\partial}{\partial \eta}+\psi_t\frac{\partial}{\partial \zeta} \tag{2.11.1}$$

$$\frac{\partial}{\partial x}=\xi_x\frac{\partial}{\partial \xi}+\eta_x\frac{\partial}{\partial \eta}+\psi_x\frac{\partial}{\partial \psi} \tag{2.11.2}$$

$$\frac{\partial}{\partial y}=\xi_y\frac{\partial}{\partial \xi}+\eta_y\frac{\partial}{\partial \eta}+\psi_y\frac{\partial}{\partial \psi} \tag{2.11.3}$$

$$\frac{\partial}{\partial z}=\xi_z\frac{\partial}{\partial \xi}+\eta_z\frac{\partial}{\partial \eta}+\psi_z\frac{\partial}{\partial \psi} \tag{2.11.4}$$

在坐标变换中，还可以得到如下一些等式，即

$$\frac{\partial}{\partial \tau}\left(\frac{1}{J}\right)+\frac{\partial}{\partial \xi}\left(\frac{1}{J}\xi_t\right)+\frac{\partial}{\partial \eta}\left(\frac{1}{J}\eta_t\right)+\frac{\partial}{\partial \zeta}\left(\frac{1}{J}\zeta_t\right)=0 \tag{2.12.1}$$

$$\frac{\partial}{\partial \xi}\left(\frac{1}{J}\xi_x\right)+\frac{\partial}{\partial \eta}\left(\frac{1}{J}\eta_x\right)+\frac{\partial}{\partial \zeta}\left(\frac{1}{J}\zeta_x\right)=0 \tag{2.12.2}$$

$$\frac{\partial}{\partial \xi}\left(\frac{1}{J}\xi_y\right)+\frac{\partial}{\partial \eta}\left(\frac{1}{J}\eta_y\right)+\frac{\partial}{\partial \zeta}\left(\frac{1}{J}\zeta_y\right)=0 \tag{2.12.3}$$

$$\frac{\partial}{\partial \xi}\left(\frac{1}{J}\xi_z\right)+\frac{\partial}{\partial \eta}\left(\frac{1}{J}\eta_z\right)+\frac{\partial}{\partial \zeta}\left(\frac{1}{J}\zeta_z\right)=0 \tag{2.12.4}$$

下面以式(2.12.2)为例进行证明，即

$$\frac{\partial}{\partial \xi}\left(\frac{1}{J}\xi_x\right)=\frac{\partial(y_\eta z_\zeta-y_\zeta z_\eta)}{\partial \xi}=y_{\xi\eta}z_\zeta+y_\eta z_{\xi\zeta}-y_{\xi\zeta}z_\eta-y_\zeta z_{\xi\eta}$$

$$\frac{\partial}{\partial \eta}\left(\frac{1}{J}\eta_x\right)=\frac{\partial(y_\zeta z_\xi-y_\xi z_\zeta)}{\partial \eta}=y_{\eta\zeta}z_\xi+y_\zeta z_{\xi\eta}-y_{\xi\eta}z_\zeta-y_\xi z_{\zeta\eta}$$

$$\frac{\partial}{\partial \zeta}\left(\frac{1}{J}\zeta_x\right)=\frac{\partial(y_\xi z_\eta-y_\eta z_\xi)}{\partial \zeta}=y_{\xi\zeta}z_\eta+y_\xi z_{\eta\zeta}-y_{\eta\zeta}z_\xi-y_\eta z_{\xi\zeta}$$

将这些关系式代入直角坐标系下质量方程(2.8)中，进行整理以后可以得到以计算空间自变量(ξ,η,ζ,τ)表示的质量方程，即

$$\begin{aligned}&\frac{\partial J^{-1}\rho}{\partial \tau}+\frac{\partial J^{-1}\rho(\xi_t+\xi_x u+\xi_y v+\xi_z w)}{\partial \xi}+\frac{\partial J^{-1}\rho(\eta_t+\eta_x u+\eta_y v+\eta_z w)}{\partial \eta}\\&\quad+\frac{\partial J^{-1}\rho(\zeta_t+\zeta_x u+\zeta_y v+\zeta_z w)}{\partial \zeta}=\frac{\partial J^{-1}\rho}{\partial \tau}+\Sigma_{\xi\eta\zeta}=0\end{aligned} \tag{2.13}$$

根据 Jacobi 矩阵行列式的数学特性，物理空间(x,y,z)的体积微元 $\mathrm{d}\sigma$ 与计算空间(ξ,η,ζ)的体积微元 $\mathrm{d}\sigma_\tau$ 之间存在如下关系，即

$$\mathrm{d}\sigma=\mathrm{d}x\mathrm{d}y\mathrm{d}z=J^{-1}\mathrm{d}\xi\mathrm{d}\eta\mathrm{d}\zeta=J^{-1}\mathrm{d}\sigma_\tau \tag{2.14}$$

在差分法计算中采用结构网格，直接把计算坐标变量(ξ,η,ζ)取正整数来表征网格编号，相邻网格编码有序，计算空间的结点之间单位增减，即

$$\Delta\xi=\Delta\eta=\Delta\zeta=1$$

因此，计算过程中不管物理空间网格单元体积 $\mathrm{d}\sigma$ 是否变形和大小如何，对应在离散空间的网格单元体积是固定的 $\mathrm{d}\sigma_\tau=1$。在理论上，对于非结构网格也可以通过数学变换，即使物理空间体积微元 $\mathrm{d}\sigma$ 随时间 t 有变形或运动，对应的计算空间上体积微元 $\mathrm{d}\sigma_\tau$ 不随 τ 变化。

在计算空间，取不随 τ 变化的体积微元 V_τ 对质量方程(2.13)进行积分，即

$$\iiint\limits_{V_\tau}\frac{\partial J^{-1}\rho}{\partial\tau}\mathrm{d}\sigma_\tau+\iiint\limits_{V_\tau}\Sigma_{\xi\eta\zeta}\mathrm{d}\sigma_\tau=0 \tag{2.15}$$

因为 V_τ 不随时间 τ 变化，这样第一项时间导数算子和积分算子可以互换，即

$$\iiint\limits_{V_\tau}\frac{\partial J^{-1}\rho}{\partial\tau}\mathrm{d}\sigma_\tau=\frac{\partial}{\partial\tau}\iiint\limits_{V_\tau}J^{-1}\rho\mathrm{d}\sigma_\tau$$

根据微积分理论，同时替换自变量和积分区域，不影响函数的积分值。采用前面逆变换关系式，把上式中，计算空间的自变量、积分域变换为物理空间的自变量、积分域，第一项积分表达式为

$$\iiint\limits_{V_\tau}J^{-1}\rho(\xi,\eta,\zeta,\tau)\mathrm{d}\sigma_\tau=\iiint\limits_{V}\rho(x,y,z,\tau)\mathrm{d}\sigma \tag{2.16}$$

式(2.15) 中第二项是质量方程(2.13) 对流项 $\Sigma_{\xi\eta\zeta}$ 的体积分，积分自变量是 (ξ,η,ζ)，被积函数 $\Sigma_{\xi\eta\zeta}$ 中时间自变量 τ 是与积分运算无关的参数。反变换时把 τ 作为常数，可以得到

$$\Sigma_{\xi\eta\zeta}=\frac{1}{J}\left[\frac{\partial\rho(u-x_\tau)}{\partial x}+\frac{\partial\rho(v-y_\tau)}{\partial y}+\frac{\partial\rho(w-z_\tau)}{\partial z}\right]$$

这样，式(2.15) 中第二项的自变量 (ξ,η,ζ) 替换为 (x,y,z)、积分区域 V_τ 替换成 V，可以写为

$$\iiint\limits_{V_\tau}\Sigma_{\xi\eta\zeta}\mathrm{d}\sigma_\tau=\iiint\limits_{V}\left[\frac{\partial\rho(u-x_t)}{\partial x}+\frac{\partial\rho(v-y_t)}{\partial y}+\frac{\partial\rho(w-z_t)}{\partial z}\right]\mathrm{d}\sigma \tag{2.17}$$

其中，$(x_\tau,y_\tau,z_\tau)=x_c$ 是参数 τ 的函数，表示物理空间坐标点 (x,y,z) 随计算空间变量 τ 的变化率，自变量 (ξ,η,ζ) 替换为 (x,y,z) 的变换中不变化。

应用高斯定理，体积分转换为面积分，由于物理空间和计算空间的时间尺度一样 $\tau=t$，大部分计算文献中网格速度直接采用物理空间时间变量表示，即 $\boldsymbol{x}_c=(x_\tau,y_\tau,z_\tau)=(x_t,y_t,z_t)$，可以得到

$$\iiint\limits_{V}\left[\frac{\partial\rho(u-x_t)}{\partial x}+\frac{\partial\rho(v-y_t)}{\partial y}+\frac{\partial\rho(w-z_t)}{\partial z}\right]\mathrm{d}\sigma=\iint\limits_{S}\rho(\boldsymbol{V}-\boldsymbol{x}_c)\cdot\boldsymbol{n}\mathrm{d}s \tag{2.18}$$

结合式(2.16)和式(2.17)可以得到采用 ALE 有限体积方法描述的质量方程，即

$$\frac{\partial}{\partial t}\iiint\limits_{V}\rho\mathrm{d}\sigma+\iint\limits_{S}\rho(\boldsymbol{V}-\boldsymbol{x}_c)\cdot\boldsymbol{n}\mathrm{d}s=0 \tag{2.19}$$

从数学形式上，在 $\boldsymbol{x}_c=\boldsymbol{V}$ 条件下，第二项恒为 0，近似为质量方程(2.2)(近似的原因是 Lagrange 坐标系应为时间全导数)，在 $\boldsymbol{x}_c=0$ 条件下就是 Euler 坐标系描述的质量方程(2.7)，因此称为 ALE 形式的质量方程。从前面的推导过程可以看出，ALE 形式方程本质上是 Euler 坐标系思想。

① 在计算空间(ξ,η,ζ)上积分控制体 V_τ 是静止的。

② ALE 形式方程之所以可以描述物理空间(x,y,z)的控制体 V 随着时间变化，完全是数学变换的贡献，与 Lagrange 坐标系思想没有关系。

③ 从数学表达式看，$\boldsymbol{x}_c$ 是坐标变换过程引出的参数，量纲单位与速度相同，根据变换函数关系式来确定，与流动速度无关，本质上与 Lagrange 坐标系的随体导数完全不同。

2.3 ALE 形式的 Navier-Stokes 方程

流体微团与理论力学中质点概念不同，它具有尺度效应(膨胀、变形、转动)，讨论物体某处(x,y,z)的内力，先在该处取一个微团，然后假想存在一个法向矢量记为 $\Delta\boldsymbol{S}$ 的微截面 ΔS 把两边的物质分开，假设面元两侧作用力和反作用力为 $\Delta\boldsymbol{F}$ 和 $-\Delta\boldsymbol{F}$。微截面和作用力均为矢量，作用力矢量和微截面法向矢量上构成应力张量，有时表示为

$$[\pi]=\lim_{|\Delta\boldsymbol{S}|\to 0}\frac{\Delta\boldsymbol{F}}{\Delta\boldsymbol{S}}=\frac{\mathrm{d}\boldsymbol{F}}{\mathrm{d}\boldsymbol{S}}$$

(本式采用矢量相除，表达不严格，按照意思理解)

应力$[\pi]$由 9 个元素组成，元素 π_{ij} 中第一个下标 i 表示微截面法向矢量 $\Delta\boldsymbol{S}$ 的坐标方向，第二个下标 j 表示作用力 $\Delta\boldsymbol{F}$ 的坐标方向。在连续介质力学中，应力是物体相互作用的内力，有别于刚体表面的作用力[2]。

在 Euler 坐标系下，选择如图 2.1(b)所示的平行六面体 V 作为研究对象，坐标为(x,y,z)中心点的应力为$[\pi]$。在微元很小的情况下，每个作用面内用中点值近似，沿法向采用 Taylor 级数展开的一阶近似，下表面和上表面内 x 方向的作用力为

$$\pi_{yx}\big|_{y-0.5\Delta y}\approx\pi_{yx}-\frac{\partial\pi_{yx}}{\partial y}\frac{\Delta y}{2}$$

$$\pi_{yx}\big|_{y+0.5\Delta y}\approx\pi_{yx}+\frac{\partial\pi_{yx}}{\partial y}\frac{\Delta y}{2}$$

这样一来，微团外部作用力在上下两个面在 x 方向产生的净力为

$$\left(\pi_{yx}\big|_{y+0.5\Delta y}-\pi_{yx}\big|_{y-0.5\Delta y}\right)\Delta x\Delta z\approx\frac{\partial\pi_{yx}}{\partial y}\Delta x\Delta y\Delta z$$

同样可以得到左右两个面 π_{xx} 和前后两个面力 π_{zx}。

不考虑质量特性相关的体积力，假设密度在微元 V 为常数，根据 Newton 第二定律，在 x 方向总的合力作用下，流体微团运动特性为

$$ma_x = \rho\Delta x\Delta y\Delta z a_x = F_x \approx \left(\frac{\partial \pi_{xx}}{\partial x} + \frac{\partial \pi_{xy}}{\partial y} + \frac{\partial \pi_{xz}}{\partial z}\right)\Delta x\Delta y\Delta z$$

取极限后等号成立，根据随体导数定义，可以得到 Euler 坐标系下的表达式，即

$$\rho a_x = \rho\frac{\partial u_x}{\partial t} + \rho(\mathbf{V}\ \nabla)u_x = \frac{\partial \pi_{xx}}{\partial x} + \frac{\partial \pi_{xy}}{\partial y} + \frac{\partial \pi_{xz}}{\partial z} \tag{2.20}$$

对于任意方向连续介质力学的基本方程，可以写成统一形式[3]，即

$$\rho\left(\frac{\partial u_i}{\partial t} + (\mathbf{V}\ \nabla)u_i\right) = \frac{\partial \pi_{ix}}{\partial x} + \frac{\partial \pi_{iy}}{\partial y} + \frac{\partial \pi_{iz}}{\partial z} \Rightarrow \frac{\partial \pi_{ij}}{\partial x_j} \tag{2.21}$$

在连续介质中，以上方程称为 Cauchy 运动方程，适用于包括固体(弹性体、塑性体)和流体(液体、气体)在内的满足连续性假设的物质。在 3 个方向的方程中，共有 3 个速度变量和 9 个应力变量未知，为了使问题在数学上适定，连续介质力学基本假设认为应力由运动特性决定，把应力写为运动学参数的函数，称为本构关系。固体力学的本构关系常表示为相对变形(应变)的函数，经常还与相对变形的方向、时间历程有关，不同物质差异较大。最为简单的弹性体模型认为应力是应变的线性函数，可以使方程得到很大简化，有很广泛的应用。

流体与固体最大差异在于在静止状态不能维持剪切力，因此静止流体只存在沿着微截面法向的正应力，称为压力，它的值称为压强，用符号 p 表示。静止流体的压力和微截面方向无关，即应力张量各向同性[2,3]，其元素可以表示为

$$\pi_{ij} = -p\delta_{ij} \tag{2.22}$$

其中，δ_{ij} 是 Kronecker 函数；负号表示压力指向流体微团的内部。

静止流体不随时空变化，这里的压强和经典热力学状态方程中的压强是一致的。

对于运动流体，认为应力由静应力和动应力两部分组成。采用了局部平衡假设推广经典热力学，即认为通过分子碰撞达到新的热力学平衡状态的时间(松弛时间)与流动相比非常短，如果采用与运动流体随动的坐标系，在相对静止条件下得到的压强依然是绝对静止流体的压强，因此运动流体微团的静应力还是以上本构关系，总应力表示为静应力和动应力的线性组合，即

$$\pi_{ij} = -p\delta_{ij} + \tau_{ij}$$

其中，τ_{ij} 为动应力，在静止和均匀速度流体中为 0，只在流体微团存在相对运动的情况下才出现，其本构关系与运动速度(应变速率)有关，因此又称为运动应力张量。

根据 Helmholtz 速度分解定理，流体微团运动分解为平动、转动和变形三部

分。每个速度矢量有 3 个分量,每个分量在空间 3 个方向的空间导数构成速率张量[τ],它的任一元素可以写为如下形式,即

$$\frac{\partial u_i}{\partial x_j}=\frac{1}{2}\left(\frac{\partial u_i}{\partial x_j}+\frac{\partial u_j}{\partial x_i}\right)+\frac{1}{2}\left(\frac{\partial u_i}{\partial x_j}-\frac{\partial u_j}{\partial x_i}\right)=e_{ij}+\varepsilon_{ij} \tag{2.23}$$

流体微团和刚体微团主要差别在于多出了变形速度。如果没有变形速度,那么可以通过数学变换,把惯性坐标系中平动和转动的流体微团运动学方程转化为存在体积力的非惯性系中静止流动。因此,推断出黏性应力 τ_{ij} 主要与变形速度有关。其中,ε_{ij} 表示流体微团保持刚性特征在单位时间内转过的角度,可以认为它对应力没有贡献,建立流体力学本构关系时仅考虑角变形率 e_{ij}。

Newton 流体模型假设应力和角变形率呈线性关系,τ_{ij} 和 e_{ij} 之间列出 9 个方程,出现了 81 个仅与流体介质热力学状态函数相关的待定系数。假设流体各向同性,坐标变换以后应力和应变关系式不变,因此在 $i\neq j$ 的条件下,方程形式为

$$\tau_{ij}=\gamma e_{ij}+\mu e_{ji}$$

进一步根据对称性 $\tau_{ij}=\tau_{ji}$,可以得到 $\gamma=\mu$。在 $i=j$ 条件下,正应力和体积变形的线性系数为 λ。这样一来,81 个系数减少为 2 个,流体微团的本构关系为[3]

$$\pi_{ij}=-p\delta_{ij}+2\mu e_{ij}+(\lambda\,\nabla\boldsymbol{V})\delta_{ij} \tag{2.24}$$

把式(2.24)中 $i=j$ 的 3 个式子加起来有

$$p=-\frac{1}{3}(\pi_{xx}+\pi_{yy}+\pi_{zz})+\left(\frac{2}{3}\mu+\lambda\right)\nabla\boldsymbol{V}=\bar{p}+\left(\frac{2}{3}\mu+\lambda\right)\nabla\boldsymbol{V}$$

这里定义平均压强 $\bar{p}$,即应力张量[π]对角元素之和。

对于不可压缩流体,根据质量方程$\nabla\boldsymbol{V}=0$,平均压强与热力学状态方程的压强相对应,即 $p=\bar{p}$,这时本构关系中只有 1 个系数,即

$$\pi_{ij}=-p\delta_{ij}+\tau_{ij}=-p\delta_{ij}+2\mu e_{ij} \tag{2.25}$$

如果流动是层流,实验表明黏性系数 $\mu=\mu_l$ 主要依赖温度变化,常见的气体采用在分子动力学指导下建立的 Sutherland 公式计算,即

$$\mu_l=\mu_0\left(\frac{T}{T_0}\right)^n\times\frac{T_0+C}{T+C}$$

其中,μ_l 的单位是压力和时间乘积 Pa · s;μ_0 是海平面标准大气温度 $T_0=288.15\text{K}$ 条件下得到的黏性系数;n 和 C 是拟合参数。

对于空气,有 $\mu_0=1.7894\times10^{-5}$ Pa · s,$n=1.5$,$C=110.4$K。

对可压缩流体,正应力作用下流体微团体积变化$\nabla\boldsymbol{V}\neq0$,为建立本构关系,Stokes 假设在密度变化不十分剧烈的情况下,平均压强还可以采用静止流体的热力学压强,即 $p=\bar{p}$ 依然成立,可以得到

$$\frac{2}{3}\mu+\lambda=0 \tag{2.26}$$

根据 Stokes 假设，可压缩流体的本构关系也仅需要 1 个系数，即

$$\pi_{ij}=-\left(p+\frac{2}{3}\mu\,\nabla\boldsymbol{V}\right)\delta_{ij}+2\mu e_{ij}=-p\delta_{ij}+\tau_{ij} \tag{2.27}$$

对应力和应变速率之间满足这种线性关系的 Newton 流体，可以进一步细致写出各个方向的具体关系，即

$$\tau_{xx}=\mu\left(\frac{4}{3}\frac{\partial u}{\partial x}-\frac{2}{3}\frac{\partial v}{\partial y}-\frac{2}{3}\frac{\partial w}{\partial z}\right),\quad \tau_{xy}=\mu\left(\frac{\partial v}{\partial x}+\frac{\partial u}{\partial y}\right)\tau_{xz}=\mu\left(\frac{\partial w}{\partial x}+\frac{\partial u}{\partial z}\right)$$

$$\tau_{yy}=\mu\left(\frac{4}{3}\frac{\partial v}{\partial y}-\frac{2}{3}\frac{\partial u}{\partial x}-\frac{2}{3}\frac{\partial w}{\partial z}\right)$$

$$\tau_{yz}=\mu\left(\frac{\partial w}{\partial y}+\frac{\partial v}{\partial z}\right),\quad \tau_{zz}=\mu\left(\frac{4}{3}\frac{\partial w}{\partial z}-\frac{2}{3}\frac{\partial u}{\partial x}-\frac{2}{3}\frac{\partial v}{\partial y}\right)$$

代入 Cauchy 运动方程(2.20)，可以得到 Navier-Stokes 方程，简称 NS 方程。这里只给出 x 方向的方程，即

$$\rho\left[\frac{\partial u}{\partial t}+(\nabla\boldsymbol{V})u\right]=\frac{\partial\pi_{xx}}{\partial x}+\frac{\partial\pi_{xy}}{\partial y}+\frac{\partial\pi_{xz}}{\partial z}$$

结合质量方程，上式可以转为 CFD 计算中常用的守恒形式，即

$$\frac{\partial\rho u}{\partial t}+\frac{\partial(\rho u^2+p)}{\partial x}+\frac{\partial(\rho uv)}{\partial y}+\frac{\partial(\rho uw)}{\partial z}=\frac{\partial\pi_{xx}}{\partial x}+\frac{\partial\pi_{xy}}{\partial y}+\frac{\partial\pi_{xz}}{\partial z} \tag{2.28}$$

推导以上 NS 方程具体细致过程可以参考文献[3]。值得一提的是，经典流体力学理论中 *NS* 方程主要指动量方程，现在很多教科书经常包括质量方程和能量方程。

对于 NS 方程，同样从物理空间(x,y,z,t)变换到计算空间(ξ,η,ζ,τ)内，然后在积分意义下从(ξ,η,ζ,τ)变换回到(x',y',z',τ)，如果$(x',y',z')=(x,y,z)$，那么在数值上就是原来的空间。从前面推导 ALE 形式质量方程的过程中，在进行空间积分和时间偏微分交换次序时出现了与网格运动相关的量 $\boldsymbol{x}_c$，这个坐标变换过程引出的参数在形式和量纲上和速度一样，可以把它体现在对流项中，与网格运动相关的量 $\boldsymbol{x}_c$ 不影响应力项的表示形式。例如，应力项 τ_{xx} 从(x,y,z,t)变换到(ξ,η,ζ,τ)，写为

$$\begin{aligned}\tau_{xx}&=\mu\left(\frac{4}{3}\frac{\partial u}{\partial x}-\frac{2}{3}\frac{\partial v}{\partial y}-\frac{2}{3}\frac{\partial w}{\partial z}\right)\\&=\mu\left[\frac{4}{3}\left(\xi_x\frac{\partial u}{\partial\xi}+\eta_x\frac{\partial u}{\partial\eta}+\zeta_x\frac{\partial u}{\partial\zeta}\right)-\frac{2}{3}\left(\xi_y\frac{\partial v}{\partial\xi}+\eta_y\frac{\partial v}{\partial\eta}+\zeta_y\frac{\partial v}{\partial\zeta}\right)\right.\\&\qquad\left.-\frac{2}{3}\left(\xi_z\frac{\partial w}{\partial\xi}+\eta_z\frac{\partial w}{\partial\eta}+\zeta_z\frac{\partial w}{\partial\zeta}\right)\right]\end{aligned}$$

可以看出，不涉及时间 τ 和参数 $\boldsymbol{x}_c$，因此在(ξ,η,ζ)进行空间积分以后，变换回原来物理空间(x,y,z,t)的表示形式完全一样的。控制体 V 和面积 S 与实际物理空间

的数值相等，也可以直接采用物理空间坐标计算。

最后得到的 ALE 形式 NS 方程为

$$\frac{\partial}{\partial t}\iiint_V \rho \boldsymbol{V} \mathrm{d}\sigma + \iint_S [\rho(\boldsymbol{V}-\boldsymbol{x}_c)\cdot \boldsymbol{n}]\boldsymbol{V} \mathrm{d}s = \iint_S [\pi]_n \mathrm{d}s \tag{2.29}$$

其中，$[\pi]_n$ 为应力张量在控制体 V 表面法向 $\boldsymbol{n}$ 的投影。

同样从能量守恒定律出发可以得到流体微团满足的能量方程。对于不考虑化学反应、体积力、辐射等源项的量热完全气体，能量方程可以写成 ALE 形式，即

$$\begin{aligned}&\frac{\partial}{\partial t}\iiint_V \rho\left(\frac{|\boldsymbol{V}|^2}{2}+e\right)\mathrm{d}\sigma + \iint_S [\rho(\boldsymbol{V}-\boldsymbol{x}_c)\cdot n]\left(\frac{|\boldsymbol{V}|^2}{2}+e\right)\mathrm{d}s \\ &= \iint_S [\pi]_n \cdot \boldsymbol{V}\mathrm{d}s + \iint_S k\Delta T\cdot \boldsymbol{n}\mathrm{d}s\end{aligned} \tag{2.30}$$

在 CFD 研究和应用中习惯采用无量纲参数，如果用长度 L^*、自由来流的速度 u_∞^* 和密度 ρ_∞^* 作为参考物理量进行无量纲化，即

$$\begin{aligned}&x=x^*/L^*,\quad y=y^*/L^*,\quad z=z^*/L^*,\quad t=t^*u_\infty^*/L^* \\ &u=u^*/u_\infty^*,\quad v=v^*/u_\infty^*,\quad w=w^*/u_\infty^* \\ &\rho=\rho^*/\rho_\infty^*,\quad p=p^*/(\rho_\infty^* u_\infty^{*2}),\quad T=T^*R_\infty^*/(u_\infty^{*2}) \\ &a=a^*/u_\infty^*,\quad e=e^*/u_\infty^{*2},\quad h=h^*/u_\infty^{*2},\quad \mu=\mu^*/\mu_\infty^*\end{aligned} \tag{2.31}$$

其中，上标“ * ”表示有量纲量；下标“∞”为自由来流参数；R_∞^* 为自由来流等效气体常数；ρ, T, p, μ, a, e, h 分别为气体的密度、温度、压力、黏性系数、声速、内能和焓；采用矢量 $\boldsymbol{V}=(u,v,w)$ 表示笛卡儿直角坐标系 (x,y,z) 下速度的三个方向分量。

采用 ALE 有限体积方法描述三维无量纲可压缩非定常流动的 NS 方程，即

$$\frac{\partial}{\partial t}\iiint_V Q\mathrm{d}\sigma + \iint_S [F_c(Q,\boldsymbol{x}_c)+F_v(Q)]\boldsymbol{n}\mathrm{d}s = 0 \tag{2.32}$$

其中，Q 为守恒变量，即

$$Q=(\rho,\rho u,\rho v,\rho w,\rho E)^{\mathrm{T}} \tag{2.33}$$

单位质量流体总能由内能和动能组成，对于比热比为常数的完全气体，即

$$E=\frac{p}{\rho(\gamma-1)}+\frac{1}{2}(u^2+v^2+w^2)$$

在 CFD 文献中，常把方程中 F_c 称为无黏通量，它既不是矢量，也不是张量，是为表述简洁引入的符号，即

$$F_c(Q,\boldsymbol{x}_c)=F\boldsymbol{i}+G\boldsymbol{j}+H\boldsymbol{k} \tag{2.34}$$

其中，$(\boldsymbol{i},\boldsymbol{j},\boldsymbol{k})$ 表示直角坐标系三个坐标方向 (x,y,z) 的单位矢量。

包含有相对运动速度的对流项通量表达式可以写为

$$F=\begin{bmatrix}\rho U\\ \rho Uu+p\\ \rho Uv\\ \rho Uw\\ (\rho E+p)U+x_t p\end{bmatrix},\quad G=\begin{bmatrix}\rho V\\ \rho Vu\\ \rho Vv+p\\ \rho Vw\\ (\rho E+p)V+y_t p\end{bmatrix},\quad H=\begin{bmatrix}\rho W\\ \rho Wu\\ \rho Wv\\ \rho Ww+p\\ (\rho E+p)W+z_t p\end{bmatrix}$$

采用符号 $\boldsymbol{V}_c$ 表示流体在 ALE 坐标系下相对速度，即

$$V_c=(U,V,W)=[(u-x_t),(v-y_t),(w-z_t)] \tag{2.35}$$

同样，控制体表面应力引起黏性通量，也可以理解为符号

$$F_v(Q)=F_\mu \boldsymbol{i}+G_\mu \boldsymbol{j}+H_\mu \boldsymbol{k} \tag{2.36}$$

其中，矢量元素包含有黏性应力、热传导等项，即

$$F_\mu=\frac{1}{\mathrm{Re}}\begin{bmatrix}0\\ \tau_{xx}\\ \tau_{xy}\\ \tau_{xz}\\ \varphi_x\end{bmatrix},\quad G_\mu=\frac{1}{\mathrm{Re}}\begin{bmatrix}0\\ \tau_{xy}\\ \tau_{yy}\\ \tau_{yz}\\ \varphi_y\end{bmatrix},\quad H_\mu=\frac{1}{\mathrm{Re}}\begin{bmatrix}0\\ \tau_{xz}\\ \tau_{yz}\\ \tau_{zz}\\ \varphi_z\end{bmatrix}$$

式中，$\mathrm{Re}=\rho_\infty^* u_\infty^* D^*/\mu_\infty^*$。

能量耗散包括应力做功和热传导两部分，即

$$\varphi_x=u\tau_{xx}+v\tau_{xy}+w\tau_{xz}+q_x$$
$$\varphi_y=u\tau_{yx}+v\tau_{yy}+w\tau_{yz}+q_y$$
$$\varphi_z=u\tau_{xz}+v\tau_{yz}+w\tau_{zz}+q_z$$

对于常见的气体，热传导服从 Fourier 定律，流体微团热量变化与温度梯度成比例，即

$$q_x=k\frac{\partial T}{\partial x},\quad q_y=k\frac{\partial T}{\partial y},\quad q_z=k\frac{\partial T}{\partial z}$$

根据经典分子运动论，黏性和热传导的本质是分子随机运动相互碰撞引起的动量和能量传递，均与分子自由运动速度相关，因此热传导系数 k 和黏性系数 μ 之间相互关联。比热比定义 $\gamma=c_p^*/c_v^*$，对于常比热完全气体常采用如下关系，即

$$k=\frac{\gamma}{\gamma-1}\frac{1}{\mathrm{Pr}}\frac{\mu}{\mathrm{Re}} \tag{2.37}$$

在大部分情况下，假设 $\mathrm{Pr}=\mu_\infty^* c_p^*/k_\infty^*$ 为常数，也能达到较为满意地精度。黏性系数分为层流和湍流两部分：$\mu=\mu_l+\mu_T$，湍流黏性系数在下一节讨论，采用 Sutherland 公式计算层流黏性系数，无量纲形式为

$$\mu_l=T^{3/2}\times\frac{1+110.4/T_\infty^*}{T+110.4/T_\infty^*} \tag{2.38}$$

对于完全气体，温度采用以上无量纲，可以得到的状态方程为

$$p = T\rho \tag{2.39}$$

如果温度取环境温度无量纲 $T = T^* / T^*_\infty$，得到状态方程和热传导系数的形式也要变化。

对于不考虑黏性影响的理想流体(ideal fluid)，把 $\pi_{ij} = -p\delta_{ij}$ 代入上式，黏性项通量 $F_v(Q) = 0$，就得到 ALE 有限体积方法描述的三维可压缩非定常无量纲 Euler 方程。从有限体积方法出发的数值模拟技术在求解 Euler 方程或者 NS 方程并没有本质区别。为了书写简便，下面论述采用 Euler 方程，如果没有特别说明，所得结论也适合于 NS 方程。

2.4 可压缩湍流的 Faver 方程

湍流非常复杂，在空间上表现为多重尺度结构、在时间上表现为随机脉动，完全准确建模非常困难。大量研究表明，湍流耗散尺度远大于分子运动尺度，即使对于最小的湍流微团，连续介质假设依然有效，湍流运动依然遵循 NS 方程。从 NS 方程出发，计算湍流主要有三种数值方法，即直接数值模拟(DNS)、大涡模拟(LES)和雷诺平均模拟(RANS)。DNS 面向最小尺度的湍流微团建立计算模型，是数值模拟湍流最精确的方法，为了刻画细小的涡结构，DNS 所需网格的量级为 $O(\mathrm{Re}^{9/4})$，即使对于 $\mathrm{Re} = 10^4$ 的低雷诺数湍流，所需网格也达到 10^9 量级，对于大部分工程问题计算量难以承受。LES 对湍流微团在小尺度涡结构中传输特性采用简化模型，只模拟大尺度涡结构，计算量小于 DNS，但是对于实际复杂外形和高雷诺数湍流的计算量仍然很大，也难以广泛应用于实际工程问题。目前，在飞行器气动力研究中，湍流模拟以 RANS 为主，随着计算能力增强，开始结合 LES，即在部分区域采用 LES 捕捉涡结构，靠近壁面采用 RANS 模型。

由于非结构网格的计算效率明显低于结构网格，很少看到 DNS 和 LES 在实际复杂外形中应用，目前以采用 RANS 模型为主来描述湍流对流场参数的影响。本书涉及湍流模拟的时候均采用 RANS，下面介绍内容主要来自参考文献[4]。

由于湍流表现为很强的随机特性，理论上可以把湍流运动分解为平均运动和脉动运动，在某一时刻流场空间参数 φ 分解为平均值和脉动量(雷诺分解)，即

$$\varphi = \bar{\varphi} + \varphi' \tag{2.40}$$

在此基础上，从 NS 方程出发建立平均运动和脉动运动满足的控制方程。大部分应用主要关心流动的总体特性，通过求解平均值方程就可以满足工程需求。但是，NS 方程是非线性的，平均运动的控制方程包含有脉动运动参数，如何处理脉动参数对平均运动方程的影响构成湍流模式理论研究的重要内容。

计算湍流平均值的方法很多，最常用的是时间平均方法。流场空间点上任一

湍流运动参数 φ 的时间平均值定义如下，即

$$\bar{\varphi}(t)=\frac{1}{t_a}\int_{t-0.5t_a}^{t+0.5t_a}\varphi(t+\tau)\mathrm{d}\tau,\quad t_1\leqslant t_a\leqslant t_2 \tag{2.41}$$

其中，t_a 是取平均的时间间隔，即要大于湍流脉动时间尺度 t_1，能够消除随机脉动对均值的影响，也要小于平均运动的时间尺度 t_2，以免掩盖了流场的非定常性。

尽管这三个时间参数对于时均值 $\bar{\varphi}$ 计算非常重要，但是还没有可操作的取值准则。很多 CFD 的计算方法是建立在时间相关法基础上，即使模拟定常流动也从非定常流动方程出发，计算过程中有些方法的时间推进步长还要受到稳定性要求的限制。目前很少考虑湍流特征时间尺度和计算方法时间步长之间的相互影响，隐含着前者远小于后者的假设。有了时均值和脉动量定义后，推导出如下特性，即

$$\overline{\varphi'}=0,\quad \overline{\bar{\varphi}_i\varphi'_j}=0,\quad \overline{\varphi_i\varphi_j}=\bar{\varphi}_i\bar{\varphi}_j+\overline{\varphi'_i\varphi'_j}$$

进一步假设它们的时空导数满足下式，即

$$\overline{\frac{\partial\varphi'}{\partial t}}=\overline{\frac{\partial\varphi'}{\partial x_i}}=0,\quad \overline{\frac{\partial\varphi}{\partial x_i}}=\frac{\partial\bar{\varphi}}{\partial x_i}$$

在此基础上进行 NS 方程的数学处理。例如，将 $\rho=\bar{\rho}+\rho'$ 和 $V=\bar{V}+V'$ 代入质量方程，然后对方程取平均，有

$$\overline{\frac{\partial(\bar{\rho}+\rho')}{\partial t}}+\overline{\nabla\cdot[(\bar{\rho}+\rho')(\bar{V}+V')]}=0$$

得到时均值满足的质量方程，即

$$\frac{\partial\bar{\rho}}{\partial t}+\nabla\cdot(\bar{\rho}\bar{V})=-\left(\frac{\partial\overline{\rho'u'}}{\partial x}+\frac{\partial\overline{\rho'v'}}{\partial y}+\frac{\partial\overline{\rho'w'}}{\partial z}\right) \tag{2.42}$$

其中，右端项称为脉动密度和脉动速度的关联项，湍流模式理论就是依靠理论和经验相结合，引进一系列假设建立采用时均值表述这些关联项的数学模型。

增加 $p=\bar{p}+p'$ 后，按照同样的方式处理 NS 方程可以得到时均值满足的动量方程，这里只给出 x 方向表达式，即

$$\frac{\partial\bar{\rho}\bar{u}}{\partial t}+\frac{\partial(\bar{\rho}\bar{u}^2+\bar{p})}{\partial x}+\frac{\partial(\bar{\rho}\bar{u}\bar{v})}{\partial y}+\frac{\partial(\bar{\rho}\bar{u}\bar{w})}{\partial z}=\frac{\partial\bar{\pi}_{xx}}{\partial x}+\frac{\partial\bar{\pi}_{xy}}{\partial y}+\frac{\partial\bar{\pi}_{xz}}{\partial z}+\Phi_x \tag{2.43}$$

其中，Φ_x 是多出来的 13 项与脉动量关联的附加项，即

$$\begin{aligned}\Phi_x=&-\frac{\partial}{\partial t}(\overline{\rho'u'})-\left[\frac{\partial}{\partial x}(\bar{\rho}\overline{u'u'})+\frac{\partial}{\partial y}(\bar{\rho}\overline{u'v'})+\frac{\partial}{\partial z}(\bar{\rho}\overline{u'w'})\right]\\&-\left[\frac{\partial}{\partial x}(\bar{u}\overline{\rho'u'})+\frac{\partial}{\partial y}(\bar{u}\overline{\rho'v'})+\frac{\partial}{\partial z}(\bar{u}\overline{\rho'w'})\right]\\&-\left[\frac{\partial}{\partial x}(\bar{u}\overline{\rho'u'})+\frac{\partial}{\partial y}(\bar{v}\overline{\rho'u'})+\frac{\partial}{\partial z}(\bar{w}\overline{\rho'u'})\right]\\&-\left[\frac{\partial}{\partial x}(\overline{\rho'u'u'})+\frac{\partial}{\partial y}(\overline{\rho'u'v'})+\frac{\partial}{\partial z}(\overline{\rho'u'w'})\right]\end{aligned}$$

前面建立本构关系时介绍过，Newton 流体的层流黏性系数 μ_L 与流体微团温度相关，根据 Sutherland 经验公式，温度微小脉动对 μ_L 的影响非常小，因此可以假设为常系数，应力项 $\bar{\pi}_{xx}$、$\bar{\pi}_{xy}$ 和 $\bar{\pi}_{xz}$ 采用时均值计算得到。例如下式，即

$$\bar{\pi}_{xx}=\bar{p}+\mu_L\left(\frac{4}{3}\frac{\partial\bar{u}}{\partial x}-\frac{2}{3}\frac{\partial\bar{v}}{\partial y}-\frac{2}{3}\frac{\partial\bar{w}}{\partial z}\right)$$

$$\bar{\pi}_{xy}=\bar{\tau}_{xy}=\mu_L\left(\frac{\partial\bar{v}}{\partial x}+\frac{\partial\bar{u}}{\partial y}\right)$$

对于不可压缩流动 $\rho'=0$，代入以上方程，可以得到著名的雷诺平均方程，即

$$\frac{\partial\bar{u}}{\partial x}+\frac{\partial\bar{v}}{\partial y}+\frac{\partial\bar{w}}{\partial z}=0$$

$$\begin{aligned}&\frac{\partial\rho\bar{u}}{\partial t}+\rho\bar{u}\frac{\partial\bar{u}}{\partial x}+\rho\bar{v}\frac{\partial\bar{u}}{\partial y}+\rho\bar{w}\frac{\partial\bar{u}}{\partial z}\\&=-\frac{\partial\bar{p}}{\partial x}+\mu_L\left(\frac{\partial^2\bar{u}}{\partial x^2}+\frac{\partial^2\bar{u}}{\partial^2 y}+\frac{\partial^2\bar{u}}{\partial^2 z}\right)-\rho\left(\frac{\partial\overline{u'u'}}{\partial x}+\frac{\partial\overline{u'v'}}{\partial y}+\frac{\partial\overline{u'w'}}{\partial z}\right)\end{aligned}\tag{2.44}$$

可以看出，x 方向方程其中，出现与脉动量有关的 3 项，称为雷诺应力项，三维流动构成应力张量。

比较式(2.43)和式(2.44)两组方程，可以看出，如果考虑密度脉动，不但有更多的二阶关联项，还出现了三阶关联项，建模变得非常困难。为了简化可压缩湍流的平均值方程，1965 年 Favre 提出质量加权平均方法，得到所谓的 Favre 平均方程。

Favre 认为在密度变化的湍流流场中，密度和压力脉动起主导作用，与速度相关的运动学参数受它们影响。根据以上时间平均方法得到密度和压力的时均值以后，其他参数按照如下形式的质量平均值(质均值)进行计算，即

$$\tilde{\varphi}=\frac{\overline{\rho\varphi}}{\bar{\rho}}\quad\text{或者}\quad\overline{\rho\varphi}=\tilde{\varphi}\bar{\rho}\tag{2.45}$$

定义质均值以后，可以得到对应的脉动值，为区别于雷诺分解，记为

$$\varphi''=\varphi-\tilde{\varphi}\tag{2.46}$$

质均值和时均值之间有

$$\tilde{\varphi}=\frac{\overline{(\bar{\rho}+\rho')(\bar{\varphi}+\varphi')}}{\bar{\rho}}=\bar{\varphi}+\frac{\overline{\rho'\varphi'}}{\bar{\rho}}$$

质均值对应的脉动值有如下性质，即

$$\varphi''=\varphi'-\frac{\overline{\rho'\varphi'}}{\bar{\rho}},\quad\overline{\varphi''}\neq0$$

$$\overline{\rho\varphi''}=\overline{\rho(\varphi-\tilde{\varphi})}=\overline{\rho\varphi}-\bar{\rho}\tilde{\varphi}=0,\quad\overline{\rho\varphi_i\varphi_j}=\bar{\rho}\tilde{\varphi}_i\tilde{\varphi}_j+\overline{\rho\varphi_i''\varphi_j''}$$

为简化方程，进一步假设 Favre 平均脉动值的时空导数也满足如下规则，即

$$\overline{\rho\frac{\partial\varphi}{\partial x_i}}=\bar{\rho}\frac{\partial\tilde{\varphi}}{\partial x_i}, \quad \overline{\rho\frac{\partial\varphi''}{\partial x_i}}=0$$

密度采用时均值 $\rho=\bar{\rho}+\rho'$ 和速度采用质均值 $\boldsymbol{V}=\widetilde{\boldsymbol{V}}+\boldsymbol{V}''$，代入质量方程，然后对方程取平均，可以得到 Favre 平均的质量方程，即

$$\frac{\partial\bar{\rho}}{\partial t}+\nabla\cdot(\bar{\rho}\widetilde{\boldsymbol{V}})=0 \tag{2.47}$$

对于完全气体的状态方程(有量纲)，即 $p=R\rho T$，压力采用时均值 $p=\bar{p}+p'$，根据 Favre 平均定义得到，即

$$\bar{p}=\overline{R\rho T}=R\bar{\rho}\widetilde{T} \tag{2.48}$$

可以看出，温度采用质均值，状态方程不会引出新的相关量。

根据热力学，内能是温度的函数，也采用质均值，即 $e=\tilde{e}+e''$，单位体积流体微团总能的均值为

$$\overline{\rho E}=\bar{\rho}\widetilde{E}=\overline{\frac{1}{2}\rho\sum_{i=1}^{3}(\tilde{u}_i+u_i'')^2+\rho(\tilde{e}+e'')}=\frac{1}{2}\sum_{i=1}^{3}(\bar{\rho}\tilde{u}_i^2+\overline{\rho u_i''\cdot u_i''})+\bar{\rho}\tilde{e}$$

在此基础上，定义 Favre 平均意义下的湍流脉动动能(简称湍动能)，即

$$K=\frac{1}{2\bar{\rho}}(\overline{\rho u''u''}+\overline{\rho v''v''}+\overline{\rho w''w''}) \tag{2.49}$$

单位质量流体微团总能的质均值为

$$\widetilde{E}=\frac{1}{2}\sum_{i=1}^{3}\tilde{u}_i^2+\tilde{e}+K \tag{2.50}$$

按照 Favre 平均处理动量方程，引入层流运动黏性系数 ν_L，$\mu_L=\rho\nu_L$，同样假设 ν_L 没有脉动，分子自由运动产生的应力项为

$$\bar{\pi}_{ij}=v_L\overline{\left[\rho\left(\frac{\partial u_i}{\partial x_j}+\frac{\partial u_j}{\partial x_i}\right)-\frac{2}{3}\rho\frac{\partial u_i}{\partial x_i}\delta_{ij}\right]}=\mu_L\left(\frac{\partial\tilde{u}_i}{\partial x_j}+\frac{\partial\tilde{u}_j}{\partial x_i}\right)-\frac{2}{3}\mu_L\frac{\partial\tilde{u}_i}{\partial x_i}\delta_{ij}$$

得到 x 方向的表达式，即

$$\frac{\partial\bar{\rho}\tilde{u}}{\partial t}+\frac{\partial(\bar{\rho}\tilde{u}^2+\bar{p})}{\partial x}+\frac{\partial(\bar{\rho}\tilde{u}\tilde{v})}{\partial y}+\frac{\partial(\bar{\rho}\tilde{u}\tilde{w})}{\partial z}=\frac{\partial\bar{\pi}_{xx}}{\partial x}+\frac{\partial\bar{\pi}_{xy}}{\partial y}+\frac{\partial\bar{\pi}_{xz}}{\partial z}+\Phi_x'' \tag{2.51}$$

其中，脉动关联项 Φ_x'' 为

$$\Phi_x''=-\left[\frac{\partial}{\partial x}(\overline{\rho u''u''})+\frac{\partial}{\partial y}(\overline{\rho u''v''})+\frac{\partial}{\partial z}(\overline{\rho u''w''})\right] \tag{2.52}$$

能量方程中时间项的 Favre 平均为

$$\overline{\frac{\partial\rho E}{\partial t}}=\frac{\partial\bar{\rho}\widetilde{E}}{\partial t}$$

能量方程中对流项的 Favre 平均为

$$\overline{\frac{\partial}{\partial x_i}[(\rho E+p)u_i]}=\overline{\frac{\partial}{\partial x_i}[(\rho\widetilde{E}+\rho E''+\bar{p}+p')(\tilde{u}_i+u_i'')]}$$

$$=\frac{\partial}{\partial x_i}[(\bar{\rho}\widetilde{E}+\bar{p})\tilde{u}_i]+\frac{\partial}{\partial x_i}\overline{\rho E''u_i''}+\frac{\partial}{\partial x_i}\overline{p'u_i''}$$

分子运动(层流)引起的热传导系数为 $k_L=C_p\mu/\mathrm{Pr}_L=C_p\rho\nu_L/\mathrm{Pr}_L$，假设定压比热和 Prandtl 数为常数没有脉动，能量方程中热传导项的均值为

$$\overline{q_i}=\overline{k\frac{\partial T}{\partial x_i}}=\frac{C_p\nu_L}{\mathrm{Pr}_L}\overline{\rho\frac{\partial T}{\partial x_i}}=\frac{C_p\bar{\rho}\nu_L}{\mathrm{Pr}_L}\frac{\partial\widetilde{T}}{\partial x_i}=k_L\frac{\partial\widetilde{T}}{\partial x_i}$$

应力项按照前面写为包含有密度的形式，应力做功的均值为

$$\overline{\pi_{ij}u_i}=\overline{(\tilde{\pi}_{ij}+\pi_{ij}'')(\tilde{u}_i+u_i'')}=\tilde{\pi}_{ij}\tilde{u}_i+\overline{\pi_{ij}''u_i''}$$

以上各项代入能量方程，可以得到

$$\frac{\partial\bar{\rho}\widetilde{E}}{\partial t}+\sum_{i=1}^{3}\frac{\partial}{\partial x_i}[(\widetilde{E}+\bar{p})\tilde{u}_i]=\sum_{i=1}^{3}\frac{\partial\tilde{\pi}_{ij}\tilde{u}_j}{\partial x_i}+\sum_{i=1}^{3}\frac{\partial}{\partial x_i}\left(k_L\frac{\partial\widetilde{T}}{\partial x_i}\right)+\Psi_1'' \tag{2.53}$$

脉动关联项 Ψ_1'' 为

$$\Psi_1''=-\sum_{i=1}^{3}\left[\frac{\partial}{\partial x_i}\overline{\rho E''u_i''}+\frac{\partial}{\partial x_i}\overline{p'u_i''}\right]+\sum_{i=1}^{3}\frac{\partial\,\overline{\pi_{ij}''u_j''}}{\partial x_i} \tag{2.54}$$

如果总能中不考虑湍动能，单位质量流体微团总能的均值可以写为

$$\widetilde{E}_1=\frac{1}{2}\sum_{i=1}^{3}\tilde{u}_i^2+\tilde{e} \tag{2.55}$$

能量方程形式变化不大，即

$$\frac{\partial\bar{\rho}\widetilde{E}_1}{\partial t}+\sum_{i=1}^{3}\frac{\partial}{\partial x_i}[(\widetilde{E}_1+\bar{p})\tilde{u}_i]=\sum_{i=1}^{3}\frac{\partial\tilde{\pi}_{ij}\tilde{u}_j}{\partial x_i}+\sum_{i=1}^{3}\frac{\partial}{\partial x_i}\left(k_L\frac{\partial\widetilde{T}}{\partial x_i}\right)+\Psi_2'' \tag{2.56}$$

对应的脉动关联项 Ψ_2'' 为

$$\Psi_2''=\Psi_1''-\frac{\partial\bar{\rho}K}{\partial t}-\sum_{i=1}^{3}\frac{\partial\bar{\rho}K\tilde{u}_i}{\partial x_i} \tag{2.57}$$

从表达形式看，Favre 平均方法得到的质量方程和层流流动的相应方程相同；动量方程和能量方程比可压缩的雷诺平均方程少了很多未知的关联项，与不可压缩的雷诺平均方程一致，可以借鉴相对丰富的不可压缩湍流研究成果。

补充采用平均值表示的脉动关联量关系式，建立使平均值方程成为数学上适定求解的封闭方程组是湍流模式理论的主要研究内容。湍流模式理论经过 100 多年的研究，建立了很多种模型，主要分为雷诺应力模式和涡黏性模式。雷诺应力模式的原理是建立新的偏微分方程来求解平均值需要的脉动关联量，理论上对于时均值方程(2.43)需要建立 13 个新方程，对于不可压缩流动的雷诺平均方程也需要 6 个方程。庞大的方程组显然会增加计算量，新方程也会带来计算方法和编程方面的困难。因此，在 CFD 领域很少从经典的雷诺应力模式理论出发进行湍流模拟，工程中湍流问题广泛应用涡黏性模式。

对于不可压缩雷诺平均方程中雷诺应力，1872 年 Boussinesq 提出用涡黏性系

数 μ_T 来建立的模型，即

$$-\rho\overline{u'_i u'_j}=\mu_T\left(\frac{\partial\bar{u}_i}{\partial x_j}+\frac{\partial\bar{u}_j}{\partial x_i}\right) \tag{2.58}$$

采用以上模型处理动量方程脉动量，并且引入总黏性系数 $\mu_A=\mu_L+\mu_T$，方程变成与层流流动的相应方程相同的形式，即

$$\frac{\partial\rho\bar{u}}{\partial t}+\rho\bar{u}\frac{\partial\bar{u}}{\partial x}+\rho\bar{v}\frac{\partial\bar{u}}{\partial y}+\rho\bar{w}\frac{\partial\bar{u}}{\partial z}=-\frac{\partial\bar{p}}{\partial x}+\mu_A\left(\frac{\partial^2\bar{u}}{\partial x^2}+\frac{\partial^2\bar{u}}{\partial^2 y}+\frac{\partial^2\bar{u}}{\partial^2 z}\right) \tag{2.59}$$

按照同样思路处理可压缩湍流。前面建立可压缩层流流动的本构关系时，根据 Stokes 假设处理正应变（散度）对正应力的影响。从 Favre 平均动量方程出发建立可压缩湍流的雷诺应力模型也采用同样的形式，即

$$-\overline{\rho u''_i u''_j}=\pi_{Tij}=\mu_T\left(\frac{\partial\tilde{u}_i}{\partial x_j}+\frac{\partial\tilde{u}_j}{\partial x_i}\right)-\frac{2}{3}\mu_T\,\nabla\widetilde{\boldsymbol{W}}\delta_{ij}-\frac{2}{3}\bar{\rho}K\delta_{ij} \tag{2.60.1}$$

有些湍流模型不需要计算湍动能，这时雷诺应力模型形式为

$$-\overline{\rho u''_i u''_j}=\mu_T\left(\frac{\partial\tilde{u}_i}{\partial x_j}+\frac{\partial\tilde{u}_j}{\partial x_i}\right)-\frac{2}{3}\mu_T\,\nabla\widetilde{\boldsymbol{W}}\delta_{ij} \tag{2.60.2}$$

仅写出 x 方向的表达式，即

$$\frac{\partial\bar{\rho}\tilde{u}}{\partial t}+\frac{\partial(\bar{\rho}\tilde{u}^2+\bar{p})}{\partial x}+\frac{\partial(\bar{\rho}\tilde{u}\tilde{v})}{\partial y}+\frac{\partial(\bar{\rho}\tilde{u}\tilde{w})}{\partial z}=\frac{\partial\pi_{Axx}}{\partial x}+\frac{\partial\pi_{Axy}}{\partial y}+\frac{\partial\pi_{Axz}}{\partial z} \tag{2.61}$$

其中，应力的表达式和层流时完全相同，只是采用总黏性系数 $\mu_A=\mu_L+\mu_T$ 代替层流黏性系数，因此在编程方面模式理论有很大优势。

能量方程的脉动关联项 Ψ''_1 中与总内能相关的项表示成温度梯度形式，即

$$-\overline{(E+p)u''_i}=k_T\frac{\partial\widetilde{T}}{\partial x_i} \tag{2.62.1}$$

假设湍流热传导系数通过湍流 Prantl 常数（空气为$\mathrm{Pr}_T=0.92$）与湍流黏性系数关联：$k_T=\mu_T C_p/\mathrm{Pr}_T$。与应力相关的写成湍流黏性形式为

$$\overline{\pi_{ij}u''_j}=\pi_{Tij}\tilde{u}_j \tag{2.62.2}$$

得到湍流模式理论下，能量方程形式和层流时完全相同，即

$$\frac{\partial\bar{E}}{\partial t}+\sum_{i=1}^{3}\frac{\partial}{\partial x_i}[(\bar{E}+\bar{p})\tilde{u}_i]=\sum_{i=1}^{3}\frac{\partial\pi_{Aij}\tilde{u}_j}{\partial x_i}+\sum_{i=1}^{3}\frac{\partial}{\partial x_i}\left(k_A\frac{\partial\widetilde{T}}{\partial x_i}\right) \tag{2.63}$$

其中，总热传导系数 $k_A=k_L+k_T$。

计算湍流黏性系数 μ_T 的方法称为湍流模型，根据增加的偏微分方程数目分为零方程模型、一方程模型和两方程模型等。不同特征的流动需要的湍流模型不同，在后面章节涉及具体应用时介绍部分湍流模型。

从以上推导可以看出，按照模式理论得到的控制方程与 NS 方程相比，形式完全相同，湍流引起的变化主要体现在黏性项中。前面章节建立 ALE 描述的 NS 方

程时已经证明主要影响对流项，因此采用 ALE 的有限体积方法得到的湍流问题积分形式与前面 NS 方程完全相同，具体表达式这里不再重复。

2.5 存在组分变化的流体动力学方程

前面章节建立的方程适用于单一组分构成的量热完全气体，根据定压比热和定容比热是否是温度的函数，把完全气体又分为量热完全气体(calorically perfect gas)和热完全气体(thermally perfect gas)。在计算发动机燃气流、化学反应流和爆炸等问题时，流体微团内部可以包含多种组分，如果每个组分单独存在时满足完全气体的状态方程，混合以后的气体称为化学反应完全气体混合体(chemically reacting mixture of perfect gases)，简称混合气体。下面讨论这种气体满足的流体动力学方程。

首先，根据质量和能量守恒计算混合气体的热力学特性。考虑由 n 种完全气体组分构成的混合气体，假设第 i 组分密度 ρ_i，定义质量比数 $c_i=\rho_i/\rho$，显然有

$$\rho=\sum_i^n \rho_i \quad 或 \quad \sum_i^n c_i=1 \tag{2.64}$$

如果流动过程中流体微团中 c_i 保持不变，这种情况下可以把混合气体等效为单一组分的量热完全气体，采用前面所述控制方程求解，得到总密度 ρ 就可以知道任一组分的密度 $\rho_i=c_i\rho$。

认为气体微团内 n 种化学组分在充分混合以后，组分是均匀分布，根据 Dalton 分压定律可以建立混合气体的状态方程，即

$$p=\sum_i^n p_i=\sum_i^n R_i\rho_i T=\sum_i^n \frac{R_0\rho_i T}{M_i}=R_0\rho T\sum_i^n \frac{c_i}{M_i} \tag{2.65}$$

其中，M_i 为第 i 组分的摩尔质量，质量比数保持恒定，计算得到的常数为

$$\overline{M}=\frac{1}{\sum_i^n c_i/M_i} \tag{2.66}$$

称为混合气体的等效摩尔质量，混合气体的等效气体常数为

$$\overline{R}=\sum_i^n R_i c_i=\sum_i^n \frac{R_0 c_i}{M_i}=\frac{R_0}{\overline{M}}$$

前面无量纲时空气的气体常数 $R_\infty^*=287\mathrm{J/(kg\cdot K)}$就是这样计算得来的。

空气是由氧、氮、二氧化碳、氢、氡等几十种组分构成的混合气体，在绝大部分空气动力学教科书和工程研究中很少求解组分密度，隐含的假设是空气的组分质量比数不变化。在高温空气动力学中，把这种 c_i 保持不变的流动过程称为冻结流。另一种特殊情况是平衡流，在流动过程中 c_i 有变化，但是它仅与流体微团的

热力学状态参数有关，质量比数表示为当地流体状态参数的函数形式，即

$$c_i = f(p, \rho)$$

除了平衡流，如果流动过程中混合气体微团组分密度变化，需要增加描述组分密度变化的偏微分方程。组分密度变化来自流体微团内部化学过程或相邻空间梯度不均匀，它的控制方程可以写为

$$\frac{\partial \rho_i}{\partial t} + \nabla \cdot (\rho_i \boldsymbol{V}) = \sigma_i + \nabla \cdot (\rho D_i \nabla c_i) \tag{2.67}$$

其中，σ_i 是化学反应或相变的生成项，如果没有相变，化学反应过程中质量守恒，组分方程的化学反应生成源项满足质量守恒，即

$$\sum_{i=1}^{n} \sigma_i = 0$$

假设没有化学反应，即组分方程的 $\sigma_i = 0$，从式(2.67)可以看出，由于流场内质量比数空间不均匀性引起的组分扩散项 $\nabla \cdot (\rho D_i \nabla c_i)$ 存在，混合气体运动中也会发生组分的变化。参考文献[5]在传统高温空气动力学中定义的冻结流、平衡流和非平衡流之外，引入新的名词“异质流”来表征这种流动。

有了组分密度的控制方程，下面讨论混合气体的质量、动量和能量方程形式。

根据质量守恒定律，总密度 $\rho = \sum_{i}^{n} \rho_i$ 依然满足前面推导出的质量方程，即

$$\frac{\partial \rho}{\partial t} + \nabla \cdot (\rho \boldsymbol{V}) = 0 \tag{2.68}$$

经典热力学理论适用于静止封闭均匀系统，应用于流场内气体微团时，需要根据局部状态原理进行推广。局部状态原理认为：连续介质运动系统中局部状态变量的关系，就如同静止封闭均匀系统一样。比较总质量方程(2.68)和组分密度方程(2.68)发现，流体微团的随体导数(对流项)完全一致，表示局部状态原理同样适用于非平衡流动，即化学反应引起内部组分变化与运动特性无关，依据这一思想文献[5]提出新型的解耦算法。

由于化学反应不影响流体运动特性，混合气体微团动量方程中对流项的形式和前面量热完全气体相同。对于 Newton 流体，黏性应力仅与速度有关，因此动量方程中黏性项的差异也仅体现为与热力学特性相关的黏性系数。动量方程的具体表达式下一节给出。

对于热完全气体组分构成的混合气体，已知定压比热和定容比热以后，可以对温度积分求出单位质量组分气体的内能和焓的表达式，即

$$e_i(T) = \int_{T_0}^{T} C_{Vi}(T) \mathrm{d}T + e_{i0} \quad \text{和} \quad h_i(T) = \int_{T_0}^{T} C_{pi}(T) \mathrm{d}T + h_{i0} \tag{2.69}$$

根据热力学第一定律，对于完全气体可以推出 $h_{i0} = e_{i0}$。

根据能量守恒定律，单位体积内静止混合气体内能等于各组分气体内能之

和，即

$$\rho e = \sum_{i}^{n} \rho_i e_i$$

在确定混合气体中质量比数的条件下，单位质量组分气体总内能为

$$e(T) = \sum_{i}^{n} c_i e_i(T) \tag{2.70}$$

单位质量混合气体的总能由热力学内能和运动能组成，记为

$$E^a = \rho e + \frac{1}{2}\rho(u^2 + v^2 + w^2)$$

根据热力学第一定律，如果不计体积力做功和热源辐射，封闭的控制体内部化学反应引起的热能变化体现在 E^a 中，其变化率等于作用在控制体表面应力所做的功与通过控制体表面传入的热量之和，即

$$\frac{\mathrm{d}}{\mathrm{d}t}\left(\int_V E^a \mathrm{d}\tau + E^b\right) = \int_S p_n U \mathrm{d}\sigma + \int_S q_n \mathrm{d}\sigma$$

对于混合气体流体微团表面传入热量 q_n，除了受到温度梯度影响外，还与流场内质量比数空间不均匀性有关，前者采用 Fourier 导热定律，后者采用 Fick 扩散定律。按照前面介绍的随体导数转定义，将能量方程换到 Euler 坐标系下，最终得到的混合气体能量方程为

$$\begin{aligned} &\frac{\partial E^a}{\partial t} + \sum_{i=1}^{3} \frac{\partial}{\partial x_i}[(E^a + p)u_i] \\ &= \sum_{i=1}^{3} \frac{\partial \pi_{ij} u_j}{\partial x_i} + \sum_{i=1}^{3} \frac{\partial}{\partial x_i}\left(k_f \frac{\partial T}{\partial x_i}\right) + \sum_{j=1}^{3} \frac{\partial}{\partial x_j}\left(\sum_{i=1}^{n} h_i D_i \frac{\partial c_i}{\partial x_j}\right) \end{aligned} \tag{2.71}$$

表达式右端出了黏性系数，又出现了热传导系数和质量扩散系数。理论上，层流状态下每个组分的黏性系数、热传导系数和扩散系数可以按照分子动力学理论进行建模计算，混合气体的系数采用于摩尔数相关的混合法则计算得到[5]。实际应用中为了减少由此带来很大的计算量，经常采用如下关联假设，在已知黏性系数后确定其他系数：利用 Prandtl 数建立黏性系数和热传导系数的关系，采用 Schmidt 数表征运动黏性系数和质量扩散系数，还有 Lewis 数表征质量扩散系数和热传导相对大小。

混合气体的定压比热和组分热力学状态之间的关系为

$$C_p = \left.\frac{\partial h}{\partial T}\right|_p = \sum_{i=1}^{n} c_i C_{pi}(T) + \sum_{i=1}^{n} h_i(T) \frac{\partial c_i}{\partial T}$$

可以看出，第二项是组分随温度的变化，需要处理完化学反应动力学模型以后才能确定，为简便计算，有时候非平衡流动数值模拟中采用比热冻结假设，输运过程中涉及的混合气体定压比热采用如下简化模型计算，即

$$C_{pf}=\left.\frac{\partial h}{\partial T}\right|_{p,c_i}=\sum_{i=1}^{n}c_iC_{pi}(T)$$

这样，类似于量热完全气体，混合气体的黏性系数 μ_f 确定以后，热传导系数通过 Prandtl 数计算，即

$$k_f=\Pr\cdot C_{pf}\mu_f$$

热力学中提供了有些种类的两组分气体之间的相对质量扩散系数，组分 c_i 在包含多种组分混合气体中的扩散规律还没有普适性模型，计算中常不加区别，全部采用 Schmidt 数确定，即

$$\mathrm{Sc}=\frac{\mu}{D_i\rho}$$

湍流和化学反应相互影响机理非常复杂，目前还没看到成熟的非平衡湍流理论，很多时候直接推广以上关系式，通过湍流黏性系数得到湍流状态下的热传导系数和扩散系数。

2.6 湍流和非平衡流的统一方程

为了解决计算化学非平衡流动遇到的刚性问题，文献[5]中提出一种新型解耦算法，与传统解耦算法的差别在于引入中间能量和等效比热比来实现流体运动和化学反应解耦，使得求解源项过程中组分变化引起生成焓改变在总内能中体现出来。下面简要介绍其与其他解耦算法的差异。

把单位质量混合气体的总内能中与流场温度变化没有关系的生成焓 h_i^0 分解出来，即

$$E^a=\frac{1}{2}\rho(u^2+v^2+w^2)+\sum_{i=1}^{n}\rho_i(h_i^{\mathrm{T}}+h_i^0)-p=E+\sum_{i=1}^{n}\rho_ih_i^0 \tag{2.72}$$

进一步把中间变量写成与量热完全气体相同的形式，即

$$E=0.5\rho(u^2+v^2+w^2)+\frac{p}{\gamma-1}$$

其中，γ 从数学形式来看等价于量热完全气体方程的比热比，即

$$\gamma=\frac{p}{\sum_{i=1}^{n}\rho_ih_i-p}+1 \tag{2.73}$$

气体动力学中化学反应混合气体的比热比可以根据热力学定义严格推导出，本书为了推导方程简便引入 γ 符号，称为等效比热比，不是常数。严格来说，这里 γ 不符合热力学中的比热比定义，可以仅看作一个中间变量，符号并无物理意义。

$$\frac{\partial E^a}{\partial t}=\frac{\partial E}{\partial t}+\sum_{i=1}^{n}h_i^0\frac{\partial\rho_i}{\partial t}$$

$$\frac{\partial[(E^a+p)u]}{\partial x}=\frac{\partial[(E+p)u]}{\partial x}+\sum_{i=1}^{n}h_i^0\frac{\partial(\rho_i u)}{\partial x}$$

$$\frac{\partial[(E^a+p)v]}{\partial y}=\frac{\partial[(E+p)v]}{\partial y}+\sum_{i=1}^{n}h_i^0\frac{\partial(\rho_i v)}{\partial y}$$

$$\frac{\partial[(E^a+p)w]}{\partial z}=\frac{\partial[(E+p)w]}{\partial z}+\sum_{i=1}^{n}h_i^0\frac{\partial(\rho_i w)}{\partial z}$$

根据组分方程，即

$$\begin{aligned}&\sum_{i=1}^{n}h_i^0\left[\frac{\partial\rho_i}{\partial t}+\frac{\partial(\rho_i u)}{\partial x}+\frac{\partial(\rho_i v)}{\partial y}+\frac{\partial(\rho_i w)}{\partial z}\right]\\&=\sum_{i=1}^{n}h_i^0\left[\frac{\partial}{\partial x}\left(D_i\frac{\partial c_i}{\partial x}\right)+\frac{\partial}{\partial y}\left(D_i\frac{\partial c_i}{\partial y}\right)+\frac{\partial}{\partial z}\left(D_i\frac{\partial c_i}{\partial y}\right)+\sigma_i\right]\end{aligned}$$

能量方程变为

$$\begin{aligned}&\frac{\partial E}{\partial t}+\frac{\partial[(E+p)u]}{\partial x}+\frac{\partial[(E+p)v]}{\partial y}+\frac{\partial[(E+p)w]}{\partial z}\\&=\frac{\partial}{\partial x}\left[u\tau_{xx}+v\tau_{xy}+w\tau_{xz}+k_f\frac{\partial T}{\partial x}+\sum_{i=1}^{n}h_i\left(D_i\frac{\partial c_i}{\partial x}\right)-\sum_{i=1}^{n}h_i^0\left(D_i\frac{\partial c_i}{\partial x}\right)\right]\\&\quad+\frac{\partial}{\partial y}\left[u\tau_{xy}+v\tau_{yy}+w\tau_{yz}+k_f\frac{\partial T}{\partial y}+\sum_{i=1}^{n}h_i\left(D_i\frac{\partial c_i}{\partial y}\right)-\sum_{i=1}^{n}h_i^0\left(D_i\frac{\partial c_i}{\partial y}\right)\right]\\&\quad+\frac{\partial}{\partial z}\left[u\tau_{xz}+v\tau_{yz}+w\tau_{zz}+k_f\frac{\partial T}{\partial z}+\sum_{i=1}^{n}h_i\left(D_i\frac{\partial c_i}{\partial z}\right)-\sum_{i=1}^{n}h_i^0\left(D_i\frac{\partial c_i}{\partial z}\right)\right]\\&\quad-\sum_{i=1}^{n}h_i^0\sigma_i\end{aligned}$$

在此基础上，文献[5]建立了基于有限差分法的非平衡流、湍流、两相流的统一算法，在发动机内外流干扰、爆炸冲击载荷预测等方面取得实效。大量的工程应用算例表明，该算法求解流动方程的数值方法与量热完全气体一致，改变化学反应机理仅需要修改源项模块，易于实现模块化编程，计算量与组元变量数目呈线性关系，对于组分数目较多的化学反应机理研究效率高。这种统一算法也可推广到有限体积法，下面给出 ALE 形式有限体积方法下统一湍流、多组分流的积分控制方程。

采用 ALE 有限体积方法描述的 NS 方程，即

$$\frac{\partial}{\partial t}\iiint_V Q\mathrm{d}\sigma+\iint_S[\boldsymbol{F}_c(Q,x_c)+\boldsymbol{F}_v(Q)]\cdot\boldsymbol{n}\mathrm{d}s=\iiint_V S\mathrm{d}\sigma \tag{2.74}$$

其中，Q 为守恒变量，即

$$\begin{aligned}Q&=[\rho\ \rho u\ \rho v\ \rho w\ E\ \rho_1\ \cdots\rho_{n-1}\ \eta_1\ \eta_2]^{\mathrm T}\\&=[\rho\ \rho u\ \rho v\ \rho w\ E\ \rho c_1\ \cdots\rho c_{n-1}\ \rho\nu_1\ \rho\nu_2]^{\mathrm T}\end{aligned} \tag{2.75}$$

其中，η_1，η_2 是两方程湍流方程的求解变量，如果是一方程湍流模型，那么没有关于 η_2 的方程，如果仅研究层流问题，这两个方程均不求解。

为了把层流、一方程湍流模型和两方程湍流模型统一编写为一个程序，常把湍流方程求解变量写为质量比数形式 $\rho\nu_1$，$\rho\nu_2$。

包含有相对运动速度的对流项通量积分的函数可以写为如下形式，即

$$\boldsymbol{F}_c(Q,\boldsymbol{x}_c)=F\boldsymbol{i}+G\boldsymbol{j}+H\boldsymbol{k} \tag{2.76}$$

其中

$$F=\begin{bmatrix}\rho U\\ \rho Uu+p\\ \rho Uv\\ \rho Uw\\ (\rho E+p)U+x_t p\\ \rho c_1 U\\ \vdots\\ \rho c_{n-1}U\\ \rho\nu_1 U\\ \rho\nu_2 U\end{bmatrix},\quad G=\begin{bmatrix}\rho V\\ \rho Vu\\ \rho Vv+p\\ \rho Vw\\ (\rho E+p)V+y_t p\\ \rho c_1 V\\ \vdots\\ \rho c_{n-1}V\\ \rho\nu_1 V\\ \rho\nu_2 V\end{bmatrix},\quad H=\begin{bmatrix}\rho W\\ \rho Wu\\ \rho Wv\\ \rho Ww+p\\ (\rho E+p)W+z_t p\\ \rho c_1 W\\ \vdots\\ \rho c_{n-1}W\\ \rho\nu_1 W\\ \rho\nu_2 W\end{bmatrix}$$

网格速度 $\boldsymbol{x}_c$ 和 ALE 坐标系下相对速度为

$$(U,V,W)=[(u-x_t),\quad (v-y_t),\quad (w-z_t)]$$

ALE 坐标系下黏性通量形式中，没有直接出现网格速度 $\boldsymbol{x}_c$，即

$$\boldsymbol{F}_v(Q)=F_\mu\boldsymbol{i}+G_\mu\boldsymbol{j}+H_\mu\boldsymbol{k} \tag{2.77}$$

其中，与黏性应力和热传导相关的矢量为

$$F_\mu=\frac{1}{\mathrm{Re}}\begin{bmatrix}0\\ \tau_{xx}\\ \tau_{xy}\\ \tau_{xz}\\ \varphi_x\\ d_x^{(1)}\\ \vdots\\ d_x^{(n-1)}\\ r_x^{(1)}\\ r_x^{(2)}\end{bmatrix},\quad G_\mu=\frac{1}{\mathrm{Re}}\begin{bmatrix}0\\ \tau_{xy}\\ \tau_{yy}\\ \tau_{yz}\\ \varphi_y\\ d_y^{(1)}\\ \vdots\\ d_y^{(n-1)}\\ r_y^{(1)}\\ r_y^{(2)}\end{bmatrix},\quad H_\mu=\frac{1}{\mathrm{Re}}\begin{bmatrix}0\\ \tau_{xz}\\ \tau_{yz}\\ \tau_{zz}\\ \varphi_z\\ d_z^{(1)}\\ \vdots\\ d_z^{(n-1)}\\ r_z^{(1)}\\ r_z^{(2)}\end{bmatrix}$$

其中，$r_x^{(1)}$ 和 $r_x^{(2)}$ 是两方程湍流模型中相关的扩散项，不同的湍流模型有一定差异，采用 Schmidt 数后组分方程的扩散项，即

$$d_x^{(i)}=\frac{\mu}{Sc}\frac{\partial c_i}{\partial x},\quad d_y^{(i)}=\frac{\mu}{Sc}\frac{\partial c_i}{\partial y},\quad d_z^{(i)}=\frac{\mu}{Sc}\frac{\partial c_i}{\partial z}$$

能量方程的扩散项为

$$\varphi_x = u\tau_{xx}+v\tau_{xy}+w\tau_{xz}+\frac{\mu\cdot C_{pf}^*}{\Pr\cdot R_\infty^*}\frac{\partial T}{\partial x}+\frac{\mu}{Sc}\sum_{i=1}^{n}h_i^T\frac{\partial c_i}{\partial x}$$

$$\varphi_y = u\tau_{xy}+v\tau_{yy}+w\tau_{yz}+\frac{\mu\cdot C_{pf}^*}{\Pr\cdot R_\infty^*}\frac{\partial T}{\partial y}+\frac{\mu}{Sc}\sum_{i=1}^{n}h_i^T\frac{\partial c_i}{\partial y}$$

$$\varphi_y = u\tau_{xz}+v\tau_{yz}+w\tau_{zz}+\frac{\mu\cdot C_{pf}^*}{\Pr\cdot R_\infty^*}\frac{\partial T}{\partial z}+\frac{\mu}{Sc}\sum_{i=1}^{n}h_i^T\frac{\partial c_i}{\partial z}$$

ALE 坐标系下的源项也不受网格运动影响，即

$$S=\begin{bmatrix}0\\0\\0\\0\\-\sum_{i=1}^{n}h_i^0\sigma_i\\\sigma_1\\\vdots\\\sigma_2\\s_k\\s_\varepsilon\end{bmatrix}\tag{2.78}$$

其中，组分的化学反应生成项和湍流模型方程的源项在后面应用章节介绍。

以上湍流和多组分流动控制方程可以模拟很大范围的流动现象。

(1) 无黏流动

在小迎角条件下高速飞行器的物体附近没有分离流动，黏性影响局限于紧贴物面很小的薄层内(附面层)，对于升力等气动特性的影响可以忽略，可以引入无黏假设。由于不需要模拟附面层，降低了对网格数目要求，不考虑黏性项通量离散，因此，无黏流动的计算效率很高。在流固耦合应用中，边界运动引起的非定常效应表现为以上方程中时间导数项的影响远大于黏性项影响，这时无黏流动假设得到的结果也能满足工程需要。在高超声速情况下，迎风区激波后压力比背风区膨胀波后压力高出 1 到 2 个量级，即使没有准确模拟背风区内分离流动，对总体气动特性影响也不大，也可以采用无黏流动作为出发方程进行研究。

(2) 黏性流动

对于黏性主导的层流流动，黏性扩散项计算较为简单。高速飞行时雷诺数较

大，大部分情况下飞行器物体附近流动存在湍流状态。目前文献中使用过的湍流模型有20多种，在模拟附面层分离、剪切层混合过程、底部后台阶流动等方面各有特点。按照采用以上控制方程形式可以集成大部分湍流模型，便于根据实际工程问题选择。

(3) 反应流动

研究高超声速飞行器进出大气层、火箭发动机内部燃烧、爆炸冲击载荷等典型的高温高压流动问题时，化学反应显著改变内部组分和热力学特性，对于气动特性的影响不容忽视。采用以上控制方程形式，增减气体组分不需要修改程序，改变化学反应机理仅需要修改源项模块，其流动方程求解与量热完全气体的数值方法一致，非常适用于软件工程化。

(4) 异质流动

用于模拟没有化学反应的多组分流动，可以看作反应流动的特例。在火箭发动机的级间分离、底部阻力、横向喷流干扰、爆炸等流动中存在与空气热力学特性存在明显差异的气体组分，但是反应过程已经完成或小到可以忽略的地步。不同的比热比和分子摩尔数对激波、膨胀波等流场结构影响明显，近似成空气介质会给气动力预测带来较大误差，按照反应流动模型计算导致效率严重降低，这时采用(有黏或无黏的)异质流动模型具有优势。

参考文献

[1] 吴望一. 流体力学(上). 北京：北京大学出版社，1982.

[2] 赵凯华，罗蔚茵. 力学. 北京：高等教育出版社，1995.

[3] Pijusu K. Kundu, Fluid Mechanics. London: Academic Press, 1990.

[4] 杨涛，方丁酉，唐乾刚. 火箭发动机燃烧原理. 长沙：国防科技大学出版社，2008.

[5] 刘君，周松柏，徐春光. 超声速流动中燃烧现象的数值模拟方法及应用. 长沙：国防科技大学出版社，2008.

第 3 章　有限体积法基本原理和分析理论

前面提到，基于空间一维方程没有高斯积分的降维过程，无法分析积分变量的精度等数学上的差异，得出的结论是建立真正的有限体积法需要从多维方程出发。为便于图形示意，我们选择空间二维模型进行讨论，为了不造成计算方法推广到三维出现因为几何参数引起的混乱，在论述过程中，即使采用空间二维模型，也按照三维模型表述几何参数（认为 z 方向为单位长度）。例如，二维时沿线段积分计算流动通量本书也称其为面积分，二维的控制网格（面积）称为控制体（体积）。

3.1　有限体积法基本原理

常系数偏微分方程作为 NS 方程的简化模型，即

$$\frac{\partial u}{\partial t}+a\frac{\partial u}{\partial x}+b\frac{\partial u}{\partial y}=\mu\left(\frac{\partial^2 u}{\partial x^2}+\frac{\partial^2 u}{\partial y^2}\right) \tag{3.1}$$

其中，$a>0$；$b>0$；$\mu>0$。

式(3.1)可以写成守恒形式或梯度形式，即

$$\frac{\partial u}{\partial t}+\frac{\partial f}{\partial x}+\frac{\partial g}{\partial y}=u_t+\nabla\cdot\boldsymbol{F}=0 \tag{3.2}$$

习惯上把(f,g)函数称为通量，包括对流项通量 F_c 和黏性项通量 F_v，即

$$\boldsymbol{F}=(f,g)=\boldsymbol{F}_c+\boldsymbol{F}_v=(f_c,g_c)+(f_v,g_v)$$

$$f_c=au,\quad f_v=\mu\frac{\partial u}{\partial x},\quad g_c=bu,\quad g_v=\mu\frac{\partial u}{\partial y}$$

如果 $\mu=0$，即 $F_v=0$，退化为 Euler 方程的简化模型。

在编码为 i 的控制体内对模型方程进行空间积分，应用高斯公式，可以得到对应的积分型控制方程，即

$$\iiint\limits_{V_i}\frac{\partial u}{\partial t}\mathrm{d}\sigma+\iint\limits_{\Omega_i}\boldsymbol{F}\cdot\boldsymbol{n}\mathrm{d}s=0 \tag{3.3}$$

其中，$\boldsymbol{n}=(n_x,n_y)$为控制体表面 $\boldsymbol{\Omega}_i$ 外法线单位矢量。

在离散空间，控制体的形状大多采用凸多面体，常用的有四面体（三角形）、金字塔、三棱柱、六面体（四边形）等，但是边界均为平面。除了边界采用平面（直线段）近似实际外形的曲面（弧线）形状外，控制体就是实际物理空间区域，几何离散

本身不存在误差。

如果控制体表面 $\boldsymbol{\Omega}_i$ 由 N_f 个平面构成，假设编码从1开始，因此方程进一步写为如下等价形式，即

$$\iiint_{V_i} \frac{\partial u}{\partial t} \mathrm{d}\sigma + \sum_{k=1}^{N_f} F_{nk} S_k = 0 \tag{3.4}$$

其中，$F_{nk} = \boldsymbol{F} \cdot \boldsymbol{n}_k$，法向矢量 $\boldsymbol{n}_k$ 在平面 S_k 上保持不变。

除了进出口边界外，通量计算要涉及 S_k 另一侧的单元 j，为论述方便有时采用 $S_k = S_{ij}$ 表示。

如果求解变量 u 和通量 $\boldsymbol{F}$ 在整个求解时间和空间区域为连续函数，控制体可以任意大小，积分方程(3.4)的解也是偏微分方程(3.1)的解，体现有限体积法在网格离散过程不引入误差的特性。有限差分法即使在离散网格点为精确值，写出的格式也是出发方程的近似。

有限差分法的格式研究主要解决偏导数的差商近似，有限体积法计算方法主要研究如何得到进出控制体表面的通量积分的近似值。基于离散数字结构体系的计算机技术无法描述以上建立在连续时空间区域的方程，为了适应信息存储和运算速度，必须对物理量进行时间和空间离散处理。

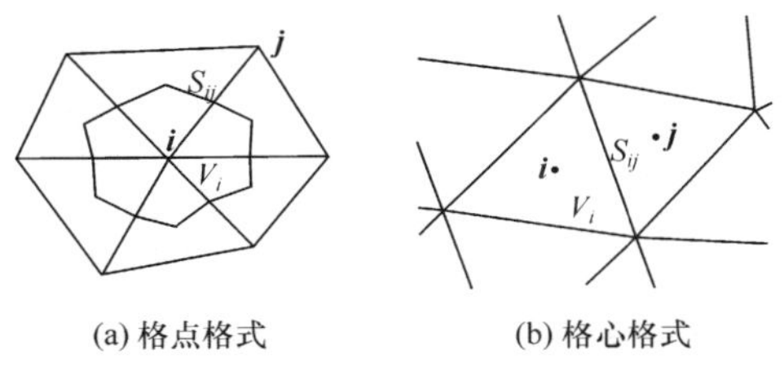

图3.1 物理量存储位置

从原理上说，控制体存储信息的位置越多，精确描述物理量的条件越好。尽管控制体可以任意形状，但从目前应用情况来看，除了少量高精度格式外，一个控制体的存储位置只有一点。目前存储物理量的空间位置主要选择如图3.1所示的两个几何特征点。一种是控制体的顶点，建立的求解方法称为格点格式(vertex centered scheme)，另一种是控制体重心，得到的算法称为格心格式(cell centered scheme)。存储在这一点的值表征整个控制体或邻近局部区域内的物理量，从后面章节可以看到它不一定是当地位置上物理量的实际值。

在前面建立ALE形式方程时已经证明物理空间的动网格在计算空间也是不变的，因此讨论空间离散方法时先不考虑网格变形。时间离散方法放在后面介绍，下面主要讨论空间离散出现的问题。

对于格点格式，存储值一般通过共用该点的所有控制体内物理量进行体积加

权平均得到。本书采用格心格式，存储值直接采用控制体内物理量的体积平均得到，即

$$\bar{u}_i = \frac{1}{V_i}\iiint_{V_i} u\,\mathrm{d}\sigma \tag{3.5}$$

利用有限的位置及其存储的物理量来近似空间连续分布的流体变量和函数，从而计算进出控制体通量是研究有限体积法计算方法的核心内容，把这种数值处理称为空间重构(reconstruction)。

下面先讨论对流项的重构，即 $\mu=0$，这时通量为 $F_{nk}=fn_{kx}+gn_{ky}$。如图 3.1 所示，用左右两侧的格心点重构 S_{ij} 面上通量，涉及不在平面的格心存储位置及其物理量，尽管通量本身的面积分中只有切向自变量，但是空间重构时需要考虑法向变化。为了讨论方便，首先考虑如图 3.2(a)所示的四边形网格。

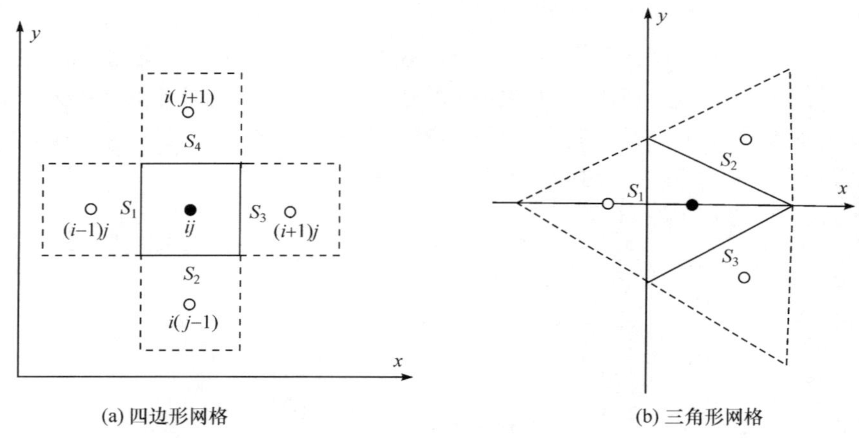

(a) 四边形网格　　(b) 三角形网格

图 3.2　四边形网格和三角形网格示意图

边界 S_1 法向 $\boldsymbol{n}_1=(-1,0)$，进出通量为

$$-\iint_{S_1} f(x,y)\,\mathrm{d}y \tag{3.6}$$

可以看出，变量 x 以参数形式出现在被积函数中，积分运算过程中保持不变，面积分的精度取决于切向自变量 y。由于 S_1 上没有流场参数，因此需要用两侧格心值来重构，假设参数沿 S_1 的法向(x 方向)为常数、线性和高阶分布，根据常用的算法得到在参数为 x_1 时通量的近似值，即

$$\hat{f}(x_1,y)\approx f_{(i-1)y}+O(\Delta x) \tag{3.7.1}$$

$$\hat{f}(x_1,y)\approx\frac{1}{2}(f_{(i-1)y}+f_{(i+1)y})+O(\Delta x^3) \tag{3.7.2}$$

$$\hat{f}(x_1,y)\approx q_x^r(f_{(i-r+1)y},f_{(i-r+2)y},\cdots,f_{(i+r-1)y})+O(\Delta x^{r+1}) \tag{3.7.3}$$

式(3.7.1)隐含迎风特性。式(3.7.2)隐含 x_1 到左右两侧格心等距。在 CFD 领域习惯把式(3.7.3)中的 q_x^r 称为模板函数,其本质是沿 x 方向相邻点的信息构建插值或样条函数,向两侧拓展以后信息较多,很多时候得到一个函数集,需要进行选择,常用的 TVD、ENO、WENO 和精致格式等就是采用不同准则选择后得到的结果。

以上确定参数的过程是有限体积法对控制方程的第一次近似,在以上结构化网格的基础上和有限差分法完全一致,这也是很多教科书中把两者混为一谈的主要原因。与有限差分法不同的是,计算通量还需要进行面积分。如果 $\hat{f}$ 在 S_1 关于积分自变量 y 的分布规律已知,网格生成以后,就可以根据顶点坐标等几何变量消除积分运算。实际上,关于 y 的分布规律也是未知的,需要第二次近似。

理论上也可以通过相邻单元的信息结合来处理面积分,但是二维插值和拟合高精度算法构造困难、计算量大,更为重要的是第一次近似时仅能提供个别点上的信息,因此实际应用中常假设流动参数在积分面上线性分布,这样得到的通量面积分的平均值等于面心位置的物理量,即

$$\iint_{S_1} f(x_1,y)\,\mathrm{d}y\approx\hat{f}(x_1,y_{ij})\Delta y+O(\Delta y^3) \tag{3.8}$$

结合参数 x 重构式(3.7),可以得到 S_1 用于通量计算的离散形式,即

$$\iint_{S_1} f(x,y)\,\mathrm{d}y\approx\hat{f}_{(i-1)j}\Delta y+O(\Delta x\Delta y)+O(\Delta y^3) \tag{3.9.1}$$

$$\iint_{S_1} f(x,y)\,\mathrm{d}y\approx\frac{1}{2}(\hat{f}_{(i-1)j}+\hat{f}_{(i+1)j})\Delta y+O(\Delta x^3\Delta y)+O(\Delta y^3) \tag{3.9.2}$$

$$\iint_{S_1} f(x,y)\,\mathrm{d}y\approx\hat{q}_{x1}^r\Delta y+O(\Delta x^{r+1}\Delta y)+O(\Delta y^3) \tag{3.9.3}$$

进出控制体所有 4 个面的通量为

$$\sum_{k=1}^{4}\iint_{S_k} F_{nk}\,\mathrm{d}s=-\iint_{S_1} f\mathrm{d}y-\iint_{S_2} g\mathrm{d}x+\iint_{S_3} f\mathrm{d}y+\iint_{S_4} g\mathrm{d}x$$

其中,负号是积分面法向矢量所致,与有限差分法中差商中减号完全不同。

代入以上三种具体重构算法,即

$$(\hat{f}_{ij}-\hat{f}_{(i-1)j})\Delta y+(\hat{g}_{ij}-\hat{g}_{i(j-1)})\Delta x+O(\Delta x\Delta y,\Delta y^3,\Delta x^3) \tag{3.10.1}$$

$$\frac{1}{2}(\hat{f}_{(i+1)j}-\hat{f}_{(i-1)j})\Delta y+\frac{1}{2}(\hat{g}_{i(j+1)}-\hat{g}_{i(j-1)})\Delta x+O(\Delta x^3\Delta y,\Delta x\Delta y^3,\Delta y^3,\Delta x^3) \tag{3.10.2}$$

$$(\hat{q}_{x3}^r-\hat{q}_{x1}^r)\Delta y+(\hat{q}_{y4}^r-\hat{q}_{y2}^r)\Delta x+O(\Delta x^{r+1}\Delta y,\Delta x\Delta y^{r+1},\Delta y^3,\Delta x^3) \tag{3.10.3}$$

假设时间积分采用一阶显格式,即

$$\iiint_{V_{ij}} \frac{\partial u}{\partial t}\mathrm{d}\sigma = \frac{\partial}{\partial t}\iiint_{V_i} u\,\mathrm{d}\sigma = \frac{\partial \overline{u}_{ij}}{\partial t}V_{ij} = \left[\frac{\overline{u}_{ij}^{n+1}-\overline{u}_{ij}^{n}}{\Delta t}\right]\Delta x\Delta y \tag{3.11}$$

得到有限体积法的计算格式,即

$$\overline{u}_{ij}^{n+1}=\overline{u}_{ij}^{n}-\frac{\Delta t}{\Delta x}(\hat{f}_{ij}-\hat{f}_{(i-1)j})+\frac{\Delta t}{\Delta y}(\hat{g}_{ij}-\hat{g}_{i(j-1)})+O(1)$$

$$\begin{aligned}\overline{u}_{ij}^{n+1}=&\overline{u}_{ij}^{n}-\frac{\Delta t}{2\Delta x}(\hat{f}_{(i+1)j}-\hat{f}_{(i-1)j})+\frac{\Delta t}{2\Delta y}(\hat{g}_{i(j+1)}-\hat{g}_{i(j-1)})\\&+O(\Delta x^2,\Delta y^2,\Delta y^2/\Delta x,\Delta x^2/\Delta y)\end{aligned}$$

$$\begin{aligned}\overline{u}_{ij}^{n+1}=&\overline{u}_{ij}^{n}-\frac{\Delta t}{2\Delta x}(\hat{q}_{x3}^{r}-\hat{q}_{x1}^{r})+\frac{\Delta t}{2\Delta y}(\hat{q}_{y4}^{r}-\hat{q}_{y2}^{r})\\&+O(\Delta x^r,\Delta y^r,\Delta y^2/\Delta x,\Delta x^2/\Delta y)\end{aligned}$$

以上针对结构网格的有限体积法离散算法对于非结构网格基本过程也类似,首先沿着法向处理被积函数中参数的数值算法,然后对面积分进行近似。下面以如图 3.2(b)所示的边长为 Δl、体积 $V_0=\sqrt{3}(\Delta l)^2/4$ 的正三角形网格为例进行讨论。

图 3.2(b)中 S_1 面和图 3.2(a)中 S_1 面几何特性一样,采用常数和线性假设得到的第一次近似完全一致,但是法向拓展不同,不能直接采用模板函数的算法,这是非结构网格和结构网格的主要差异。对于 S_2 和 S_3 原理上可以通过坐标变换转换为直角形式后,在计算坐标系下建立类似于 S_1 的计算格式,然后再进行逆变换到原始物理坐标系,这种做法实际很少使用。

假设参数在控制体内为常数。以两侧单元格心值为基础计算通量有多种选择,考虑流动迎风特性,法向矢量为

$$\boldsymbol{n}_1=(-1,0),\quad \boldsymbol{n}_2=(\sin 30°,\cos 30°),\ \boldsymbol{n}_3=(\sin 30°,-\cos 30°)$$

可采用下式计算通量,即

$$\iint_{S_1} F_n\mathrm{d}s=\hat{F}_1\Delta l\approx-\hat{f}(\overline{u}_1)\Delta l$$

$$\iint_{S_2} F_n\mathrm{d}s=\hat{F}_2\Delta l\approx\hat{f}(\overline{u}_0)\Delta l\sin 30°+\hat{g}(\overline{u}_0)\Delta l\cos 30°$$

$$\iint_{S_3} F_n\mathrm{d}s=\hat{F}_3\Delta l\approx\begin{cases}\hat{f}(\overline{u}_0)\Delta l\sin 30°-\hat{g}(\overline{u}_3)\Delta l\cos 30°, & a>0,\quad b>0\\ \hat{f}(\overline{u}_0)\Delta l\sin 30°-\hat{g}(\overline{u}_0)\Delta l\cos 30°, & an_x+bn_y<0\\ \hat{f}(\overline{u}_3)\Delta l\sin 30°-\hat{g}(\overline{u}_3)\Delta l\cos 30°, & an_x+bn_y>0\end{cases}$$

有限差分法计算空间的坐标明确,可以分别处理不同坐标方向的迎风特性。有限体积法的非结构网格没有明确计算坐标方向,迎风特性处理方式有两种方式,可以借鉴有限差分法分别考虑两个方向,也可以统一采用法向特征速度。在 S_2 上

有 $a>0$ 、$b>0$ 和 $an_{2x}+bn_{2y}>0$，两种方式是一致的。在 S_3 上存在 $an_{3x}+bn_{3y}<0$ 可能性，因此两种处理方式结果不同。下面分析中根据法向特征速度处理迎风特性，且假设 $an_x+bn_y>0$，认为 S_3 边界上受第三点影响。

时间一阶显格式的有限体积法的计算格式，即

$$\bar{u}_0^{n+1}=\bar{u}_0^n-\frac{4\Delta t}{\sqrt{3}\Delta l}\{-\hat{f}(\bar{u}_1)+[\hat{f}(\bar{u}_0)+\hat{f}(\bar{u}_3)]\sin 30^\circ+[\hat{g}(\bar{u}_0)-\hat{g}(\bar{u}_3)]\cos 30^\circ\} \tag{3.12}$$

假设参数在控制体内线性分布，控制体的梯度为常数，积分面中心的位置是已知的，可以得到二阶精度积分。利用控制体的梯度和格心值来重构面心值，可以选择原始变量，也可以选择通量。如果采用通量重构，考虑流动迎风特性，得到面心值，即

$$\hat{F}_1\approx-[\hat{f}(\bar{u}_1)+(\nabla f)_1\cdot \boldsymbol{l}_{10}]$$
$$\hat{F}_2\approx[\hat{f}(\bar{u}_0)+(\nabla f)_0\cdot \boldsymbol{l}_{02}]\sin 30^\circ+[\hat{g}(\bar{u}_0)+(\nabla g)_0\cdot \boldsymbol{l}_{02}]\cos 30^\circ$$
$$\hat{F}_3\approx[\hat{f}(\bar{u}_3)+(\nabla f)_3\cdot \boldsymbol{l}_{30}]\sin 30^\circ-[\hat{g}(\bar{u}_3)+(\nabla g)_3\cdot \boldsymbol{l}_{30}]\cos 30^\circ$$

其中，计算方向导数引入的矢量，即 $\boldsymbol{l}_{ij}=\boldsymbol{r}_j-\boldsymbol{r}_i$，对于图 3.2(b)有

$$\boldsymbol{l}_{10}=-\frac{\sqrt{3}\Delta l}{6}n_1,\quad \boldsymbol{l}_{02}=\frac{\sqrt{3}\Delta l}{6}\boldsymbol{n}_2,\quad \boldsymbol{l}_{30}=-\frac{\sqrt{3}\Delta l}{6}\boldsymbol{n}_3$$

代入上式，可以得到有限体积法的计算格式，即

$$\begin{aligned}\bar{u}_0^{n+1}=\bar{u}_0^n&-\frac{4\Delta t}{\sqrt{3}\Delta l}\{-\hat{f}(\bar{u}_1)+[\hat{f}(\bar{u}_0)+\hat{f}(\bar{u}_3)]\sin 30^\circ+(\hat{g}(\bar{u}_0)-\hat{g}(\bar{u}_3))\cos 30^\circ\}\\&-\frac{2\Delta t\Delta l}{3}\{(\nabla f\cdot n)_1+[(\nabla f)_0\cdot n_2-(\nabla f\cdot n)_3]\sin 30^\circ\\&+[(\nabla g)_0\cdot n_2+(\nabla g\cdot n)_3]\cos 30^\circ\}\end{aligned}$$

对于以上讨论的线性方程，从通量和原始变量出发重构，结果是等价的，即

$$\hat{u}_{s1}\approx\bar{u}_1-\frac{\sqrt{3}}{6}\Delta l\ (\nabla u\cdot \boldsymbol{n})_1$$

$$\hat{F}_1\approx-\hat{f}(\bar{u}_1)+\frac{\sqrt{3}}{6}\Delta l\ (\nabla f\cdot \boldsymbol{n})_1=-\hat{f}\left[\bar{u}_1-\frac{\sqrt{3}}{6}\Delta l\ (\nabla u\cdot n)_1\right]=-\hat{f}(\bar{u}_{s1})$$

如果是非线性方程，两者不等价，在向量情况下，采用原始变量计算量较小。

为了得到编程用的计算格式，还需要解决梯度的计算问题。对于结构网格的有限体积法，格心梯度可以直接借鉴有限差分法计算，即

$$(\nabla u)_{ij}=(u_x,u_y)_{ij}=\left(\frac{\bar{u}_{(i+1)j}-\bar{u}_{(i-1)j}}{2\Delta x},\frac{\bar{u}_{i(j+1)}-\bar{u}_{i(j-1)}}{2\Delta y}\right) \tag{3.13}$$

这是采用计算坐标系下差商，通过方向导数得到梯度，显然这种方法无法直接推广到非结构网格。

任意网格的格心梯度常用算法有最小二乘法、Green 法和平面法向量法。最小二乘法借鉴了差分法思想，可以利用方向导数的差分建立方程组，即

$$\begin{cases}(\nabla u)_0 \cdot \boldsymbol{n}_1 = -u_x \approx \dfrac{\bar{u}_1 - \bar{u}_0}{\boldsymbol{l}_{01} \cdot \boldsymbol{n}_1} = b_1 \\ (\nabla u)_0 \cdot \boldsymbol{n}_2 = u_x \sin 30° + u_y \cos 30° \approx \dfrac{\bar{u}_2 - \bar{u}_0}{\boldsymbol{l}_{02} \cdot \boldsymbol{n}_2} = b_2 \\ (\nabla u)_0 \cdot \boldsymbol{n}_3 = u_x \sin 30° - u_y \cos 30° \approx \dfrac{\bar{u}_3 - \bar{u}_0}{\boldsymbol{l}_{03} \cdot \boldsymbol{n}_3} = b_3\end{cases}$$

这是超定的线性方程组，采用最小二乘法计算得到近似解，即

$$\begin{bmatrix} u_x \\ u_y \end{bmatrix} = [\boldsymbol{H}^{\mathrm{T}} \boldsymbol{H}]^{-1} \boldsymbol{H}^{\mathrm{T}} \boldsymbol{b}$$

观测矩阵为

$$\boldsymbol{H} = \begin{bmatrix} n_{1x} & n_{1y} \\ n_{2x} & n_{2y} \\ n_{3x} & n_{3y} \end{bmatrix}$$

对于正交的结构网格，最小二乘法也可以得到与差分法一致的计算形式。如图 3.2 中四边形 x 方向的导数为

$$\begin{cases}(\nabla u)_0 \cdot \boldsymbol{n}_1 = -u_x = \dfrac{\bar{u}_1 - \bar{u}_0}{\boldsymbol{l}_{01} \cdot \boldsymbol{n}_1} = \dfrac{\bar{u}_1 - \bar{u}_0}{-\Delta x} \\ (\nabla u)_0 \cdot \boldsymbol{n}_3 = u_x = \dfrac{\bar{u}_3 - \bar{u}_0}{\boldsymbol{l}_{03} \cdot \boldsymbol{n}_3} = \dfrac{\bar{u}_3 - \bar{u}_0}{\Delta x}\end{cases}$$

最小二乘法进行平均后有

$$u_x = \frac{\bar{u}_3 - \bar{u}_1}{2\Delta x}$$

就是式(3.13)中 x 导数的二阶差商近似。在实际应用中，结构网格经过坐标变换过程，网格导数的计算方法不同，不一定完全等价于以上最小二乘法。

采用 Green 公式把梯度的体积分转换为面积分，即

$$\iiint\limits_{V_i} \nabla u \, \mathrm{d}\sigma = \sum_{k=1}^{N_f} \iint\limits_{S_k} \boldsymbol{u} \cdot \boldsymbol{n} \mathrm{d}s \tag{3.14}$$

假设梯度为常数，面积分可以采用平均值表示为

$$\nabla u \approx \frac{1}{V_0} \sum_{k=1}^{N_f} \boldsymbol{u}_{s_k} \cdot \boldsymbol{n}_k S_k \tag{3.15}$$

平面 S_k 的平均值 u_{s_k} 又涉及重构，有多种处理算法，其中常用构成该平面的顶点的物理量平均得到，在二维情况下，控制体的边界面是线段，仅需要 2 点，在三维情况下，边界面一般是三角形或四边形，有 3 或 4 个顶点，假设构成 S_k 的顶点编号从

$k1$ 到 $k2$ 连续，则有

$$u_{点} = \frac{1}{(k2-k1+1)}\sum_{p=k1}^{k2} u_p \tag{3.16}$$

对于格心格式，顶点没有存储物理量，顶点值采用所有共用该点控制体的格心值的加权平均得到，假设顶点 p 涉及的控制体编号从 $m1$ 到 $m2$ 连续，则有

$$u_p = \sum_{i=m1}^{m2} \omega_i \bar{u}_i \Big/ \sum_{i=m1}^{m2} \omega_i \tag{3.17}$$

权函数可以采用控制体的体积作为参考，也可以采用格心距离的倒数，即

$$\omega_i = \frac{1}{|\boldsymbol{r}_{ci} - \boldsymbol{r}_p|} \tag{3.18}$$

其中，$\boldsymbol{r}_{ci}$ 是控制体 V_i 的格心位置矢量；$\boldsymbol{r}_p$ 是顶点 p 的位置矢量。

以上介绍了格心点梯度的算法，如果是黏性模型，还需要考虑控制体边界面上速度梯度的计算。常用的方法是采用格心点梯度来重构，包括算术平均、体积(距离)加权平均、逆体积(距离)加权平均等算法。

以上是采用有限体积法进行流动方程计算的基本过程。从最后得到的计算格式看，在结构网格情况下，与有限差分法非常相似。例如，常系数偏微分方程(3.1)的中心差分格式为

$$\bar{u}_{ij}^{n+1} = \bar{u}_{ij}^{n} - \frac{\Delta t}{2\Delta x}(\hat{f}_{(i+1)j} - \hat{f}_{(i-1)j}) + \frac{\Delta t}{2\Delta y}(\hat{g}_{i(j+1)} - \hat{g}_{i(j-1)}) + O(\Delta x^2, \Delta y^2) \tag{3.19}$$

不计误差项，与式(3.10.2)的形式完全相同，所以一些教科书认为对于结构网格(二维的四边形或三维的六面体网格)有限差分法和有限体积法的不同主要是对网格几何处理方法不同，两者没有本质的区别。从上面的构建过程看，两者存在明显差异，下面进行谈论。

(1) 数值解的物理特性不同

有限差分法直接从偏微分方程出发，计算得到的数值解就是网格结点所对应空间位置的物理值。有限体积法的控制方程是在偏微分方程基础上应用高斯公式把体积分转化为面积分，计算得到的是存储在特定位置的平均值，下一节可以证明数值解可以不等于该点物理值。偏微分方程从三维退化为一维依然可以保持偏导数特征，数学上不存在一维高斯公式，实际也没有一维积分型控制方程，采用一维模型分析有限体积法难以反映有限体积法的本质特征。如图 3.2 所示，取 z 方向单位长度以后，面积分退化为关于 $\mathrm{d}y$ 线积分，如果再假设被积函数与变量 y 无关，那么讨论以高斯公式积分为基础的有限体积法显然意义不大。

(2) 求解方法建立过程不同

有限差分法建立数值求解方法的研究重点是寻找合适的差商代替导数，有限

差分法可以采用多点构造高精度的差商，有限体积法计算方法主要寻求空间积分面上物理参数的近似值。在图 3.2 的 S_1 中，点位置采用模板函数 q_x^r 可以构造出三阶精度以上的差分格式。对有限体积法来说，高精度 q_x^r 仅处理了沿法向（x 方向）参数，改善了被积函数所包含参数的影响，没有提高积分变量 y 的精度。有些模板函数，例如 ENO 格式，也有积分符号，本质是用于单自变量函数的拟合，没有涉及多维，r 阶精度是指单自变量的逼近程度。

(3) 网格的影响不同

对于任意外形，有限差分法需要从物理坐标变换到计算坐标，变换过程会引入误差，有限体积法除了物体表面外，根据网格得到的几何参数均是精确的。即使对于结构网格，比较有限体积法中心格式(3.10.2)和有限差分法中心格式(3.19)的截断误差，也不完全相同，即使面心处的法向参数计算格式精度高，沿着切向积分也会导致精度降低，存在 $O(\Delta y^2/\Delta x, \Delta x^2/\Delta y)$ 项。

(4) 分析方法不同

有限体积法的数值解是空间平均值，直接使用现有的基于 Taylor 级数建立的有限差分法的相容性、收敛性和稳定性等分析方法理论上不完善。目前，CFD 的主要理论，包括离散格式、相容性分析和稳定性判据等支撑学科的核心理论，都是建立在有限差分法基础上，尽管国外大部分商业 CFD 软件声称采用有限体积法，但是在理论方面比较含糊，连相容性和稳定性等基本性质也很少讨论。

3.2 有限差分法基本理论

在介入有限体积法之前，有必要回顾一下有限差分法的基本理论。

这里以一维标量模型方程为例，简要介绍有限差分法一般原理及其主要理论。对于模型方程，即

$$\frac{\partial u}{\partial t}+a\frac{\partial u}{\partial x}=0, \quad a>0 \tag{3.20}$$

把时间和空间连续区域 $t\in[0,T]$ 和 $x\in[0,L]$ 离散为有限网格结点和时间步，采用 n 表示时间方向推进步数、j 表示空间方向结点编号。然后用差商代替方程中的偏导数，得到差分方程，例如

$$\frac{u_j^{n+1}-u_j^n}{\Delta t}+a\frac{u_j^n-u_{j-1}^n}{\Delta x}=0 \tag{3.21}$$

$$\frac{u_j^{n+1}-u_j^{n-1}}{2\Delta t}+a\frac{u_{j+1}^n-u_{j-1}^n}{2\Delta x}=0 \tag{3.22}$$

均为式(3.20)的差分方程。

为便于论述，采用算子形式，偏微分方程表示为 $L(u)=0$，精确解为 u_e，差分方

程统一记为 $L_\Delta(u_j^n)=0$，其中 u_j^n 为方程的数值解。

由于代替偏导数的差商不是唯一的，近似偏微分方程的代数方程表达形式有很多种，得到的结果有差异，有些甚至无法顺利完成计算。建立计算过程稳定、应用方便、效率高、精度高的差分格式是 CFD 的主要研究内容，经过半个多世纪的研究，形成关于如何使得差分方程近似偏微分方程（相容性）、保证数值解对精确解的逼近（收敛性），以及如何有效得到数值解（稳定性）的有限差分法理论。

通常用局部截断误差（local truncation error，LTE）来表述差分方程逼近微分方程的程度。有两种等价定义 LTE 的方法。

方法 1，对于任意连续光滑函数 $v(t,x)$，有

$$\text{LTE}_1=L_\Delta(v_j^n)-L\,(v)_j^n=O(\Delta t^p)+O(\Delta x^q) \tag{3.23.1}$$

方法 2，如果取精确解为 u_e，则满足

$$\text{LTE}_2=L_\Delta[(u_e)_j^n]=O(\Delta t^p)+O(\Delta x^q) \tag{3.23.2}$$

有了 LTE 定义，可以给出相容性定义：如果 $p>0$ 和 $q>0$ 时，相对独立的 Δt、Δx 趋向 0 时，各点满足

$$\lim_{\Delta t\to 0,\Delta x\to 0}\|\text{LTE}\|=0 \tag{3.24.1}$$

或者，整个区域满足

$$\lim_{\Delta t\to 0,\Delta x\to 0}\|L_\Delta[(U_e)^n]\|=0 \tag{3.24.2}$$

那么，差分方程与微分方程是相容的。

根据 LTE 还可以定义差分方程精度，以上表达式差分格式在时间方向是 p 阶精度、在空间方向是 q 阶精度。

采用 Taylor 级数展开，并且把时间导数替换为空间导数，可以得到差分方程等价的偏微分方程，即

$$L(u)\big|_j^n=\sum_{l=2}^{\infty}\gamma_l\frac{\partial^l u}{\partial x^l}\bigg|_j^n \tag{3.25}$$

称为差分方程的修正方程，其中系数 γ_l 仅与常数 a、时间步长 Δt 和网格空间距离 Δx 相关。根据局部截断误差定义可以得到下式，即

$$\text{LTE}_2=\sum_{l=2}^{\infty}\gamma_l\frac{\partial^l u}{\partial x^l}$$

因此，常用修正方程来分析差分方程相容性及其精度。

相容性表示有限求解区域上随着网格增多，差分方程趋近于微分方程，但是并不能保证差分方程的数值解 u_k^n 趋近于微分方程的精确解 u_e。为此，定义收敛性描述数值解和精确解的近似程度为

$$\lim_{\Delta t\to 0,\Delta x\to 0}\|(U_e)^n-U^n\|=0 \tag{3.26}$$

其中，U_e 和 U 表示对每个结点上精确解 u_e 和数值解 u_j^n 构成的向量；$\|L_\Delta[(U_e)^n]\|$

表示取范数形式。

根据上面这些定义可知，相容性是针对差分格式本身的，只有收敛性中出现数值解，因此收敛性与解的精度密切相关。经过几十年的发展，形成了相容性和稳定性理论，但是对于收敛性，目前还没有很好的分析方法，只能采用 Lax 等价定理间接证明。Lax 等价定理：对于适定的线性初值问题，如差分方程满足相容性条件，则其稳定性是其收敛性的充分必要条件。

满足相容性的差分格式，意味着在有限区域上网格越多，与原问题的逼近程度越高。在同样网格条件下，精度越高的差分格式，与原问题逼近程度越高。但是，不能证明高精度的格式就一定有好的收敛性，这又涉及稳定性问题。

由于计算机受到字长限制，实际存储的数据 $\hat{u}_k^n$ 与精确的数值解 u_k^n 之间存在舍入误差，$\varepsilon_j^n=u_j^n-\hat{u}_j^n$，在求解过程这些误差经历各种运算可能被放大，稳定性要求就是出现的舍入误差不能被放大到掩盖了数值解的地步。差分格式的稳定性要求，如果初始时刻存在舍入误差 $\varepsilon^{\circ}{}_j$，迭代到任意时刻依然有界，即

$$\|\boldsymbol{E}^n\|\leqslant K\|\boldsymbol{E}^{\circ}\| \tag{3.27}$$

其中，$\boldsymbol{E}$ 表示对每个结点上舍入误差构成的向量；K 为正常数。

目前 CFD 领域分析差分格式稳定性主要有特征值法、Von Neumann 法和 Harren 正条件法。

把全部网格点上的差分方程集合看作离散型线性系统，采用状态转移矩阵特征值理论进行稳定性分析，这种方法与网格相关，缺乏普适性，对于动辄上万结点的问题，计算矩阵特征值、范数也很较难，因此很少实际应用。

采用有限离散 Fourier 级数，在任意 t 时刻把 $x\in[0,L]$ 包含有限个间断点的可积函数展开成 Fourier 级数，即

$$u(x,t)=\frac{a_0(t)}{2}+\sum_{m=1}^{\infty}\left[a_m(t)\cos(k_m x)+b_m(t)\sin(k_m x)\right]$$

把求解区域等分为 M 段(为便于分析设为偶数)，则有 $M+1$ 网格结点，网格长度为 $\Delta x=L/M$，编码从 0 到 M。在 x 轴上以这些离散点作为波峰或波谷，构成完整简谐波的最大波长和最小波长为 $\lambda_{\max}=L=M\Delta x$ 和 $\lambda_{\min}=2\Delta x$。网格无法描述波长小于 $\lambda_{\min}$ 的简谐波，同样波长大于 $\lambda_{\max}$ 的情况对于了解区域 $x\in[0,L]$ 函数特性也没有帮助，因此在离散空间有效的波长范围是 $[\lambda_{\min},\lambda_{\max}]$。

对于线性波动方程(3.1)，数值解可以表示为波长 $\lambda\in[\lambda_{\min},\lambda_{\max}]$，且为 $\lambda_{\min}$ 整数倍的简谐波函数值的叠加，采用波数 $k=2\pi/\lambda$ 表示的简谐波函数表达式，即

$$u(x,t)=\frac{a_0(t)}{2}+\sum_{m=1}^{M/2}\left[a_m(t)\cos(k_m x)+b_m(t)\sin(k_m x)\right] \tag{3.28}$$

其中，系数 $a_m(t)$ 和 $b_m(t)$ 可以根据在离散点 $x_j=j\Delta x$ 处差分方程数值解确定。

$$u_j(t)=\frac{a_0(t)}{2}+\sum_{m=1}^{M/2}\left[a_m(t)\cos(k_m x_j)+b_m(t)\sin(k_m x_j)\right] \tag{3.29}$$

在 $M+1$ 个网格点上建立方程，线性代数理论可以证明 $a_m(t)$ 和 $b_m(t)$ 存在且唯一。为便于分析，把上式写成复数形式，即

$$u_j(t)=\sum_{m=-M/2}^{M/2}A_m(t)\mathrm{e}^{\mathrm{i}k_m x_j} \tag{3.30}$$

其中，波数 k_m 和振幅 $A_m(t)=\dfrac{a_m(t)-\mathrm{i}b_m(t)}{2}$ 与位置无关，对应 $m<0$ 的振幅满足下式，即

$$A_{-m}=\overline{A}_m=\frac{a_m+\mathrm{i}b_m}{2}$$

把上式代入差分方程，可以得到振幅随时间的变化情况。例如，一阶迎风差分格式离散模型方程(3.21)，可以得到下式，即

$$\sum_{m=-M/2}^{M/2}A_m^{n+1}\mathrm{e}^{\mathrm{i}k_m x_j}=(1-c)\sum_{m=-M/2}^{M/2}A_m^n\mathrm{e}^{\mathrm{i}k_m x_j}+c\sum_{m=-M/2}^{M/2}A_m^n\mathrm{e}^{\mathrm{i}k_m(x_j-\Delta x)} \tag{3.31}$$

两侧 $w_j(m)=\mathrm{e}^{\mathrm{i}k_m x_j}$ 对应的系数满足下式，即

$$A_m^{n+1}=(1-c)A_m^n+cA_m^n\mathrm{e}^{-\mathrm{i}k_m\Delta x}=G_m A_m^n$$

其中

$$G_m=1-c+c\mathrm{e}^{-\mathrm{i}(k_m\Delta x)} \tag{3.32}$$

表征波数为 k_m 简弦波从 t^n 时间发展到 t^{n+1} 过程振幅比值，称为放大因子。

理论上，在波动按照模型方程(3.20)的规律传播过程中，振幅 a 保持不变。但是，离散以后是按照差分方程的规律传播时，如果伴随数值解产生舍入误差，传播规律也满足上述递推关系，有

$$\varepsilon_j^{n+1}=G_m\varepsilon_j^n \tag{3.33}$$

如果 $|G_m|>1$ 表示随着时间推进舍入误差的振幅不断增大，最终导致系统发散，因此稳定系统要求满足下式，即

$$|G_m|\leqslant 1 \tag{3.34}$$

据此可以得到一阶迎风差分格式的稳定性条件，即

$$c=\frac{a\Delta t}{\Delta x}\leqslant 1 \tag{3.35}$$

通过引入波数矢量 $u(x,y,z,t)\propto A_{mpq}(t)\mathrm{e}^{\mathrm{i}(k_{xm}x+k_{yp}y+k_{zq}z)}$，可以把 Von Neumann 方法推广到多维情况。这里不再详述。

正条件(positivity condition)是 Harten 在研究非线性双曲型守恒方程的 TVD(total variation diminishing)格式时提出的一种稳定性分析方法。考察计算过程中数值解的总变差，即

$$\mathrm{TV}(u^n)=\sum_{i=1}^{I-1}\left|u_{i+1}^n-u_i^n\right| \tag{3.36}$$

如果对于给定的任何初值，差分格式使得总变差不随时间增加，即

$$\mathrm{TV}(u^{n+1})\leqslant \mathrm{TV}(u^n) \tag{3.37}$$

那么就是 TVD 格式。具有这一性质的格式，数值解在随时间推进过程中不会产生新的极值点，保证了求解过程不会出现误差引起的发散现象，因此 TVD 格式是稳定的。所谓正条件是指，对如下形式的三点格式，即

$$u_i^{n+1}=u_i^n+C_{i+1/2}^{+}(u_{i+1}^n-u_i^n)-C_{i-1/2}^{-}(u_i^n-u_{i-1}^n)$$

满足下式，即

$$C_{i+1/2}^{+}\geqslant 0,\quad C_{i+1/2}^{-}\geqslant 0,\quad C_{i+1/2}^{+}+C_{i+1/2}^{-}\leqslant 1 \tag{3.38}$$

正条件比 TVD 的要求更强，也就是说，一个格式满足正条件，那么它一定是 TVD 的。对于一阶迎风差分格式，满足如下条件，即

$$C_{i+1/2}^{+}=0,\quad C_{i+1/2}^{-}=a\frac{\Delta t}{\Delta x}\geqslant 0,\quad C_{i+1/2}^{+}+C_{i+1/2}^{-}=a\frac{\Delta t}{\Delta x}\leqslant 1$$

与前面按照 Von Neumann 方法得到的结论(3.35)是一致的。

3.3 有限体积法的相容性(格式精度)分析方法

继续以空间二维(假设 z 方向单位厚度)Euler 模型为例讨论空间相容性问题。为便于表述，引入算子符号，有限体积法的控制方程算子表示为 $G(u)=0$，解为 u_e，求解变量 u 是整个求解区域的连续函数，上式对任意大小控制体成立，u_e 也是原始偏微分方程(3.1)的解。空间重构以后积分算子 $G(u)$ 得到离散算子，离散方程总算子记为 $G_A(\hat{u}_i)=0$，不考虑时间离散的算子记为 $G_\Delta(\hat{u}_i)=0$，其中 $\hat{u}_i=\hat{u}_i(t)$ 为方程的数值解，对格心格式就是 u_e 在具体控制体内的平均值。

从量级分析角度，有限体积法的积分本身就是小量，而且与维数相关，二维时 $V_i\propto O(\Delta x\Delta y)$，三维时 $V_i\propto O(\Delta x\Delta y\Delta z)$)，为便于分析，采用如下形式表示空间局部截断误差的表达式，即

$$\begin{aligned}\mathrm{LTE}&=\frac{1}{V_i}\left|G_\Delta(v)_i-G(v)_i\right|\\&=\frac{1}{V_i}\left|\sum_{k=1}^{N_f}\left[(\hat{f}_k\boldsymbol{i}+\hat{g}_k\boldsymbol{j})\cdot\boldsymbol{n}_kS_k-\iint_{S_k}(f\boldsymbol{i}+g\boldsymbol{j})\cdot\boldsymbol{n}_k\mathrm{d}s\right]\right|\\&=\frac{1}{V_i}\left|\sum_{k=1}^{N_f}\left[\iint_{S_k}(\hat{f}_k-f)\boldsymbol{i}\cdot\boldsymbol{n}_k\mathrm{d}s+\iint_{S_k}(\hat{g}_k-g)\boldsymbol{j}\cdot\boldsymbol{n}_k\mathrm{d}s\right]\right|\end{aligned}$$

常系数 $f=au,g=bu$ 。

根据法向矢量，$\boldsymbol{n}_k\mathrm{d}s=\boldsymbol{i}\mathrm{d}y-\boldsymbol{j}\mathrm{d}x$ 引入投影面积 S_k^x 和 S_k^y，即

$$\boldsymbol{n}_k S_k = (S_k^x, S_k^y)$$

上式可以进一步表述为如下两种形式，即

$$\begin{aligned}\text{LTE}_1 &= \frac{1}{V_i}\left|\sum_{k=1}^{N_f}\left[\iint_{S_k}(\hat{f}_k - f)\,\mathrm{d}y - \iint_{S_k}(\hat{g}_k - g)\,\mathrm{d}x\right]\right| \\ &= \frac{1}{V_i}\left|\sum_{k=1}^{N_f}\left[\iint_{S_k}(\hat{f}_k - au)\,\mathrm{d}y - \iint_{S_k}(\hat{g}_k - bu)\,\mathrm{d}x\right]\right|\end{aligned} \tag{3.39.1}$$

$$\text{LTE}_2 = \frac{1}{V_i}\left|\sum_{k=1}^{N_f}[\hat{f}_k S_k^y + \hat{g} S_k^x] - \iiint_{V_k}\left(a\frac{\partial u}{\partial x} + b\frac{\partial u}{\partial y}\right)\mathrm{d}\sigma\right| \tag{3.39.2}$$

有了局部截断误差，可以定义有限体积法的格式精度，p 阶精度为

$$\text{LTE} = O(V_i^{p-1}) \tag{3.40}$$

在有限差分法中，可以采用 Taylor 级数方法推导出修正方程，就知道了局部截断误差与空间网格尺度的关系表达式，分析相容性相对容易。但是，有限体积法的空间重构模型 $\hat{f}$ 和 $\hat{g}$ 是控制点上物理量 $\bar{u}$ 的拟合函数，$\bar{u}$ 本身是平均值，理论上不存在 Taylor 级数，原则上不能采用有限差分法的分析方法。下面按照有限体积法的离散过程，分析已知空间分布的函数在重构以后发生的变化，并且与精确积分值比较，以此来讨论相容性和精度。

对于图 3.2 所示的四边形和三角形网格，线性分布，即

$$u = \alpha_1 x + \alpha_2 y \tag{3.41}$$

的假设条件下，控制体的平均值等于格心点的物理值，即

$$\hat{u}_{ij} = \alpha_1 x_{ij} + \alpha_2 y_{ij} = u(x_{ij}, y_{ij})$$

在二次分布多项式，即

$$u = \alpha_{11} x^2 + \alpha_{12} xy + \alpha_{22} y^2 \tag{3.42}$$

的假设条件下，均值分别为

$$\begin{aligned}\hat{u}_{ij} &= \frac{1}{V_{ij}}\iiint_{V_{ij}} u\,\mathrm{d}\sigma \\ &= \frac{1}{V_{ij}}\iiint_{V_{ij}} (\alpha_{11}x^2 + \alpha_{12}xy + \alpha_{22}y^2)\,\mathrm{d}x\mathrm{d}y \\ &= \alpha_{11}x_{ij}^2 + \alpha_{12}x_{ij}y_{ij} + \alpha_{22}y_{ij}^2 + \frac{\alpha_{11}(\Delta x)^2 + \alpha_{22}(\Delta y)^2}{12} \\ &= u(x_{ij}, y_{ij}) + \frac{\alpha_{11}(\Delta x)^2 + \alpha_{22}(\Delta y)^2}{12}, \quad \text{正方形}\end{aligned}$$

$$\begin{aligned}\hat{u}_0 &= \frac{1}{V_0}\iiint_{V_0} u\mathrm{d}\sigma \\ &= \alpha_{11}x_0^2+\alpha_{12}x_0y_0+\alpha_{22}y_0^2+\frac{(\alpha_{11}+\alpha_{22})(\Delta l)^2}{24} \\ &= u(x_0,y_0)+\frac{(\alpha_{11}+\alpha_{22})(\Delta l)^2}{24},\quad \text{三角形}\end{aligned}$$

可以看出，二次分布多项式的格心值不等于该点物理值，误差与网格几何尺度相关。如果考虑更高阶的多项式，如三次分布的情况，即

$$u=\alpha_{30}x^3+\alpha_{21}x^2y+\alpha_{12}xy^2+\alpha_{03}y^3$$

即使对正方形控制体进行积分，可以得到正方形内的平均值，即

$$\begin{aligned}\hat{u}_{ij} &= \frac{1}{\Delta x\Delta y}\int_{x_{ij}-0.5\Delta x}^{x_{ij}+0.5\Delta x}\int_{y_{ij}+0.5\Delta y}^{y_{ij}+0.5\Delta y}(\alpha_{30}x^3+\alpha_{21}x^2y+\alpha_{12}xy^2+\alpha_{03}y^3)\mathrm{d}y\mathrm{d}x \\ &= \alpha_{30}x_{ij}^3+\alpha_{21}x_{ij}^2y_{ij}+\alpha_{12}x_{ij}y_{ij}^2+\alpha_{03}y_{ij}^3+d_{ij} \\ &= u_{ij}+d_{ij}\end{aligned}$$

其中，d_{ij}是体积平均值与单元格心值之差，即

$$d_{ij}=\frac{1}{4}\alpha_{30}x_{ij}\Delta x^2+\frac{1}{12}\alpha_{21}y_{ij}\Delta x^2+\frac{1}{12}\alpha_{12}x_{ij}\Delta y^2+\frac{1}{4}\alpha_{03}y_{ij}\Delta y^2$$

不仅与网格尺度和物理量的分布情况有关，而且与网格位置相关。有限差分法和有限体积法的主要差异从这里开始，一些文献直接把有限差分法的高精度格式移植过来处理第一次近似后宣称是高精度有限体积法理论上不严谨。

采用n阶差商插值的多项式$P_n(x)$来近似单变量函数$f(x)$，余项为

$$R_n(x)=f(x)-P_n(x)=\frac{f^{(n+1)}(\xi)}{(n+1)!}(x-x_0)(x-x_1)\cdots(x-x_n),\quad \xi\in[x_0,x_n]$$

可以看出，如果导数$f^{(n+1)}(\xi)=0$，那么有$P_n(x)=f(x)$，可以得到推论：若函数$f(x)$是n次多项式，代入它的n阶差商插值多项式$P_n(x)$，误差为0。由此可以得到推论，如果有限差分法的空间格式为p阶精度，把p次多项式$u=\sum\limits_{i=0}^{p}a_ix^i$代入，局部截断误差也有$\mathrm{LTE}_1=0$，即差商计算值就是偏导数理论值。

受此启发，文献[1]提出有限体积法的相容性分析方法，直接利用自变量的p次多项式验证相容性和定义有限体积法的格式精度。

针对前面二维模型提出的重构算法，代入多项式函数进行推导，可以得出如下结论。

① 对于正方形网格，采用具有迎风特性的单边物理量直接重构边界面上通量的格式，在线性分布条件下，局部截断误差$\mathrm{LTE}_1=0$；采用两侧格心平均、或单侧多格心外插值的方法重构边界面上通量，在二次分布条件下，局部截断误差$\mathrm{LTE}_1=0$。

② 对于三角形网格，采用单边迎风重构方法局部截断误差$\mathrm{LTE}_1\neq 0$，采用两侧格心平均或梯度法进行重构，才能实现$\mathrm{LTE}_1=0$。

下面以三角形网格为例说明验证过程。如图 3.2 所示，控制体及其相邻网格的格心点坐标为

$$(x_0,y_0)=\left(\frac{\sqrt{3}}{6}\Delta l,0\right),\quad (x_1,y_1)=\left(-\frac{\sqrt{3}}{6}\Delta l\ ,0\right)$$

$$(x_2,y_2)=\left(\frac{\sqrt{3}}{3}\Delta l\ ,\frac{1}{2}\Delta l\right),\quad (x_3,y_3)=\left(\frac{\sqrt{3}}{3}\Delta l\ ,-\frac{1}{2}\Delta l\right)$$

线性分布格心值就是格心点的当地物理量，即

$$\hat{f}(\bar{u}_i)=au_i=a(\alpha_1 x_i+\alpha_2 y_i),\quad \hat{g}(\bar{u}_i)=bu_i=b(\alpha_1 x_i+\alpha_2 y_i)$$

控制体 V_0 及其相邻网格格心点的具体值为

$$\hat{f}(\bar{u}_0)=au_0=\frac{\sqrt{3}}{6}a\alpha_1\Delta l,\quad \hat{g}(\bar{u}_0)=bu_0=\frac{\sqrt{3}}{6}b\alpha_1\Delta l$$

$$\hat{f}(\bar{u}_1)=au_1=-\frac{\sqrt{3}}{6}a\alpha_1\Delta l,\quad \hat{g}(\bar{u}_1)=bu_1=-\frac{\sqrt{3}}{6}b\alpha_1\Delta l$$

$$\hat{f}(\bar{u}_2)=au_2=\left(\frac{\sqrt{3}}{3}\alpha_1+\frac{1}{2}\alpha_2\right)a\Delta l$$

$$\hat{g}(\bar{u}_2)=bu_2=\left(\frac{\sqrt{3}}{3}\alpha_1+\frac{1}{2}\alpha_2\right)b\Delta l$$

$$\hat{f}(\bar{u}_3)=au_3=\left(\frac{\sqrt{3}}{3}\alpha_1-\frac{1}{2}\alpha_2\right)a\Delta l$$

$$\hat{g}(\bar{u}_3)=bu_3=\left(\frac{\sqrt{3}}{3}\alpha_1-\frac{1}{2}\alpha_2\right)b\Delta l$$

采用一阶迎风算法重构边界通量，如果根据 $an_x+bn_y>0$ 处理 S_3 边界，得到进出控制体的总流量，即

$$\left[-\hat{f}(\bar{u}_1)+(\hat{f}(\bar{u}_0)+\hat{f}(\bar{u}_3))\sin 30^\circ+(\hat{g}(\bar{u}_0)-\hat{g}(\bar{u}_3))\cos 30^\circ\right]\Delta l$$

$$=a\left(\frac{5\sqrt{3}}{12}\alpha_1-\frac{1}{4}\alpha_2\right)\Delta l^2+b\left(\frac{\sqrt{3}}{4}\alpha_2-\frac{1}{4}\alpha_1\right)\Delta l^2$$

如果根据 $a>0$ 和 $b>0$ 处理 S_3 边界，可以得到进出控制体的总流量，即

$$\left[-\hat{f}(\bar{u}_1)+2\hat{f}(\bar{u}_0)\sin 30^\circ+(\hat{g}(\bar{u}_0)-\hat{g}(\bar{u}_3))\cos 30^\circ\right]\Delta l$$

$$=a\left(\frac{\sqrt{3}}{3}\alpha_1\right)\Delta l^2+b\left(\frac{\sqrt{3}}{4}\alpha_2-\frac{1}{4}\alpha_1\right)\Delta l^2$$

无论哪一种处理方法，代入截断误差表达式，均可得到下式，即

$$\mathrm{LTE}_2=\frac{1}{V_0}\left|\sum_{k=1}^{3}\hat{F}_{nk}\Delta l-V_0(a\alpha_1+b\alpha_2)\right|\neq 0$$

按照前面定义，这些空间重构只有一阶精度。

采用两侧平均算法重构边界通量，即

$$\hat{F}_{nk}=\frac{1}{2}\{[\hat{f}(\bar{u}_k)+\hat{f}(\bar{u}_0)]\cdot n_{ky}+[\hat{g}(\bar{u}_k)+\hat{g}(\bar{u}_0)]\cdot n_{ky}\}\Delta l$$

得到进出控制体的总流量为

$$\sum_{k=1}^{3}\hat{F}_{nk}\Delta l=\frac{a}{4}(\bar{u}_2+\bar{u}_3-2\bar{u}_1)\Delta l+\frac{\sqrt{3}b}{4}(\bar{u}_2-\bar{u}_3)\Delta l$$

代入截断误差表达式，推得

$$\mathrm{LTE}_2=\frac{1}{V_0}\left|\sum_{k=1}^{3}\hat{F}_{nk}\Delta l-V_0(a\alpha_1+b\alpha_2)\right|=0$$

采用控制体格心的梯度重构，假设面元物理量分布满足如下线性关系，即

$$u_{bij}=\hat{u}_i+(\nabla u)_i\cdot \boldsymbol{r}_{bij}$$

其中控制体 V_i 中心点到与控制体 V_j 共同边界面 S_{ij} 中心点的相对矢径，即

$$\boldsymbol{r}_{bij}=\boldsymbol{r}_j-\boldsymbol{r}_i=-\boldsymbol{r}_{bji}$$

对于图 3.2 所示的位置，有

$$\boldsymbol{r}_{b01}=-\frac{\sqrt{3}\Delta l}{6}\boldsymbol{i},\quad \boldsymbol{r}_{b02}=\frac{\sqrt{3}\Delta l}{12}\boldsymbol{i}+\frac{\Delta l}{4}\boldsymbol{j},\quad \boldsymbol{r}_{b03}=\frac{\sqrt{3}\Delta l}{12}\boldsymbol{i}-\frac{\Delta l}{4}\boldsymbol{j}$$

采用迎风算法和 $an_x+bn_y>0$ 方法，可以得到边界通量，即

$$\hat{F}_1=-\hat{f}[\bar{u}_1+(\nabla u)_1\cdot \boldsymbol{r}_{b10}]$$

$$\hat{F}_2=\hat{f}[\bar{u}_0+(\nabla u)_0\cdot \boldsymbol{r}_{b02}]\sin 30^\circ+\hat{g}[\bar{u}_0+(\nabla u)_0\cdot \boldsymbol{r}_{b02}]\cos 30^\circ$$

$$\hat{F}_3=\hat{f}[\bar{u}_3+(\nabla u)_3\cdot \boldsymbol{r}_{b30}]\sin 30^\circ-\hat{g}[\bar{u}_3+(\nabla u)_3\cdot \boldsymbol{r}_{b30}]\cos 30^\circ$$

如果线性假设条件对于单元成立，则有

$$\hat{f}(x_1+x_2)=\hat{f}(x_1)+\hat{f}(x_2)\ \text{和}\ \hat{g}(x_1+x_2)=\hat{g}(x_1)+\hat{g}(x_2)$$

可以得到进出控制体的总流量，即

$$\begin{aligned}\sum_{k=1}^{3}\hat{F}_{nk}\Delta l=&\ a\left(\frac{5\sqrt{3}}{12}\alpha_1-\frac{1}{4}\alpha_2\right)\Delta l^2+b\left(\frac{\sqrt{3}}{4}\alpha_2-\frac{1}{4}\alpha_1\right)\Delta l^2\\&-\hat{f}[(\nabla u)_1\cdot \boldsymbol{r}_{b10}]\Delta l+\hat{f}[(\nabla u)_0\cdot \boldsymbol{r}_{b02}+(\nabla u)_3\cdot \boldsymbol{r}_{b30}]\sin 30^\circ\Delta l\\&+\hat{g}\{[(\nabla u)_0\cdot \boldsymbol{r}_{b02}-(\nabla u)_3\cdot \boldsymbol{r}_{b30}]\cos 30^\circ\}\Delta l\end{aligned}$$

如果线性假设条件对于整个计算区域成立，则有

$$(\nabla u)_0=(\nabla u)_i=\alpha_1\boldsymbol{i}+\alpha_2\boldsymbol{j}$$

代入截断误差表达式，可以推得

$$\mathrm{LTE}_2=\frac{1}{V_0}\left|\left(\frac{\sqrt{3}}{4}a\alpha_1+b\frac{\sqrt{3}}{4}\alpha_2\right)\Delta l^2-V_0(a\alpha_1+b\alpha_2)\right|=0$$

采用迎风算法、$a>0$ 和 $b>0$ 方法，可以得到 S_3 边界通量，即

$$\hat{F}_3=\hat{f}[\bar{u}_0+(\nabla u)_0\cdot \boldsymbol{r}_{b03}]\sin 30^\circ-\hat{g}[\bar{u}_3+(\nabla u)_3\cdot \boldsymbol{r}_{b30}]\cos 30^\circ$$

$$\sum_{k=1}^{3}\hat{F}_{nk}\Delta l = a\left(\frac{\sqrt{3}}{3}\alpha_1\right)\Delta l^2 + b\left(\frac{\sqrt{3}}{4}\alpha_2 - \frac{1}{4}\alpha_1\right)\Delta l^2$$
$$-\hat{f}[(\nabla u)_1 \cdot \boldsymbol{r}_{b10}]\Delta l + \hat{f}[(\nabla u)_0 \cdot \boldsymbol{r}_{b02} + (\nabla u)_0 \cdot \boldsymbol{r}_{b03}]\sin 30^\circ \Delta l$$
$$+\hat{g}[(\nabla u)_0 \cdot \boldsymbol{r}_{b02} - (\nabla u)_3 \cdot \boldsymbol{r}_{b30})]\cos 30^\circ \Delta l$$
$$= \left(\frac{\sqrt{3}}{4}a\alpha_1 + b\frac{\sqrt{3}}{4}\alpha_2\right)\Delta l^2$$

代入截断误差表达式，可以推得$\mathrm{LTE}_2=0$。

采用两侧平均算法重构边界通量，即

$$\hat{F}_k = \frac{1}{2}\{\hat{f}[\bar{u}_k + (\nabla u)_k \cdot \boldsymbol{r}_{bk0}] + \hat{f}[\bar{u}_0 + (\nabla u)_0 \cdot \boldsymbol{r}_{b0k}]\}$$
$$= \frac{1}{2}[\hat{f}(\bar{u}_k) + \hat{f}(\bar{u}_0)] + \frac{1}{2}\{\hat{f}[(\nabla u)_0 - (\nabla u)_k] \cdot \boldsymbol{r}_{b0k}\}$$
$$= \frac{1}{2}[\hat{f}(\bar{u}_k) + \hat{f}(\bar{u}_0)]$$

代入截断误差表达式，可以推得$\mathrm{LTE}_2=0$。

在以上讨论中，假设整个计算区域的梯度为常数，如果相邻网格梯度不相等，两种迎风重构的误差为

$$\mathrm{LTE}_2 = \frac{\Delta l}{V_0}\left|\hat{f}\{[(\nabla u)_0 - (\nabla u)_1] \cdot \boldsymbol{r}_{b10}\} + \hat{f}\{[(\nabla u)_3 - (\nabla u)_0] \cdot \boldsymbol{r}_{b30}\}\sin 30^\circ \right.$$
$$\left. + \hat{g}\{[(\nabla u)_0 - (\nabla u)_3] \cdot \boldsymbol{r}_{b30}\}\cos 30^\circ\right| \approx O|(\nabla u)_i - (\nabla u)_3|$$
$$\mathrm{LTE}_2 = \frac{\Delta l}{V_0}\left|\hat{f}\{[(\nabla u)_0 - (\nabla u)_1] \cdot \boldsymbol{r}_{b10}\} + \hat{g}\{[(\nabla u)_0 - (\nabla u)_3] \cdot \boldsymbol{r}_{b30}\}\cos 30^\circ\right|$$

如果梯度连续变化，截断误差是一个高阶小量，格式具有二阶精度。

对于两侧平均算法，即

$$\sum_{k=1}^{3}\hat{F}_{nk}\Delta l - V_0(a\alpha_1 + b\alpha_2)$$
$$= \hat{f}\{(\nabla u)_0 \cdot [(\boldsymbol{r}_{b20} + \boldsymbol{r}_{b30})\sin 30^\circ - \boldsymbol{r}_{b10}]\}\Delta l$$
$$+ \hat{g}\{(\nabla u)_0 \cdot [(\boldsymbol{r}_{b20} - \boldsymbol{r}_{b30})\cos 30^\circ]\}\Delta l$$
$$+ \hat{f}[(\nabla u)_1 \boldsymbol{r}_{b10}]\Delta l - \{\hat{f}[(\nabla u)_2 \cdot \boldsymbol{r}_{b20}] + \hat{f}[(\nabla u)_3 \boldsymbol{r}_{b30}]\}\sin 30^\circ \Delta l$$
$$- \{\hat{g}[(\nabla u)_2 \cdot \boldsymbol{r}_{b20}] - \hat{g}[(\nabla u)_3 \boldsymbol{r}_{b30}]\}\cos 30^\circ \Delta l$$

如果梯度连续变化，也达到二阶精度。

在实际应用中，控制体内物理量梯度需要根据相邻网格的格心值进行重构。不论是采用 Green 公式，还是最小二乘法，求梯度过程有 2 次平均运算，对于二阶或更高阶的分布函数必然会引入误差。以三角形网格为例说明，对于图 3.2(b)中的坐标，构成控制体 V_0 的 3 个顶点坐标，即

$$\left(0,\frac{1}{2}\Delta l\right),\left(0,-\frac{1}{2}\Delta l\right),\left(\frac{\sqrt{3}}{2}\Delta l,0\right)$$

不考虑顶点平均过程，对应这些点物理量的准确值，即

$$u_{p1}=\frac{\alpha_{22}}{4}\Delta l^2,u_{p2}=\frac{\alpha_{22}}{4}\Delta l^2,u_{p2}=\frac{3\alpha_{11}}{4}\Delta l^2$$

可以得到 Green 公其中，各边界的平均值为

$$\bar{u}_{s1}=\frac{\alpha_{22}}{4}\Delta l^2,\bar{u}_{s2}=\left(\frac{3\alpha_{11}}{8}+\frac{\alpha_{22}}{8}\right)\Delta l^2,\bar{u}_{s3}=\left(\frac{3\alpha_{11}}{8}+\frac{\alpha_{22}}{8}\right)\Delta l^2$$

计算得到的梯度值为

$$(\nabla u)_0=\Delta l\left(\frac{\sqrt{3}a_{11}}{2}-\frac{\sqrt{3}a_{22}}{6}\right)\boldsymbol{i}$$

并不等于控制体格心梯度的理论值为

$$(\nabla u)_0=\frac{\sqrt{3}a_{11}\Delta l}{3}\boldsymbol{i}+\frac{\sqrt{3}a_{12}\Delta l}{6}\boldsymbol{j}$$

以上给出有限体积法的空间局部截断误差定义，提出相容性验证分析方法，同时可以得到如下结论。

① 在线性分布条件下，控制体的平均值等于格心点的物理值；在二次分布多项式条件下，平均值与格心物理值之间相差网格体积尺度相关的小量；高于二次分布，平均值与格心物理值之间的差值不仅与网格尺度相关，而且与格心位置相关。这一特性导致构造高阶有限体积法格式的困难。

② 采用两侧格心平均或梯度重构法可以得到二阶精度格式，但是计算梯度会引入新的误差，因此也难以保证严格的二阶精度有限体积法。

3.4 有限体积法的稳定性分析方法

前面介绍的有限差分法理论主要有三种稳定性分析方法。

第一种方法是把离散方程看作线性系统，通过求解矩阵特征值分析稳定性，理论上这种方法也可以用于有限体积法，但是考虑到非结构网格相邻结点之间编码不同，很难写出元素分布规律简单的通用型矩阵，不同网格得到的矩阵形式不同，因此没有普遍应用价值。

第二种是 von Neumann 方法。一维情况采用 $u(x,t)\propto A_m(t)\mathrm{e}^{ik_m x}$ 形式，通过分析波数为 k_m 的扰动随着时间推进的振幅变化情况来判别差分格式的稳定性。多维情况采用波数矢量 $u(x,y,z,t)\propto A_{mpq}(t)\mathrm{e}^{\mathrm{i}(k_{xm}x+k_{yp}y+k_{zq}z)}$ 表述，原理相同。例如，对于采用时间一阶前差、空间中心差分格式（*FTCS*）求解二维热传导方程，即

$$\frac{\partial u}{\partial t}=\gamma\left(\frac{\partial^2 u}{\partial x^2}+\frac{\partial^2 u}{\partial y^2}\right)$$

单波形式 $A_{mp}(t)\mathrm{e}^{\mathrm{i}(k_{xm}x+k_{yp}y)}$ 代入差分方程，写出放大因子的形式，即

$$G=\frac{A^{n+1}}{A^n}=1-4\left[\frac{\gamma\Delta t}{(\Delta x)^2}\sin^2\left(\frac{k_{xm}\Delta x}{2}\right)+\frac{\gamma\Delta t}{(\Delta y)^2}\sin^2\left(\frac{k_{yp}\Delta y}{2}\right)\right]$$

对于计算网格范围下的所有波数，要求放大因子 $|G|\leqslant 1$，推出稳定性条件：

$$\frac{\gamma\Delta t}{(\Delta x)^2}+\frac{\gamma\Delta t}{(\Delta y)^2}\leqslant\frac{1}{2}$$

可以看出，在结构网格条件下，才能确定波数矢量范围，且表示为网格尺度 Δx 和 Δy 的形式，从而得到和时间推进步长 Δt 相关的稳定性条件。对于非结构网格，波长不能像结构网格那样采用相邻结点之间距离和波数表示，因此 Von Neumann 方法也很难使用。

在有限体积法中进行稳定性分析时，主要采用正条件法。对于如下形式格式，即

$$u_i^{n+1}=u_i^n+\frac{\Delta t}{V_i}\sum_{j=1}^{N_f}C_{ij}(u_j^n-u_i^n) \tag{3.43}$$

正条件为

$$C_{ij}\geqslant 0,\quad j=1,2,\cdots,N_f\ 且\ \frac{\Delta t}{V_i}\sum_{j=1}^{N_f}C_{ij}\leqslant 1 \tag{3.44}$$

下面针对时间一阶精度有限体积法格式，分析单边迎风重构和两侧格心平均重构方法的稳定性。单边迎风重构的边界通量为

$$\hat{f}_{ij}S_{ij}^x=\frac{aS_{ij}^x+|aS_{ij}^x|}{2}\hat{u}_i+\frac{aS_{ij}^x-|aS_{ij}^x|}{2}\hat{u}_j$$

$$\hat{g}_{ij}S_{ij}^y=\frac{bS_{ij}^y+|bS_{ij}^y|}{2}\hat{u}_i+\frac{bS_{ij}^y-|bS_{ij}^y|}{2}\hat{u}_j$$

其中，S_{ij}^x 和 S_{ij}^y 是控制体 V_i 的第 j 边界面在直角坐标系 x 和 y 轴上投影，它们构成边界面的法向矢量 $\boldsymbol{n}_{sj}=\boldsymbol{n}_{ij}\cdot S_{ij}=S_{ij}^x\boldsymbol{i}+S_{ij}^y\boldsymbol{j}$，方向从单元 V_i 指向单元 V_j。由于控制体是封闭的，则有

$$\sum_{j=1}^{N_f}S_{ij}^x=\sum_{j=1}^{N_f}S_{ij}^x=0 \tag{3.45}$$

将其代入有限体积法格式中，并写为式(3.43)的形式，其中的系数为

$$C_{ij}=\frac{1}{2}(|aS_{ij}^x|-aS_{ij}^x)+\frac{1}{2}(|bS_{ij}^y|-bS_{ij}^y) \tag{3.46}$$

可见 $C_{kj}\geqslant 0$，根据正条件(3.44)，可以得到稳定性条件，即

$$\Delta t\leqslant\frac{V}{\frac{1}{2}\left(|a|\cdot\sum_{j=1}^{N_f}|S_{jk}^x|+|b|\cdot\sum_{j=1}^{N_f}|S_{jk}^y|\right)}$$

如果二维控制体网格是凸多边形，那么有 $\sum_{j=1}^{N_f}|S_{ij}^x| = 2S_i^{(x)}$，$\sum_{j=1}^{N_f}|S_{ij}^y| = 2S_i^{(y)}$，其中 $S_i^{(x)}$ 和 $S_i^{(y)}$ 分别是控制体在 y 轴和 x 轴上的投影长度。最终，稳定性条件写为

$$\Delta t \leqslant \frac{V}{|a|S_k^{(x)} + |b|S_k^{(y)}} \tag{3.47}$$

有限差分法的稳定性分析中，常把得到的表达式整理成 CFL 数形式。例如，对于时间和空间一阶迎风显格式 CFL 数为 $c=\dfrac{a\Delta t}{\Delta x}$，稳定性条件是满足 $c\leqslant 1$。有限体积法的稳定性分析也可以写出类似的形式，即

$$\frac{(|a|S_k^{(x)} + |b|S_k^{(y)})\Delta t}{V} \leqslant 1 \tag{3.48}$$

可以看出，CFL 数是与时间推进步长、空间网格尺度和特征速度相关的无量纲数。

采用两侧格心值平均的重构方法，边界面上的通量为

$$\hat{f}_{ij} = \frac{a}{2}(\hat{u}_i + \hat{u}_j), \quad \hat{g}_{ij} = \frac{b}{2}(\hat{u}_i + \hat{u}_j) \tag{3.49}$$

将其代入下面的离散公式，即

$$\hat{u}_i^{n+1} = \hat{u}_i^n - \frac{\Delta t}{V}\sum_{j=1}^{N_f}[\hat{f}_{ij}^n S_{ij}^x + \hat{g}_{ij}^n S_{ij}^y] \tag{3.50}$$

可以写出中心格式的离散公式，即

$$\hat{u}_i^{n+1} = \hat{u}_i^n - \frac{\Delta t}{V}\sum_{j=1}^{N_f}\left[a\frac{\hat{u}_j^n + \hat{u}_i^n}{2} \cdot S_{ij}^x + b\frac{\hat{u}_j^n + \hat{u}_i^n}{2} \cdot S_{ij}^y\right] \tag{3.51}$$

整理成正条件格式的同一形式，其中的系数为

$$C_{ij} = -\frac{1}{2}(aS_{ij}^x + bS_{ij}^y) \tag{3.52}$$

由此可知，$\sum_{j=1}^{N_f} C_{kj} = 0$，因此 C_{kj} 必定有正有负，不满足正条件。计算也表明，采用两侧格心值平均的有限体积法格式是不稳定的。

3.5 有限体积法的时间离散格式

空间离散以后得到如下形式的半离散方程，即

$$\frac{\partial(V_i\bar{u}_i)}{\partial t} = -\sum_{k=1}^{N_f} F_{nk}S_k = R(\bar{u}_i, \cdots) \tag{3.53}$$

为了表述方便，右端项记为 $R(\bar{u}_i,\cdots)=R_i$，不同重构格式或者不同网格形状得到

的表达式不同，根据前面空间重构的结果可以看出，除了控制体 V_i 的格心值 $\bar{u}_i$ 外，常需要积分面 $S_k=S_{ij}$ 相邻单元 V_j 的格心值，采用 Green 公式计算梯度的二阶格式还涉及 V_j 的相邻单元。如果存在网格变形，还需要根据几何守恒律对 V_i 或 R_i 中的几何参数进行修正，后面章节专门讨论这一问题，下面推导过程不考虑网格运动。

以上方程的时间离散，可以采用显式和隐式两类格式。前面介绍稳定性分析方法使用的一阶显式格式精度较低，不适合非定常流动计算，常用的显式格式是 Runge-Kutta 多次内迭代格式。其中二阶精度的 TVD 型 Runge-Kutta 格式为

$$\begin{aligned}
&\bar{u}_i^{(0)}=\bar{u}_i^n\\
&\bar{u}_i^{(1)}=\bar{u}_i^{(0)}+\frac{\Delta t R_i^{(0)}}{V_i}\\
&\bar{u}_i^{(2)}=0.5\left[\bar{u}_i^{(0)}+\bar{u}_i^{(1)}+\frac{\Delta t R_i^{(1)}}{V_i}\right]\\
&\bar{u}_i^{n+1}=\bar{u}_i^{(2)}
\end{aligned}\tag{3.54}$$

三阶精度的 TVD 型 Runge-Kutta 格式为

$$\begin{aligned}
&\bar{u}_i^{(0)}=\bar{u}_i^n\\
&\bar{u}_i^{(1)}=\bar{u}_i^{(0)}+\frac{\Delta t R_i^{(0)}}{V_i}\\
&\bar{u}_i^{(2)}=0.25\left[3\bar{u}_i^{(0)}+\bar{u}_i^{(1)}+\frac{\Delta t R_i^{(1)}}{V_i}\right]\\
&\bar{u}_i^{(3)}=\left[\bar{u}_i^{(0)}+2\bar{u}_i^{(2)}+\frac{\Delta t R_i^{(2)}}{V_i}\right]/3\\
&\bar{u}_i^{n+1}=\bar{u}_i^{(3)}
\end{aligned}\tag{3.55}$$

由于显式格式的时间推进步长受到稳定条件限制，如果流场中网格尺度相差较大，按照最小网格的稳定时间步长推进会导致严重的计算效率问题，因此以上格式在 Euler 方程求解中还可以勉强使用，从 NS 方程出发的复杂工程问题需要采用不受稳定条件限制的隐式格式才有应用价值。

常用的隐式格式是双时间步法(dual-time-step)，其思想源自 Newton 求代数方程解的迭代法，通过是引入虚拟时间变量，在每一个物理时间步内的非定常问题转换为关于虚拟时间的定常解，从而采用很多成熟的加快收敛技术。

采用二阶向后差分格式离散时间导数，即

$$V_i\,\frac{3\bar{u}_i^{n+1}-4\bar{u}_i^n+\bar{u}_i^{n-1}}{2\Delta t}=R(\bar{u}_i^{n+1},\cdots)=R_i^{n+1}\tag{3.56}$$

符号 R_i^{n+1} 表示函数自变量取 $n+1$ 时刻的值。如果 $R(\bar{u}_i,\cdots)$ 是非线性函数，需要进行如下的线性化处理，从中可以看出，自变量前的系数矩阵采用已知 n 时刻的

值，因此又称为近似因子（approximate factorization，AF）法，即

$$R_i^{n+1} = R_i^n + \left.\frac{\partial R}{\partial \bar{u}_i}\right|^n \Delta \bar{u}_i^n + \sum_{k=1}^{N_f} \left.\frac{\partial R}{\partial \bar{u}_k}\right|^n \Delta \bar{u}_k^n + O(|\Delta \bar{u}_i|^2, |\Delta \bar{u}_k|^2, \cdots)$$
$$\approx R_i^n + \left.\frac{\partial R}{\partial \bar{u}_i}\right|^n \Delta \bar{u}_i^n + \sum_{k=1}^{N_f} \left.\frac{\partial R}{\partial \bar{u}_k}\right|^n \Delta \bar{u}_k^n \tag{3.57}$$

其中，仅包含控制体相邻单元的流动参数，对于高阶格式 R_i^{n+1} 还有其他单元的流动参数，线性化处理空间只有一阶精度；因为 $\Delta \bar{u}_i^n = \bar{u}_i^{n+1} - \bar{u}_i^n = \frac{\partial \bar{u}_i}{\partial t}\Delta t + O(\Delta t^2)$，因此线性化处理只有时间一阶精度，对于非定常流动，不能直接代入式(3.56)进行计算。

为了获得方程(3.56)的解，Jemeson 引入虚拟时间 τ 导数项，并且采用一阶向后差分离散，从而构建出新的离散方程，即

$$\frac{\bar{u}_i^{p+1} - \bar{u}_i^p}{\Delta\tau} + V_i \frac{3\bar{u}_i^{p+1} - 4\bar{u}_i^n + \bar{u}_i^{n-1}}{2\Delta t} = R_i^{p+1} \tag{3.58}$$

根据虚拟时间 τ 对 R_i^{p+1} 采用线性化处理后，进一步整理成如下形式，即

$$\left(\frac{1}{\Delta\tau} + \frac{3V_i}{2\Delta t} - \frac{\partial R_i^p}{\partial \bar{u}_i}\right)\Delta \bar{u}_i^p - \sum_{k=1}^{N_f} \frac{\partial R_i^p}{\partial \bar{u}_k}\Delta \bar{u}_k^p = R_i^p - \frac{3\bar{u}_i^p - 4\bar{u}_i^n + \bar{u}_i^{n-1}}{2\Delta t} = RP_i \tag{3.59}$$

按照定常流动方程求解方程，达到收敛意味着

$$\frac{\bar{u}_i^{p+1} - \bar{u}_i^p}{\Delta\tau} = 0 \tag{3.60}$$

这时式(3.60)与原来的方程(3.56)等价，得到时间二阶精度格式的解 $\bar{u}_i^{n+1} = \bar{u}_i^{p+1}$。

内迭代 $p\to\infty$ 过程中 $\bar{u}_i^{p+1}\to\bar{u}_i^{n+1}$，严格满足虚拟时间导数为 0 的条件需要很多的内迭代步数，实际计算时常放宽收敛条件或限定虚拟时间推进步数来提高计算效率。由于非定常计算存在误差积累的可能性，设置收敛条件或虚拟时间推进步数对计算结果有影响，使用时应该谨慎。

对每个控制体建立一个求解方程，如果求解域有 N_e 个控制体，那么得到一个 N_e 阶的线性方程组 $\boldsymbol{Ax}=\boldsymbol{b}$，系数矩阵中绝大部分元素是 0。通过矩阵求逆的直接算法对于动辄几百万个控制体的实际工程问题而言不切实际，必须采用迭代法。

线性方程组迭代法的基本思想是把系数矩阵分解为一个非奇异矩阵 Q 与另一个矩阵 R 的差 $A=Q-R$，然后把原方程改写成迭代形式，即

$$\boldsymbol{x}^{p+1} = Q^{-1}\cdot(R\boldsymbol{x}^p + \boldsymbol{b}) = Q^{-1}\cdot R\boldsymbol{x}^p + Q^{-1}\cdot\boldsymbol{b} \tag{3.61}$$

系数矩阵最简单的分解方法是 $A=L+D+U$，其中 D 为对角阵，U 和 L 分别是上三角矩阵和下三角矩阵。如果 $Q=D$ 和 $R=-(L+U)$ 就得到简单迭代法，为了节

省存储资源和提高计算过程稳定性，常取 $Q=D-L$ 和 $R=U$，就是常用的 GS (Gauss-Seidel)算法，即

$$\boldsymbol{x}^{p+1}=(D-L)^{-1}\cdot U\boldsymbol{x}^{p}+(D-L)^{-1}\cdot\boldsymbol{b} \tag{3.62}$$

在迭代的过程中不需要同时存储 $\boldsymbol{x}^{p}$ 和 $\boldsymbol{x}^{p+1}$ 值，只要得到最新值，代替旧值进行下一次计算。为加快收敛，引入松弛因子 ω 改进 GS 算法，称为 SGS 算法，即

$$\boldsymbol{x}^{p+1}=(D-\omega L)^{-1}\cdot[\omega U+(1-\omega)D]\boldsymbol{x}^{p}+(D-\omega L)^{-1}\cdot\omega\boldsymbol{b} \tag{3.63}$$

根据前面双时间步法的构造过程可以看出，对于定常问题收敛以后 $\Delta\bar{u}_i^p=0$，实际上是在求解线性方程组 $A\boldsymbol{x}=\boldsymbol{b}$ 的 $\boldsymbol{x}=0$ 特解。根据这一特点，适当修改系数矩阵不影响最终收敛解，换而言之，可以把原方程转换为易于处理的新方程，即

$$(A+\Delta A)\boldsymbol{x}=\boldsymbol{b}$$

在 CFD 领域，常采用近似因子方法把系数矩阵分解为容易求逆的非奇异矩阵相乘 $A\approx Q_1\cdots Q_m$，依次迭代得到满足如下方程的近似解，即

$$\boldsymbol{x}=Q_m^{-1}\cdots Q_1^{-1}\boldsymbol{b}=\boldsymbol{b}\rightarrow 0 \tag{3.64}$$

对于编码有序的结构网格，线性方程组的系数矩阵有规律性，很容易构造出迭代形式，因此发展了一些成熟的模拟定常流动的隐式算法。下面以二维偏微分方程为例，先介绍基于结构网格的有限差分法中流行的 LU-ADI 格式和 LU-SGS 格式，然后讨论推广到非结构网格为基础的有限体积法时遇到的困难和特殊处理。

采用一阶后差离散第一节方程(3.4) 的时间项，改写成如下形式，即

$$\frac{\Delta u_{ij}^n}{\Delta t}+\left.\frac{\partial(f^{n+1}-f^n)}{\partial x}\right|_{ij}+\left.\frac{\partial(g^{n+1}-g^n)}{\partial y}\right|_{ij}=\left.\frac{\partial f}{\partial x}\right|_{ij}^{n}+\left.\frac{\partial g}{\partial y}\right|_{ij}^{n} \tag{3.65}$$

其中，由于右端项仅涉及 n 时刻的已知参数，可以采用多种空间差分格式离散得到，记为 R_{ij}^n。

隐式算法需要把左端出现的通量表示为原始变量的形式，如果不考虑黏性项，按照前面的线性化近似处理，则有

$$f^{n+1}-f^n=\left(\frac{\partial f}{\partial u}\right)^n\Delta u^n=a^n\Delta u^n \text{和}\ g^{n+1}-g^n=\left(\frac{\partial g}{\partial u}\right)^n\Delta u^n=b^n\Delta u^n$$

这些系数也采用 n 时刻参数计算，为便于表述，忽略上标，代入上式，可以得到

$$\frac{\Delta u_{ij}^n}{\Delta t}+\left.\frac{\partial a\Delta u^n}{\partial x}\right|_{ij}+\left.\frac{\partial b\Delta u^n}{\partial y}\right|_{ij}=R_{ij}^n \tag{3.66}$$

根据特征值迎风特性进行分裂，即

$$a^{\pm}=\frac{a\pm|a|}{2},\quad b^{\pm}=\frac{b\pm|b|}{2}$$

采用迎风格式进行空间离散，并采用算子表达形式，即

$$D_x(\Delta u)_{ij}^n=\frac{(a^-\Delta u)_{(i+1)j}^n-(a^-\Delta u)_{ij}^n}{\Delta x}+\frac{(a^+\Delta u)_{ij}^n-(a^+\Delta u)_{(i-1)j}^n}{\Delta x}$$

$$=D_x^+(\Delta u)_{ij}^n+D_x^-(\Delta u)_{ij}^n$$

$$D_y(\Delta u)_{ij}^n=\frac{(b^-\Delta u)_{i(j+1)}^n-(b^-\Delta u)_{ij}^n}{\Delta y}+\frac{(b^+\Delta u)_{ij}^n-(b^+\Delta u)_{i(j-1)}^n}{\Delta y}$$

$$=D_y^+(\Delta u)_{ij}^n+D_y^-(\Delta u)_{ij}^n$$

整理以后写为

$$(1+\Delta tD_x+\Delta tD_y)\Delta u_{ij}^n=\Delta tR_{ij}^n \tag{3.67}$$

线性方程组系数矩阵表现为五对角矩阵(三维情况下,六面体结构网格为七对角矩阵)。为了降低计算量,根据前面提到的定常解的特点,经常应用近似因子分解法在保持时间精度一致条件下修改系数矩阵,把多维问题的总算子分解为多个一维一维算子的迭代,即

$$1+\Delta tD_x+\Delta tD_y=(1+\Delta tD_x)(1+\Delta tD_y)-(\Delta t)^2D_xD_y \tag{3.68}$$

略去二阶项,每一个方向的算子表现为三对角矩阵,采用很有效的追赶法求解。这种隐式计算方法称为 ADI(alternating direction implicit)格式。

根据迎风特性还可以进一步把同一方向分裂为正负算子的迭代,即

$$(1+\Delta tD_x^-)(1+\Delta tD_x^+)(1+\Delta tD_y^-)(1+\Delta tD_y^+)\Delta u_{ij}^n=\Delta tR_{ij}^n \tag{3.69}$$

对于每一个迎风算子,实际上是个每行仅有两个元素的三角矩阵。例如,第一次的算子形成的上三角矩阵,即

$$(1+\Delta tD_x^+)\Delta u_{ij}^{n(1)}=U\Delta u_{ij}^{n(1)}=\left(1-a_{ij}^-\frac{\Delta t}{\Delta x}\right)\Delta u_{ij}^n+a_{(i+1)j}^-\frac{\Delta t}{\Delta x}\Delta u_{(i+1)j}^n=\Delta tR_{ij}^n$$

在 x 方向最大编码对应计算区域的边界,在边界条件确定以后,很容易求解以上线性方程组,按照式(3.69)ADI 格式最后一次的算子是个下三角矩阵,即

$$(1+\Delta tD_y^+)\Delta u_{ij}^n=L\Delta u_{ij}^n=-b_{i(j-1)}^+\frac{\Delta t}{\Delta x}\Delta u_{i(j-1)}^n+\left(1+b_{ij}^+\frac{\Delta t}{\Delta x}\right)\Delta u_{ij}^n=\Delta u_{ij}^{n(3)}$$

在 y 方向最小编码对应边界条件确定以后,也很容易得到流场内每一点的 Δu_{ij}^n。

可以看出,对二维方程 LU-ADI 交替扫描四次。为减少扫描次数,提出 LU-SGS 格式(lower-upper symmetric Gauss-Seidel),其迭代形其中,对角阵 D、上三角矩阵 U 和下三角矩阵 L 的形式为

$$U=1+\omega\Delta t(D_x^-+D_y^--a^--b^-) \tag{3.70.1}$$

$$D=1+\omega\Delta t(a^+-a^-+b^+-b^-) \tag{3.70.2}$$

$$L=1+\omega\Delta t(D_x^++D_y^++a^++b^+) \tag{3.70.3}$$

为了提高计算稳定性,保证主对角元素占优,引入参数 $\kappa\geqslant1$ 处理迎风特性,即

$$a^\pm=\frac{a\pm\kappa|a|}{2},\quad b^\pm=\frac{b\pm\kappa|b|}{2} \tag{3.71}$$

对于非结构网格,控制体 V_i 离散方程仅涉及少数几个相邻单元的求解变量,从前面空间重构内容可知,采用迎风格式或两侧平均重构仅涉及相邻单元,对于三

角形 $N_f=3$，仅有 4 个求解变量，因此共有 N_e 个控制体，得到的 $N_e\times N_e$ 阶线性方程组的系数矩阵大部分元素为 0。由于相邻单元之间不存在明确的编码规律，无法像结构网格那样根据计算坐标整理成对角矩阵形式，这给隐式格式带来很大困难，这个特点排除了 LU-ADI 方法应用于非结构的可能性。

为了提高计算效率，前面结构网格在构建 LU-ADI 和 LU-SGS 时，采用一阶格式离散隐式项 R_i^{p+1}，省略上标 $p+1$，非结构界面 S_{ij} 通量的基本形式可以表示为

$$F_{nk}=F_{ij}=\varphi(\bar{u}_i,\bar{u}_j,a_i,a_j,b_i,b_j,\mu_i,\mu_j,n_k) \tag{3.72}$$

如果仅考虑对流项 $F_{nk}^{(c)}$，按照法向特征值处理迎风特性，即

$$\lambda_{ik}^{\pm}=\frac{\lambda_{ik}\pm\kappa|\lambda_{ik}|}{2},\quad \lambda_{ik}=a_i n_{kx}+b_i n_{ky}$$

其中，κ 是保证 LU-SGS 主对角占优的系数。

重构得到的通量写为

$$F_{nk}^{(c)}=\frac{1}{2}[F_i+F_j+|\lambda_{ik}|(\bar{u}_i-\bar{u}_j)] \tag{3.73}$$

可以得到线性化系数，即

$$-\frac{\partial R_i}{\partial \bar{u}_i}=\frac{\partial}{\partial \bar{u}_i}\Big(\sum_{k=1}^{N_f}F_{nk}^{(c)}S_k\Big)=\frac{1}{2}\sum_{k=1}^{N_f}(\lambda_{ik}+|\lambda_{ik}|)S_k=\frac{1}{2}\sum_{k=1}^{N_f}|\lambda_{ik}|S_k \tag{3.74.1}$$

$$-\frac{\partial R_i}{\partial \bar{u}_j}=\frac{\partial}{\partial \bar{u}_j}\Big(\sum_{k=1}^{N_f}F_{nk}^{(c)}S_k\Big)=\frac{1}{2}\left(\frac{\partial F_j^{(c)}}{\partial \bar{u}_j}-|\lambda_{ij}|\right)S_{ij} \tag{3.74.2}$$

上式采用 p 时刻参数计算，省略上标。考虑到

$$\frac{\partial F_{nk}}{\partial \bar{u}_k}\Delta\bar{u}_k^p\approx(F_{nk}^{(c)p+1}-F_{nk}^{(c)p}) \tag{3.75}$$

进一步整理得到 V_i 控制体隐式求解的线性方程，即

$$D_i\Delta\bar{u}_i^p+\frac{1}{2}\sum_{k=1}^{N_f}[(F_{nk}^{(c)p+1}-F_{nk}^{(c)p})S_k]-\frac{1}{2}\sum_{k=1}^{N_f}|\lambda_{ik}|S_k\Delta\bar{u}_k^p=RP_i \tag{3.76}$$

主对角阵为

$$D_i=\frac{1}{\Delta\tau}+\frac{3V_i}{2\Delta t}+\frac{1}{2}\sum_{k=1}^{N_f}|\lambda_{ik}|S_k \tag{3.77}$$

根据 Gauss-Seidel 迭代思想，对所有编号小于 i 的采用向前扫描，即

$$\Delta\bar{u}_i^p=D_i^{-1}\cdot \mathrm{RP}_i-\frac{1}{2}D_i^{-1}\sum_{j=1}^{j<i}[(F_{nj}^{(c)p+1}-F_{nj}^{(c)p})S_j-|\lambda_{ij}|S_j\Delta\bar{u}_j^p] \tag{3.78.1}$$

然后对所有编号大于 i 的采用向后扫描，即

$$\Delta\bar{u}_i^p = D_i^{-1} \cdot \mathrm{RP}_i - \frac{1}{2}D_i^{-1}\sum_{j>i}^{N_e}\left[(F_{nj}^{(c)p+1} - F_{nj}^{(c)p})S_j - |\lambda_{ij}|S_j\Delta\bar{u}_j^p\right] \tag{3.78.2}$$

3.6 黏性项的计算

有限体积法计算 NS 方程，需要重构控制体表面的黏性应力项。对于结构网格，沿着空间坐标或编码方向计算相邻网格格心值的差商，通过 Newton 流体本构关系很容易得到面心处的应力项。对非结构网格，情况变得复杂，如图 3.3(a)的三角形，围绕格心仅有三个相邻单元，没有明确坐标方向，只能通过梯度重构的方法来得到。

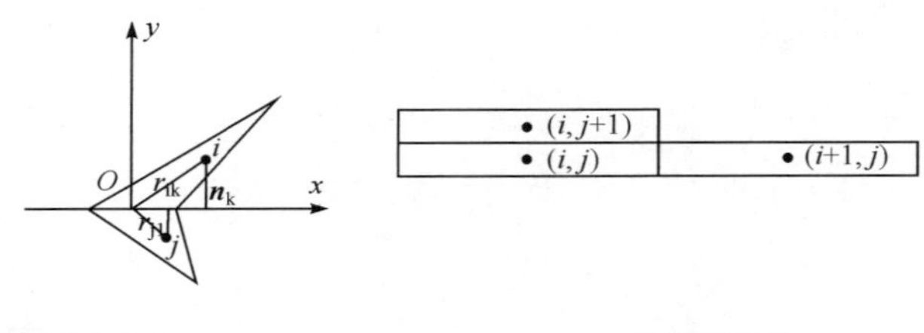

(a) 界面中心点　　(b) 各向异性

图 3.3　网格示意图

模型方程(3.1)的黏性通量为

$$\iint_{\Omega_i}\mu\left(\frac{\partial u}{\partial x}n_x + \frac{\partial u}{\partial y}n_y\right)\mathrm{d}s = \sum_{k=1}^{N_f}F_{nk}^{(v)}S_k \tag{3.79}$$

在控制体 V_i 和 V_j 构成的平面 S_{ij} 上，黏性通量常采用梯度进行计算，即

$$F_{nj}^{(v)} \approx (\mu\nabla u)_{ij} \cdot \boldsymbol{n}_j$$

为了提高计算效率，经常利用已知的控制体 V_i 和 V_j 梯度进行重构。根据所采用的加权系数不同，S_{ij} 面点处的梯度计算方法有多种，即

$$(\nabla u)_{s1} = \frac{(\nabla u)_i + (\nabla u)_j}{2} = \overline{(\nabla u)_s} \tag{3.80}$$

$$(\nabla u)_{s2} = \frac{V_i\ (\nabla u)_i + V_j\ (\nabla u)_j}{V_i + V_j} \text{或} (\nabla u)_{s2} = \frac{l_{si}(\nabla u)_i + l_{sj}(\nabla u)_j}{l_{si} + l_{sj}} \tag{3.81}$$

$$(\nabla u)_{s3} = \frac{V_j\ (\nabla u)_i + V_i\ (\nabla u)_j}{V_i + V_j}\ \text{或}\ (\nabla u)_{s3} = \frac{l_{si}(\nabla u)_i + l_{sj}(\nabla u)_j}{l_{si} + l_{sj}} \tag{3.82}$$

$$(\nabla u)_{s4} = \overline{(\nabla u)_s} - \left[\frac{\overline{(\nabla u)_s} \cdot \boldsymbol{l}_{ij}}{l_{ij}} - \left(\frac{\partial u}{\partial l_{ij}}\right)\right] \cdot \frac{\boldsymbol{l}_{ij}}{l_{ij}} \tag{3.83}$$

$$(\nabla \boldsymbol{u})_{s5}=\overline{(\nabla \boldsymbol{u})_s}-\left[\overline{(\nabla \boldsymbol{u})_s}\cdot \boldsymbol{n}_s-\left[\frac{u_j-u_i}{(\boldsymbol{l}_{ij}\cdot \boldsymbol{n}_s)}\right]\right]\cdot \boldsymbol{n}_s \tag{3.84}$$

$$(\nabla \boldsymbol{u})_{s6}=\overline{(\nabla \boldsymbol{u})_s}-\left[\frac{\overline{(\nabla \boldsymbol{u})_s}\cdot \boldsymbol{l}_{ij}}{\boldsymbol{l}_{ij}\cdot \boldsymbol{n}_s}-\left[\frac{u_j-u_i}{\boldsymbol{l}_{ij}\cdot \boldsymbol{n}_s}\right]\right]\cdot \boldsymbol{n}_s \tag{3.85}$$

采用三角形网格求解黏性流动，同时满足黏性分辨率和网格质量高很困难，以上这些非结构网格黏性重构算法很少有细致理论。下面按照前面的验证思路，对以上算法的精度进行简单分析。

假设图 3.3 上下单元格心位置分别为$(l_i\cos\theta_i, l_i\sin\theta_i)$和$(l_j\cos\theta_j, -l_j\sin\theta_j)$，$\theta_i>0, \theta_j>0$。

假设 S_{ij} 为单位面积，体积分别为 $V_i=1.5l_i\sin\theta_i$ 和 $V_j=1.5l_j\sin\theta_j$。

格心之间矢量及其模为

$$\boldsymbol{l}_{ij}=(l_j\cos\theta_j-l_i\cos\theta_i)\boldsymbol{i}-(l_j\sin\theta_j+l_i\sin\theta_i)\boldsymbol{j}$$

$$l_{ij}=\sqrt{l_i^2+l_j^2-2l_il_j\cos(\theta_i+\theta_j)}$$

考虑二次多项式 $u=\alpha_{11}x^2+\alpha_{12}xy+\alpha_{22}y^2$，假设格心处梯度是准确的，即

$$\nabla u=(2\alpha_{11}x+\alpha_{12}y)\boldsymbol{i}+(\alpha_{12}x+2\alpha_{22}y)\boldsymbol{j} \tag{3.86}$$

S_{ij} 面心处的理论值$(\nabla u)_s=(0,0)$，按照以上梯度计算式得到的值，就是与理论值之间的误差。

为便于分析，考虑如下两种特殊情况。

① 只有法向梯度，即 $\alpha_{11}=\alpha_{12}=0, \nabla u=2\alpha_{22}y\boldsymbol{j}$，上式变为

$$(\nabla \boldsymbol{u})_{s1}=\alpha_{22}(l_i\sin\theta_i-l_j\sin\theta_j)\boldsymbol{j} \tag{3.87}$$

$$(\nabla \boldsymbol{u})_{s2}=\frac{2\alpha_{22}(l_i^2\sin^2\theta_i-l_j^2\sin^2\theta_j)}{l_i\sin\theta_i+l_j\sin\theta_j}\boldsymbol{j}=2(\nabla \boldsymbol{u})_{s1} \tag{3.88}$$

$$(\nabla \boldsymbol{u})_{s3}=\frac{2\alpha_{22}l_il_j(\sin\theta_i\sin\theta_j-\sin\theta_i\sin\theta_j)}{l_i\sin\theta_i+l_j\sin\theta_j}\boldsymbol{j}=(0,0) \tag{3.89}$$

$$(\nabla \boldsymbol{u})_{s4}=(\nabla \boldsymbol{u})_{s1} \tag{3.90}$$

$$(\nabla \boldsymbol{u})_{s5}=(\nabla \boldsymbol{u})_{s1} \tag{3.91}$$

$$(\nabla \boldsymbol{u})_{s6}=(\nabla \boldsymbol{u})_{s1} \tag{3.92}$$

② 只有切向梯度，即 $\alpha_{12}=\alpha_{22}=0$，上式变为

$$(\nabla \boldsymbol{u})_{s1}=\alpha_{11}(l_i\cos\theta_i+l_j\cos\theta_j)\boldsymbol{i} \tag{3.93}$$

$$(\nabla \boldsymbol{u})_{s2}=\frac{2\alpha_{11}(l_i^2\cos\theta_i\sin\theta_i+l_j^2\cos\theta_j\sin\theta_j)}{l_i\sin\theta_i+l_j\sin\theta_j}\boldsymbol{i} \tag{3.94}$$

$$(\nabla \boldsymbol{u})_{s3}=\frac{2\alpha_{11}l_il_j\sin(\theta_i+\theta_j)}{l_i\sin\theta_i+l_j\sin\theta_j}\boldsymbol{i} \tag{3.95}$$

$$(\nabla \boldsymbol{u})_{s4}=(\nabla \boldsymbol{u})_{s1} \tag{3.96}$$

$$(\nabla \boldsymbol{u})_{s5}=\alpha_{11}(l_i\cos\theta_i+l_j\cos\theta_j)\boldsymbol{i}-\frac{\alpha_{11}(l_j^2\cos^2\theta_j-l_i^2\cos^2\theta_i)}{l_i\sin\theta_i+l_j\sin\theta_j}\boldsymbol{j} \tag{3.97}$$

$$(\nabla \boldsymbol{u})_{s6}=(\nabla \boldsymbol{u})_{s1} \tag{3.98}$$

可以看出，不同的处理存在精度的差异，不像结构网格的黏性项计算那么简单，非结构网格的黏性项计算和高精度格式一样还有许多问题值得深入研究。下面介绍隐式格式 LU-SGS 中黏性项的简化处理。采用方向导数重构，即

$$F_{nj}^{(v)}=(\mu\nabla u)_{ij}\cdot \boldsymbol{n}_j\approx\mu_i\frac{\partial u}{\partial l_{ij}}\approx\mu_i\frac{\bar{u}_j-\bar{u}_i}{|\boldsymbol{r}_j-\boldsymbol{r}_i|}$$

得到的线性化系数为

$$\frac{\partial}{\partial\bar{u}_i}\left(\sum_{k=1}^{N_f}F_{nk}^{(v)}S_k\right)=\sum_{k=1}^{N_f}\frac{-\mu_i}{|\boldsymbol{r}_k-\boldsymbol{r}_i|}S_k$$

前面双时间法中 R_i^{p+1} 线性化处理分为主对角 $\Delta\bar{u}_i^p$ 和相邻格点 $\Delta\bar{u}_k^p$ 两部分，即

$$\frac{\partial R_i^p}{\partial\bar{u}_i}=\frac{\partial}{\partial\bar{u}_i}\left(-\sum_{k=1}^{N_f}F_{nk}^{(c)}S_k+\sum_{k=1}^{N_f}F_{nk}^{(v)}S_k\right)=-\frac{1}{2}\sum_{k=1}^{N_f}\left(|\lambda_k|+\frac{2\mu_i}{|\boldsymbol{r}_k-\boldsymbol{r}_i|}\right)S_k \tag{3.99}$$

$$\begin{aligned}\sum_{k=1}^{N_f}\frac{\partial R_i^p}{\partial\bar{u}_k}\Delta\bar{u}_k^p&=\frac{1}{2}\sum_{k=1}^{N_f}\left[-\frac{\partial F_{nk}}{\partial\bar{u}_k}+\left(|\lambda_{ik}|+\frac{2\mu_i}{|\boldsymbol{r}_k-\boldsymbol{r}_i|}\right)\right]S_k\Delta\bar{u}_k^p\\&=-\frac{1}{2}\sum_{k=1}^{N_f}\left[(F_{nk}^{(c)p+1}-F_{nk}^{(c)p})-\left(|\lambda_{ik}|+\frac{2\mu_i}{|\boldsymbol{r}_k-\boldsymbol{r}_i|}\right)\Delta\bar{u}_k^p\right]S_k\end{aligned} \tag{3.100}$$

引入中间符号 $\lambda_k^*=|\lambda_k|+\dfrac{2\mu_i}{|\boldsymbol{r}_k-\boldsymbol{r}_i|}$，同时修改对角阵为

$$D_i=\frac{1}{\Delta\tau}+\frac{3V_i}{2\Delta t}+\frac{1}{2}\sum_{k=1}^{N_f}|\lambda_{ik}^*|S_k$$

得到和前面仅考虑对流项形式一样的线性方程，即

$$D_i\Delta\bar{u}_i^p+\frac{1}{2}\sum_{k=1}^{N_f}\left[(F_{nk}^{(c)p+1}-F_{nk}^{(c)p})S_k\right]-\frac{1}{2}\sum_{k=1}^{N_f}|\lambda_{ik}^*|S_k\Delta\bar{u}_k^p=RP_i \tag{3.101}$$

3.7　高精度格式的限制器

假设参数在控制体内线性分布，梯度为常数，并没有要求所用控制体的梯度为统一的常数，如图 3.3(a)所示，在 S_{ij} 面元中心可以得到不同的值，即

$$u_{ik}=\hat{u}_i+(\nabla u)_i\cdot\boldsymbol{r}_{ik},\quad 对\ V_i\ 来说\ S_{ij}\ 编码为\ k$$

$$u_{jl}=\hat{u}_j+(\nabla u)_j\cdot\boldsymbol{r}_{jl},\quad 对\ V_j\ 来说\ S_{ij}\ 编码为\ l$$

从数值方法的角度定性分析，根据导数外推在曲线极值点附近会出现明显的偏离。在包含激波的流场，两侧的梯度存在剧烈变化，按照以上外推法处理常出现导致计算无法继续的非物理波动。有限差分法中解决类似问题的办法是引入限制器。由于限制器对计算精度、稳定性和收敛过程有非常大的影响，研究高分辨率、高可靠性的限制器也成为 CFD 领域重要内容之一。

在有限差分法中基于离散点建立限制器。例如，S_{ij} 面心点的 minmod 限制器为

$$\psi_{ik}=0.5\left|\operatorname{sign}(\Delta_1)+\operatorname{sign}(\Delta_2)\right|\cdot\min\left(1,\left|\frac{\Delta_1}{\Delta_2}\right|\right) \tag{3.102}$$

其中，$\Delta_1=\dfrac{\nabla u_j\cdot(\boldsymbol{r}_j-\boldsymbol{r}_k)}{|\boldsymbol{r}_j-\boldsymbol{r}_k|}$ 和 $\Delta_2=\dfrac{\nabla u_i\cdot(\boldsymbol{r}_k-\boldsymbol{r}_i)}{|\boldsymbol{r}_k-\boldsymbol{r}_i|}$ 是面心点的差商(在非结构网格中为方向导数)。

使用 minmod 限制器时，边界中心的物理量值为

$$u_{ik}=\hat{u}_i+\psi_{ik}(\nabla u)_i\cdot\boldsymbol{r}_{ik}$$

根据前面分析可知，控制体的不同边界面采用不同限制违背了梯度为常数的假设，导致格心均值改变，这种基于点(或面)的限制器存在理论方面问题。因此，有限体积法中构造限制器相对困难。

Barth 和 Jespersen 等提出一种应用广泛的限制器，其单元的限制器值是其各个表面限制器值的最小值，即

$$\phi_i=\min\{\phi_{ik}\,|\,k=1,2,\cdots,N_f\} \tag{3.103}$$

对于控制体的第 k 个面，限制器为

$$\phi_{ik}=\begin{cases}\min\left(1,\dfrac{u_i^{\max}-u_i}{u_{ik}-u_i}\right)=\min\left(1,\dfrac{\Delta u_i^{\max}}{\Delta u_{ik}}\right), & u_{ik}>u_i\\ \min\left(1,\dfrac{u_i^{\min}-u_i}{u_{ik}-u_i}\right)=\min\left(1,\dfrac{\Delta u_i^{\max}}{\Delta u_{ik}}\right), & u_{ik}<u_i\\ 1, \quad u_{ik}=u_i\end{cases} \tag{3.104}$$

其中，第 i 个单元及其周围单元的物理量的最大值和最小值为 $u_i^{\max}=\max(u_i,u_1,\cdots,u_{Nf})$ 和 $u_i^{\min}=\min(u_i,u_1,\cdots,u_{Nf})$。

Barth 限制器对所有边界采用同样值，即

$$u_{ik}=\hat{u}_i+\phi_i(\nabla u)_i\cdot\boldsymbol{r}_{ik},\quad k=\{1,2,\cdots,N_f\}$$

Barth 限制器和有限差分法中 minmod 限制器类似，具有 TVD 性质，能很好地抑制激波前后的振荡，但是也存在耗散较大、收敛性差、分辨率低的缺点。

定性分析造成 minmod 限制器收敛性差的主要原因是函数的导数不连续，为此 Venkatakrishnan 提出二次函数限制器。Venkatakrishnan 的限制函数为

$$\varphi_{ik}=\begin{cases}\dfrac{(\Delta u_i^{\max})^2+2\Delta u_i^{\max}\cdot\Delta u_{ik}+\varepsilon^2}{(\Delta u_i^{\max})^2+\Delta u_i^{\max}\cdot\Delta u_{ik}+(\Delta u_{ik})^2+\varepsilon^2}, & u_{ik}>u_i\\ \dfrac{(\Delta u_i^{\min})^2+2\Delta u_i^{\min}\cdot\Delta u_{ik}+\varepsilon^2}{(\Delta u_i^{\min})^2+\Delta u_i^{\min}\cdot\Delta u_{ik}+(\Delta u_{ik})^2+\varepsilon^2}, & u_{ik}<u_i\\ 1, & u_{ik}=u_i\end{cases}\tag{3.105}$$

其中，$\varepsilon^2=K^3V_i$ 为网格尺度，K 是一个调节参数，$K=0$ 意味着限制器在接近常数分布的区域依然起作用，K 很大时，意味着限制器几乎不起作用。

参考文献

[1] 刘君，白晓征，郭正. 非结构动网格计算方法及其在包含运动界面的流场模拟中的应用. 长沙：国防科学技术大学出版社，2009.

第 4 章　可压缩流体方程的有限体积方法

在航天和航空领域涉及的空气动力学问题大多需要考虑气体的压缩性，应用流固耦合模拟方法开展颤振、多体分离、爆炸等工程问题中还存在激波现象。本章首先简单介绍激波的物理本质，然后给出目前描述激波的数学理论，最后讨论相关的能够捕捉到流场激波的计算方法。

根据分子运动的微观理论，构成流体介质的分子处于永恒的、无规则的热运动之中，流体宏观现象的本质就是内部分子热运动的体现。在这种无规则运动中，气体分子会发生随机性碰撞，碰撞过程中进行能量交换，在碰撞足够多次数以后达到所谓的热力学平衡状态，这时宏观统计量具有相对稳定的特征。系统处于热力学平衡状态，其热力学特性可以采用，如压力、密度、温度、熵、焓、内能等状态变量描述。系统从一个热力学平衡状态变化到另一个热力学平衡状态的热力学过程中，内部气体粒子相互碰撞实现能量交换是引起状态变量改变的本质原因。

类比于动力学中的质点系理论，经典物理理论认为系统内分子运动表示为平动、转动、振动和电子激发等形式。研究发现，在状态变化过程中，通过这四类分子运动传递能量达到稳定所需时间不同，通常分子的平动能量经过 1 次碰撞就达到新的平衡，转动经过 10～100 次也能达到新的平衡，振动和电子激发很不容易达到新的平衡，例如氧分子需要经过 5×10^5 次才行。气体分子运动能量的宏观特性体现为温度，不同的运动形式具有不同的温度，平衡状态只需一个温度表征，热力学非平衡过程中可以采用多个温度。研究发现，平动和转动可以采用一个平衡温度（平动—转动温度 T）表示，如果考虑分子内部振动特性采用双温度模型（T,T_v），考虑电子激发还需要引入三温度模型（T,T_v,T_e），除了总能量方程外，还需要建立相关的温度模型方程。

气体分子进入激波区域，分子之间碰撞加剧，平动和转动很快达到平衡，但是这些能量转化为振动能和电子能需要时间较长，表现为激波内部的温度比波后的温度要高。引用文献[1]数据，海平面空气，波前 $T_1=300\text{K}$ 经过 $M_1=4.797$ 的正激波，在平动和转动达到平衡时，温度为 $T_*=1616\text{K}$，这种情况下电子激发现象可以不考虑，激发分子振动消耗一部分平动和转动能量，波后温度变为 $T_2=1500\text{K}$，各能级达到平衡后才符合按照完全气体激波关系式计算得到的波后温度，即

$$T_2'=\frac{2+(\gamma-1)M_1^2}{(\gamma+1)M_1^2}\left(\frac{2\gamma}{\gamma+1}M_1^2-\frac{\gamma-1}{\gamma+1}\right)T_1=1390.4\text{K}$$

尽管激波内部结构的物理机理非常复杂，但是空间尺度并不大。引用文献[1]

中的数据，在海平面标准大气条件下，空气分子的平均自由程为 6.13×10^{-8} m，$M_1=1.36$ 正激波厚度大约为 4.47×10^{-7} m，正激波 $M_1=2.95$ 的厚度大约为 6.6×10^{-8} m，与航天航空领域应用中 10m 量级的飞行器尺度相比极其渺小。在计算流体力学应用中，几乎没有网格做到分子的平均自由程的尺度，采用 10^{-3} m 量级的网格已经很少见了。实际上，即使网格比分子的平均自由程小几个量级，理论上讲从 NS 方程出发也不可能得到符合物理本质的激波，因为在采用宏观物理量建立 NS 方程时采用到局部平衡原理，忽略内部松弛时间，假设流体微团内部的梯度小到可忽略。另外，建立应力和应变速率的本构关系时采用 Stokes 假设也不合适密度剧烈变化的流场区域。

在流体力学中，经常把激波看作无厚度的间断，流动参数在此发生突跃。Euler 方程不涉及 Stokes 假设，根据双曲型守恒律方程的弱解理论，可以把激波当做数学上的间断处理，它不能表征真实物理激波内部结构，但是可以描述包含有激波的流场。

函数的连续和间断是定义在自变量空间连续分布基础上的，计算流体力学主要在离散空间网格上建立求解模型。如何在离散的计算空间模拟得到符合物理变化规律的激波现象是计算流体力学的主要研究内容。

在介绍可压缩流体动力学方程的有限体积法之前，首先讨论描述激波数学特性的双曲型守恒律方程的弱解理论。

4.1　双曲型守恒律方程的弱解理论

双曲型守恒律方程的弱解理论在 20 世纪 50 年代由 Lax 等提出，是守恒格式研究的基础，随着计算流体力学在航天航空领域的重要性日益增强，这一数学成果已经成为相关研究工作者的必修课，大部分教科书或多或少都要提及，这节内容主要参考文献[2]，为便于对照阅读，采用文献[2]中的符号。

对于双曲型守恒律方程组，即

$$\frac{\partial U}{\partial t}+\frac{\partial F}{\partial x}=\frac{\partial U}{\partial t}+A\frac{\partial U}{\partial x}=0 \tag{4.1}$$

其中，$U=[u_1,u_2,\cdots,u_m]^{\mathrm{T}}$ 是原始变量；通量 F 和系数矩阵 $A=\partial F/\partial U$ 仅是原始变量 U 的函数，满足 $F=AU$，称为拟线性双曲型方程组。

如果 A 存在 m 个实的特征值，即

$$\lambda_1(U)\leqslant\lambda_2(U)\leqslant\cdots\leqslant\lambda_m(U) \tag{4.2}$$

特征值构成的对角阵为 Λ。左特征向量为行向量 $\boldsymbol{l}_iA=\lambda_i\boldsymbol{l}_i$，构成左特征向量矩阵 $L=(\boldsymbol{l}_1,\boldsymbol{l}_2,\cdots,\boldsymbol{l}_m)^{\mathrm{T}}$，满足 $LA=\Lambda L$。右特征向量为列向量 $A\boldsymbol{r}_i=\lambda_i\boldsymbol{r}_i$，构成右特征向量矩阵 $R=(\boldsymbol{r}_1,\boldsymbol{r}_2,\cdots,\boldsymbol{r}_m)$，满足 $AR=R\Lambda$。可以推出，左右特征向量矩阵

之间存在互逆关系 $R=L^{-1}$。系数矩阵可以分解为如下形式，即

$$A=R\Lambda L$$

因为特征值对应的特征向量不是唯一的，因此上式中，R 和 L 表达式也不是唯一的。用左特征向量乘以式(4.1)，即

$$L\frac{\partial U}{\partial t}+LR\Lambda L\frac{\partial U}{\partial x}=L\frac{\partial U}{\partial t}+\Lambda L\frac{\partial U}{\partial x}=0$$

整理以后发现双曲型守恒律方程组变成 m 个标量方程，即

$$\boldsymbol{l}_i\frac{\partial U}{\partial t}+\lambda_i\boldsymbol{l}_i\frac{\partial U}{\partial x}=0,\quad i=1,2,\cdots,m \tag{4.3}$$

存在一个非零标量函数 $\beta_i(U)$，使得 $dJ_i=\beta_i(U)\boldsymbol{l}_i(U)dU$，可以得到下式，即

$$\boldsymbol{\beta l}_i\frac{\partial U}{\partial t}+\lambda_i\boldsymbol{\beta l}_i\frac{\partial U}{\partial x}=\frac{dJ_i}{dU}\frac{\partial U}{\partial t}+\lambda_i\frac{dJ_i}{dU}\frac{\partial U}{\partial x}=\frac{\partial J_i}{\partial t}+\lambda_i\frac{\partial J_i}{\partial x}=0$$

对于满足如下方程的曲线称为第 i 条特征线，即

$$\frac{\mathrm{d}x}{\mathrm{d}t}=\lambda_i$$

沿着这条曲线，有如下性质，即

$$\mathrm{d}J_i=\frac{\partial J_i}{\partial t}\mathrm{d}t+\frac{\partial J_i}{\partial x}\mathrm{d}x=\frac{\partial J_i}{\partial t}\mathrm{d}t+\lambda_i\frac{\partial J_i}{\partial x}\mathrm{d}t=0 \tag{4.4}$$

即 J_i 沿着第 i 条特征线为常数。J_i 称为双曲型守恒律方程组(4.1)的第 i 个 Riemann 不变量，m 个实特征值对应 m 个 Riemann 不变量。

对于存在 m 条特征线的双曲型守恒律方程组，如果初值已知，即

$$U(0,x)=U_0(x) \tag{4.5}$$

那么，根据空间任意点(t,x)上特征线和初值函数 $U_0(x)$关联性分为三种情况。

① 同一族特征线不相交。利用 Riemann 不变量的特性，有

$$J_i[U(t,x)]=J_i[U(0,x_{i0})]=J_i[U_0(x_{i0})] \tag{4.6}$$

其中，x_{0i}是经过(t,x)点的第 i 条特征线落在 $t=0$ 轴线上的位置。

根据特征线的 Riemann 不变量，建立 m 个相互不关联代数方程，结合初值式(4.5)，可以唯一确定解 $U(t,x)$，这是双曲型方程组的古典解。

② 同一族特征线发生相交。在这些相交点对应多个初值，采用 Riemann 不变量建立的代数方程超过 m 个，古典解不存在。

③ 同一族特征线不相交，但是初值函数不连续，导致有些区域上的点找不到与 $U_0(x)$相关的特征线，也无法采用 Riemann 不变量方法得到古典解。

如何处理古典解不存在的情况？这就是弱解理论回答的问题。

对于式(4.1)和式(4.5)构成的双曲型方程初值问题，弱解定义为在连续区域内满足方程组的分块函数 $U(t,x)$，如果函数在块边界上连续，则需要满足可微条

件;如果函数在块边界上存在间断,在间断线上满足 Rankine-Hugoniot 关系式,即

$$(U_+ - U_-)D = F_+ - F_- \tag{4.7}$$

其中,$U_\pm$ 为间断线两侧的极限值;对应通量 $F_\pm = F(U_\pm)$;D 是间断线运动速度,即

$$D = \frac{\mathrm{d}x}{\mathrm{d}t} = \xi(t) \tag{4.8}$$

弱解理论对于第 2 种情况,确定了特征线相交形成间断的特性,对于第 3 种情况,为在那些没有与 $U_0(x)$ 相连特征线的区域上构造新的补充函数提出要求。

目前弱解定义在没有耗散的守恒型双曲型方程组基础上。在流体力学领域,只有不考虑黏性效应的 Euler 方程及其简化方程才有弱解。下面讨论只有一个特征值的标量守恒方程。

4.1.1 标量守恒型方程的弱解理论

无黏 Bergers 方程,即

$$\frac{\partial u}{\partial t} + \frac{\partial f}{\partial x} = \frac{\partial u}{\partial t} + \frac{\partial}{\partial x}\left(\frac{u^2}{2}\right) = 0 \tag{4.9}$$

根据特征值 $\lambda(u) = u$,推导 Riemann 不变量,即

$$\mathrm{d}u = \frac{\partial u}{\partial t}\mathrm{d}t + \frac{\partial u}{\partial x}\mathrm{d}x = \frac{\partial u}{\partial t}\mathrm{d}t + u\frac{\partial u}{\partial x}\mathrm{d}t = 0$$

可知就是原始变量,即

$$J = u$$

已知初值函数,即

$$u(0, x) = u_0(x)$$

可以写出古典解形式,即

$$u(t, x) = u(0, x_0) = u_0(x_0) = u_0[x - u_0(x)t] \tag{4.10}$$

如果初值函数连续,有两种情况。

① 如果 $u_0(x)$是单调非减,在 x 为横轴、t 为纵轴的平面上,从 $t=0$ 出发的特征线斜率不断减小,在向 $t>0$ 发展过程中不会相交。换而言之,根据上式可以确定空间任意点(t, x)上唯一的古典解。

② 如果 $u_0(x)$不是单调非减,不管单调递减或局部递减,在 $t=0$ 横轴上存在相邻 2 点 $x_1 < x_2$ 的函数值 $u_0(x_1) > u_0(x_2)$,那么 x_2 处特征线斜率大于 x_1 处,推进一段时间之后特征线就会相交。

下面给出这种情况下出现弱解的例子。

例 1 连续可微的初值函数

$$u_0(x)=\begin{cases}1, & x\leqslant 0\\ 1-x, & 0<x<1\\ 0, & x\geqslant 1\end{cases} \tag{4.11}$$

从图 4.1(a)可以看出,在 $t<1$ 的区域,每一点有唯一的特征线,存在古典解,即

$$u(x,t)=\begin{cases}1, & x\leqslant t\\ 1-x, & t<x<1\\ 0, & x\geqslant 1\end{cases}$$

在 $t\geqslant 1$ 以后,从 $x_1\leqslant 0$ 出发的特征值和 $x_2\geqslant 1$ 出发的特征值相交,在交点处根据式(4.10)可以得到至少 2 个解,古典解不存在。弱解表现为间断线,把交点处最左边和最右边的特征线对应的值记为 u_- 和 u_+,间断线上波动传播速度,即

$$D=0.5(u_-+u_+)=0.5$$

按照定义找到唯一的弱解,即

$$u(x,t)=\begin{cases}1, & x<1+0.5(t-1)\\ 0, & x>1+0.5(t-1)\end{cases}$$

数学上把这类间断线定义为激波。

如果初值函数本身存在间断,古典解不存在,细致分析也有两种情况。

① 在间断处 $u_0(x_-)>u_0(x_+)$,特征线斜率左侧小于右侧,从初值间断处就有特征线相交。与 $t\geqslant 1$ 情况一样,间断按照弱解确定的运动速度发展,弱解是唯一的,左右两侧均为存在古典解的连续区域。间断速度可以为正,如图 4.1(a)所示,也可以为负,如图 4.1(b)所示。

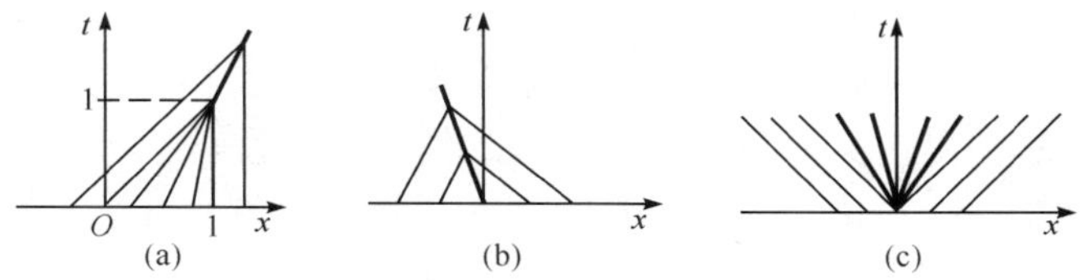

图 4.1　特征线和间断所示图

② 在间断处 $u_0(x_-)<u_0(x_+)$,特征线斜率左侧大于右侧,初值间断处左右两侧特征线在 $t>0$ 以后,出现一个从 $t=0$ 出发的特征线无法到达的扇形区域。

从下面例子看,这个区域可以构造无穷多个弱解。

例 2　初值函数

$$u_0(x)=\begin{cases}-1, & x\leqslant 0\\ 1, & x>0\end{cases} \tag{4.12}$$

在 $-t<x<t$ 的扇形区域上,构造满足方程和边界处连续可微的函数有很多种。例如,可以是如下间断函数,即

$$u(t,x)=\begin{cases}-1, & x\leqslant 0\\ 1, & x>0\end{cases} \tag{4.13}$$

这时扇形区域上的特征线相交于 $x=0$ 形成间断，间断速度 $D=0$，满足弱解条件。扇形区域上也可以补充连续函数，即

$$u(x,t)=\begin{cases}-1, & x\leqslant -t\\ \dfrac{x}{t}, & -t<x<t\\ 1, & x\geqslant t\end{cases} \tag{4.14}$$

如图 4.1(c)所示，代入方程成立在扇形区域连续过渡到古典解。

为解决弱解的唯一性问题，提出 Oleinik 熵条件，对于无黏 Bergers 方程，如果存在间断，Oleinik 熵条件表示为

$$\frac{f-f_-}{u-u_-}\geqslant\frac{f_+-f_-}{u_+-u_-}\geqslant\frac{f_+-f}{u_+-u} \tag{4.15}$$

由于在左右两侧是连续区域，边界连续可微，逼近间断的差商等于导数，按照特征线理论，式(4.15)进一步可以写为

$$\lambda_-\geqslant D\geqslant\lambda_+ \tag{4.16}$$

按照 Oleinik 熵条件分析例 2 的 2 个弱解。

① 对于式(4.13)，间断运动速度 $D=0.5(u_-+u_+)=0$，$\lambda_-=-1$，$\lambda_+=1$，不满足 Oleinik 熵条件，因此不是合理的弱解。

② 对于式(4.14)，不存在间断，在 $-t<x<t$ 扇形区域特征线为从原点出发的直线，每一条自动满足 Oleinik 熵条件。

在 $-t<x<t$ 的扇形区域可以构造出很多弱解，只要包含有间断，这些间断就随着时间发展，总会出现类似弱解式(4.13)的情况，因此满足 Oleinik 熵条件的只能是连续可微的函数，意味着特征线不能相交。从古典解过渡到扇形区域函数保持连续，古典解的特征线是直线，扇形区域内的特征值只能是从初始间断点发出的直线，因此初值问题式(4.12)满足 Oleinik 熵条件的弱解也是唯一的，即弱解式(4.14)。数学上把这类连续可微的弱解定义为单波。

上面给出了弱解和古典解一个区别，即在特定的初值条件下解可能不唯一，需要补充 Oleinik 熵条件来定解，另一个重要的区别是初边值问题经过数学等价变换以后弱解不等价，下面举例说明。

例 3　Bergers 方程乘以$(1+3u^2)$，引入新变量 $v=u(1+u^2)$后，得到等价方程，即

$$\frac{\partial v}{\partial t}+\frac{\partial}{\partial x}\left[\frac{u^2}{2}\left(1+\frac{3}{2}u^2\right)\right]=\frac{\partial v}{\partial t}+\frac{\partial g}{\partial x}=0 \tag{4.17}$$

对于等价变换初值函数，即

$$v_0(x)=u_0(x)\cdot[1+u_0(x)^2] \tag{4.18}$$

可以写出古典解形式，即

$$\begin{aligned}v(t,x)&=u_0[x-u_0(x)t]\cdot\{1+u_0[x-u_0(x)t]^2\}\\&=u(t,x)\cdot[1+u(t,x)^2]\end{aligned}$$

可以看出，古典解也满足变换关系式，因此满足方程(4.17)和初值式(4.18)的定解问题与原来初值式(4.10)的无黏 Bergers 方程式等价的。

对于原始初值间断，即

$$u_0(x)=\begin{cases}1, & x\leqslant 0\\0, & x>0\end{cases}$$

弱解表现为间断线，运动速度为

$$D_u=0.5(u_-+u_+)=0.5$$

变换以后对应的等价初值间断，为

$$v_0(x)=\begin{cases}-2, & x\leqslant 0\\0, & x>0\end{cases}$$

形成激波的运动速度为

$$D_v=\frac{f_+-f_-}{u_+-u_-}=\frac{5}{8}\neq\begin{cases}0.5\\-1\end{cases}$$

可以看出，变换以后得到的弱解不等于原问题弱解的变换结果。

这里引用文献[2]的结论："在弱解意义下一个物理问题的求解，只能直接采用物理守恒律(方程)出发，而不能从其他的等价守恒律(方程)出发"。因此，在采用计算流体力学数值模拟激波时只能从 Euler 方程的守恒形式出发。

4.1.2 双曲型守恒律方程组的弱解理论

讨论双曲型守恒律方程组(4.1)在存在初始间断情况下的弱解理论，即

$$U_0(x)=\begin{cases}U_-, & x\leqslant x_0\\U_+, & x>x_0\end{cases} \tag{4.19}$$

其中，U_- 和 U_+ 为常数向量，这种初值问题称为 Riemann 问题。

在前面已经介绍过，方程组有 m 个特征值，可以转换为 m 个沿特征线的 Riemann 不变量方程，假设初始间断只有第 k 个特征值左右两侧特征值不等，分为

① $\lambda_k(U_-)<\lambda_k(U_+)$，并且满足 Oleinik 熵条件，在 $t>0$ 间断发展为第 k 类单波，单波连续过渡到古典解，扇形区域内任意点(t,x)可以找到 $m-1$ 个条与初值式(4.12)相联系的特征线，根据 Riemann 不变量相等，建立 $m-1$ 个代数方程式。由于间断两侧的古典解是常数区域，因此单波扇形区域内特征线为直线，表示为单变量 $\xi=x/t$ 的连续函数，根据这一特性，把以上 $m-1$ 方程式写成流动参数 ξ 的函数形式。

② $\lambda_k(U_-)>\lambda_k(U_+)$，称为第 k 类激波，初始间断发展过程中可以保持，由于间断是第 k 条特征线相交引起的，根据 Oleinik 熵条件，激波速度满足，即

$$\lambda_k(U_-)>D>\lambda_k(U_+)$$

可以看出，比第 $k-1$ 条特征线快，比第 $k+1$ 条特征线慢，即

$$\lambda_1(U_-)<\lambda_2(U_-)<\cdots<\lambda_{k-1}(U_-)<D<\lambda_{k+1}(U_+)<\cdots<\lambda_m(U_+)$$

表明其余 $m-1$ 条特征线不会在间断线上相交，在间断上任意点 (t,x)，从第 1 条到第 k 条特征线和初始物理量 U_+ 联系，第 k 条到第 m 条特征线和初始物理量 U_- 联系，总共得到 $m+1$ 个 Riemann 不变量方程，根据 R-H 关系式建立 m 个方程，$2m+1$ 未知量有 $2m+1$ 方程，问题适定，联立求解得到采用已知参数 U_- 和 U_+ 表示的间断两侧参数和间断速度 D。

下面应用以上弱解理论分析一维 Euler 方程。守恒变量和通量写为

$$U=(\rho,\rho u,\rho e)^{\mathrm{T}},\quad F=[\rho u,\rho u^2,u(\rho e+p)]^{\mathrm{T}}$$

求出系数矩阵，即

$$A(U)=\begin{bmatrix} 0 & 1 & 0 \\ -\dfrac{3-\gamma}{2}u^2 & (3-\gamma)u & \gamma-1 \\ \dfrac{\gamma-2}{2}u^3-\dfrac{ua^2}{\gamma-1} & \dfrac{a^2}{\gamma-1}+\dfrac{3-2\gamma}{2}u^2 & \gamma u \end{bmatrix} \tag{4.20}$$

其特征值构成的对角阵，即

$$\Lambda=\mathrm{diag}\{u-a,u,u+a\}=\mathrm{diag}\{\lambda_1,\lambda_2,\lambda_3\} \tag{4.21}$$

左右特征向量不是唯一的，容易验证下列是一组符合要求的向量，即

$$L=\begin{bmatrix} \boldsymbol{l}_1 \\ \boldsymbol{l}_2 \\ \boldsymbol{l}_3 \end{bmatrix}=\begin{bmatrix} \dfrac{\gamma-2}{4a^2}u^3+\dfrac{u}{2a} & -\dfrac{1}{2a}-\dfrac{\gamma-1}{2a^2}u & \dfrac{\gamma-1}{2a^2} \\ 1-\dfrac{\gamma-1}{2a^2}u^2 & \dfrac{\gamma-1}{a^2}u & -\dfrac{\gamma-1}{a^2} \\ \dfrac{\gamma-1}{4a^2}u^2-\dfrac{1}{2a} & \dfrac{1}{2a}-\dfrac{\gamma-1}{2a^2}u & \dfrac{\gamma-1}{2a^2} \end{bmatrix}$$

$$R=[\boldsymbol{r}_1\ \boldsymbol{r}_2\ \boldsymbol{r}_3]=\begin{bmatrix} 1 & 1 & 1 \\ u-a & u & u+a \\ h-ua & \dfrac{u^2}{2} & h+ua \end{bmatrix}$$

其中，$h=\dfrac{u^2}{2}+\dfrac{\gamma p}{(\gamma-1)\rho}$，表示流体微团单位质量总焓。

对于第 1 条特征线$\dfrac{\mathrm{d}x}{\mathrm{d}t}=u-a$，对应的 Riemann 不变量为

$$\mathrm{d}J_1=\beta_1(U)\boldsymbol{l}_1(U)\mathrm{d}U=\beta_1(U)\left(\frac{\mathrm{d}p}{2a^2}-\frac{\rho\mathrm{d}u}{2a}\right)$$

取 $\beta_1(U)=-\dfrac{2a}{\rho}$，利用等熵条件得到压力和密度 $\dfrac{p}{\rho^\gamma}=c$，建立压力和声速的关系式 $a^2=cp^{\frac{\gamma-1}{\gamma}}$，得到

$$J_1=u-\frac{2a}{\gamma-1} \tag{4.22.1}$$

同样，对于第 2 条特征线 $\dfrac{\mathrm{d}x}{\mathrm{d}t}=u$，取 $\beta_2(U)=-\dfrac{a^2}{\rho^\gamma}$，有

$$\mathrm{d}J_2=\beta_2(U)\left(\mathrm{d}\rho-\frac{\mathrm{d}p}{a^2}\right)=-\frac{\gamma p}{\rho^{\gamma+1}}\mathrm{d}\rho+\frac{\mathrm{d}p}{\rho^\gamma}=p\mathrm{d}\left(\frac{1}{\rho^\gamma}\right)+\frac{\mathrm{d}p}{\rho^\gamma}$$

得到的对应 Riemann 不变量为

$$J_2=\frac{p}{\rho^\gamma} \tag{4.22.2}$$

对于第 3 条特征线 $\dfrac{\mathrm{d}x}{\mathrm{d}t}=u+a$，取 $\beta_3(U)=\beta_1(U)$，对应 Riemann 不变量为

$$J_3=u+\frac{2a}{\gamma-1} \tag{4.22.3}$$

取不同的非 0 标量函数 $\beta_i(U)$ 得到结果也不相同，因此 Riemann 不变量不是唯一的。以上是在空气动力学中最常用的一组，称为经典 Riemann 不变量。下面讨论不同特征值出现间断以后的弱解。

例 4　第 1 个特征值出现间断 $\lambda_{1-}<\lambda_{1+}$，称为第 1 类单波。如图 4.2(a)所示的扇形区域，其中任意点 (t,x) 的特征值 $\lambda_1=u-a$ 是直线 $\xi=\dfrac{x}{t}$，取值范围 $\xi\in[\lambda_{1-},\lambda_{1+}]=[\xi_-,\xi_+]$，扇形区域的流动参数可以表示 ξ 的函数。根据 $\lambda_{1+}<\lambda_2<\lambda_3$ 可知该点特征值 λ_2 和 λ_3 的特征线与初始值左侧相联系，建立 Riemann 不变量方程，即

$$J_2(\xi)=J_2(U_-)\text{和 }J_3(\xi)=J_3(U_-)$$

根据

$$u+\frac{2a}{\gamma-1}=u+\frac{2(u-\xi)}{\gamma-1}=u_-+\frac{2(u_--\xi_-)}{\gamma-1}$$

得到用 ξ 和左侧初值表示的流动变量分布，即

$$u=u_- + \frac{2}{\gamma+1}(\xi-\xi_-)$$
$$a=a_- - \frac{\gamma-1}{\gamma+1}(\xi-\xi_-) \tag{4.23}$$
$$p=p_-\left(\frac{a}{a_-}\right)^{\frac{2\gamma}{\gamma-1}} \quad \rho=\rho_-\left(\frac{a}{a_-}\right)^{\frac{2}{\gamma-1}}$$

第1类单波等熵，由于 $\xi>\xi_-$，参数单调变化，从左到右，速度增加，声速、压力和密度减小，是从左到右的膨胀波。

弱解理论要求单波连续过渡到古典解，因此 $\xi=\xi_+$ 代入式(4.23)依然成立，即出现第1类单波的初始间断满足如下条件，即

$$J_2(U_+)=J_2(U_-) \text{和} J_3(U_+)=J_3(U_-)$$

例5　第3个特征值出现间断 $\lambda_{3-}<\lambda_{3+}$，称为第3类单波。如图4.2(b)所示，单波扇形区域任意点(t,x)特征线 $\xi=u+a=\frac{x}{t}$，$\xi\in[\lambda_{3-},\lambda_{3+}]=[\xi_-,\xi_+]$，由于 $\lambda_1<\lambda_2<\lambda_{3-}=\xi_-$，该点特征值 λ_1 和 λ_2 的特征线与初始值的右侧相联系，根据 Riemann 不变量方程，即

$$J_1(\xi)=J_1(U_+)=J_1(U_-) \text{和} J_2(\xi)=J_2(U_+)=J_2(U_-)$$

得到用 ξ 和右侧初值表示的流动变量分布，即

$$u=u_+ - \frac{2}{\gamma+1}(\xi_+-\xi)$$
$$a=a_+ - \frac{\gamma-1}{\gamma+1}(\xi_+-\xi) \tag{4.24}$$
$$p=p_+\left(\frac{a}{a_+}\right)^{\frac{2\gamma}{\gamma-1}}, \quad \rho=\rho_+\left(\frac{a}{a_+}\right)^{\frac{2}{\gamma-1}}$$

第3类单波也是等熵，由于 $\xi<\xi_+$，参数单调变化，从右到左速度减小，声速、压力和密度也是减少，是从右到左的膨胀波。

第3类单波的初始间断也需要满足如下条件，即

$$J_2(U_+)=J_2(U_-) \text{和} J_3(U_+)=J_3(U_-)$$

例6　第2个特征值出现间断 $\lambda_{2-}<\lambda_{2+}$，采用 $\xi=u\in[\lambda_{2-},\lambda_{2+}]=[\xi_-,\xi_+]$ 表示扇形区域$[\lambda_{2-},\lambda_{2+}]$流动参数，在特征值 $\lambda_1<\lambda_{2-}<\lambda_{2+}<\lambda_3$ 的情况下建立 Riemann 不变量方程，则有

$$J_1(\xi)=J_1(U_+)=J_1(U_-) \text{和} J_3(\xi)=J_3(U_-)=J_3(U_+)$$

流动参数出现非单调变化，即

$$a_- - a = \frac{\gamma-1}{2}(\xi - \xi_-) > 0$$

$$a_+ - a = \frac{\gamma-1}{2}(\xi_+ - \xi) > 0$$

根据 Oleinik 熵条件在单波区域连续过渡到古典解，因此 $\xi=\xi_-$ 和 $\xi=\xi_+$ 代入上式依然成立，则有

$$a_- - a_+ = \frac{\gamma-1}{2}(\lambda_+ - \lambda_-) > 0$$

$$a_+ - a_- = \frac{\gamma-1}{2}(\lambda_+ - \lambda_-) > 0$$

显然这是不可能的，因此不存在第 2 类单波。

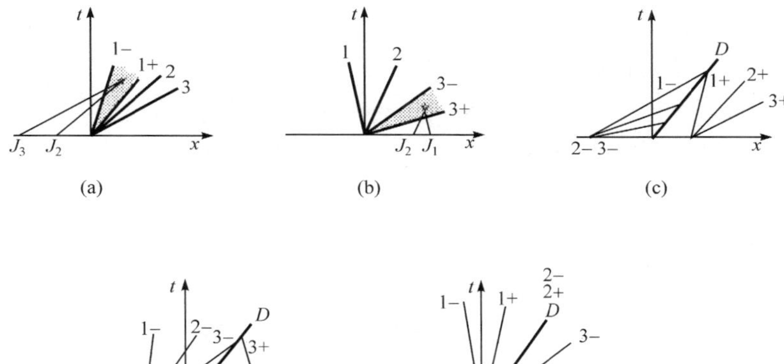

图 4.2　Euler 方程简单的弱解所示图

由于经典 Riemann 不变量经过激波以后不再相等，理论上 3 个经典 Riemann 不变量的增量可以采用间断速度这么 1 个参数确定。在实际应用中，大部分情况仅关心间断两侧物理量增量 $\Delta U = U_+ - U_-$ 与间断速度 D 的关系，采用如下的广义系数矩阵和广义 Riemann 不变量表达过激波流动参数变化更为方便。

向量函数 $U^* = G(U_-, U_+)$ 使双曲型守恒律方程组的系数矩阵满足，即

$$A(U^*)(U_+ - U_-) = F_+ - F_- \tag{4.25}$$

定义 $A(U^*)$ 为广义系数矩阵，对应的 m 个特征值，即

$$\lambda_1(U^*) \leqslant \lambda_2(U^*) \leqslant \cdots \leqslant \lambda_m(U^*)$$

和左特征向量矩阵 $L(U^*)$ 和右特征向量矩阵 $R(U^*)$。

假如存在激波，根据 R-H 关系式可以得到间断速度，即

$$(U_+ - U_-)D = F_+ - F_- \tag{4.26}$$

可以建立如下关系式，即

$$[DI-A(U^*)](U_+-U_-)=0 \tag{4.27}$$

可以看出，间断速度 D 是矩阵 $A(U^*)$ 的一个特征值，增量 $\Delta U=U_+-U_-$ 是该特征值对应的右特征向量。定义标量函数 $J_i^*(U)$ 为第 i 广义 Riemann 不变量，即

$$\Delta J_i^*=J_i^*(U_+)-J_i^*(U_-)=l_i(U^*)(U_+-U_-) \tag{4.28}$$

假设间断速度 D 是 $A(U^*)$ 的第 k 个特征值，即 $D=\lambda_k(U^*)$，由于广义系数矩阵 $A(U^*)$ 的左、右特征向量之间满足下式，即

$$l_i(U^*)\cdot \boldsymbol{r}_i(U^*)=\begin{cases}1, & i=k\\ 0, & i\neq k\end{cases}$$

根据式(4.28)可知特征值 $i\neq k$ 对应的广义 Riemann 不变量增量满足下式，即

$$\Delta J_i^*=0 \tag{4.29}$$

满足定义的 $A(U^*)$ 不是唯一的，对于一维 Euler 方程，可以采用式(4.20)形式，代入(4.25)，得到 3 个等式。第 1 式恒等，第 2 式整理后为

$$u^{*2}\Delta\rho-2u^*\Delta(\rho u)+\Delta(\rho u^2)=0$$

这是一个二次方程式，解得速度为

$$u^*=\frac{\sqrt{\rho_-}u_-+\sqrt{\rho_+}u_+}{\sqrt{\rho_-}+\sqrt{\rho_-}}$$

第 3 式整理后有

$$-u^*h^*\Delta\rho+h^*\Delta(\rho u)+u^*\Delta(\rho h)=\Delta(\rho uh)$$

解得单位质量的总焓和声速为

$$h^*=\frac{\sqrt{\rho_-}h_-+\sqrt{\rho_+}h_+}{\sqrt{\rho_-}+\sqrt{\rho_-}},\quad a^*=\sqrt{\frac{\gamma p^*}{\rho^*}}=\sqrt{(\gamma-1)\left(H^*-\frac{u^{*2}}{2}\right)}$$

根据速度、总焓和声速，可以得到采用初值 (U_-,U_+) 表示的向量函数 U^*，进一步写出广义 Riemann 不变量的增量表达式，即

$$\Delta J_1^*=\frac{\Delta p}{2a^{*2}}-\frac{\sqrt{\rho_+\rho_-}}{2a^*}\Delta u,\quad \lambda_1^*=u^*-a^* \tag{4.30.1}$$

$$\Delta J_2^*=\Delta\rho-\frac{\Delta p}{a^{*2}},\quad \lambda_2^*=u^* \tag{4.30.2}$$

$$\Delta J_3^*=\frac{\Delta p}{2a^{*2}}+\frac{\sqrt{\rho_+\rho_-}}{2a^*}\Delta u,\quad \lambda_3^*=u^*+a^* \tag{4.30.3}$$

流动参数在间断两侧发生变化，现在来考察速度，如果初值 $u_-<u_+$，那么

$$\lambda_2(U_-)<\lambda_2(U_+)$$

间断会发展成为一个扇形区域。在前面介绍单波时已经指出，不存在第 2 类单波，因此流动经过激波是个减速过程，即 $u_->u_+$ 或者 $\Delta u=u_+-u_-<0$。

满足 R-H 关系式的间断速度 D 是 $A(U^*)$ 的特征值 $D\in[u^*-a^*,u^*,u^*+a^*]$，取不同值间断两侧参数变化分析如下。

例 7　间断速度取 $D=\lambda_1(U^*)=u^*-a^*$，称为第 1 类激波。如图 4.2(c)所示，间断线上任一点，可以找到和左侧初值相联系的 3 条特征线，和右侧初值相联系的 1 条特征线，根据 R-H 关系式建立 3 个方程，理论上可以确定间断两侧 6 个流动参数和间断速度，应用中更关心两侧的参数变化，直接根据广义 Riemann 不变量，即

$$\Delta J_2^*=\Delta J_3^*=0$$

得到压力、密度和速度的变化关系式，即 $\Delta p=-(a^*\sqrt{\rho_+\rho_-})\Delta u$ 和 $\Delta\rho=-\dfrac{\sqrt{\rho_+\rho_-}}{a^*}\Delta u$。

根据 $\Delta u<0$ 可知，经过第 1 类激波，压力和密度增加 $\rho_-<\rho_+$，$p_-<p_+$，左侧为波前、右侧为波后，激波或间断运动速度为

$$D=u^*-a^*=u_--a_-\left(\frac{\gamma+1}{2\gamma}\frac{p_+}{p_-}+\frac{\gamma-1}{2\gamma}\right)^{\frac{1}{2}}<u_--a_-=\lambda_{1-}$$

$$D=u^*-a^*=u_+-a_+\left(\frac{\gamma+1}{2\gamma}\frac{p_-}{p_+}+\frac{\gamma-1}{2\gamma}\right)^{\frac{1}{2}}>u_+-a_+=\lambda_{1+}$$

可以看出，激波运动速度既不是沿 U_- 的特征线传播，也不是 U_+ 的特征线传播。

例 8　间断速度取 $D=\lambda_3(U^*)=u^*+a^*$，称为第 3 类激波，如图 4.2(d)所示，根据过间断广义 Riemann 不变量特性，即

$$\Delta J_1^*=\Delta J_2^*=0$$

得到 $\Delta p=(a^*\sqrt{\rho_+\rho_-})\Delta u$ 和 $\Delta\rho=\dfrac{\sqrt{\rho_+\rho_-}}{a^*}\Delta u$。

根据 $\Delta u<0$ 可知，经过第 3 类激波，压力和密度降低 $\rho_->\rho_+$，$p_->p_+$，右侧为波前、左侧为波后，激波或间断运动速度为

$$D=u^*+a^*=u_-+a_-\left(\frac{\gamma+1}{2\gamma}\frac{p_+}{p_-}+\frac{\gamma-1}{2\gamma}\right)^{\frac{1}{2}}<u_-+a_-=\lambda_{3-}$$

$$D=u^*+a^*=u_++a_+\left(\frac{\gamma+1}{2\gamma}\frac{p_-}{p_+}+\frac{\gamma-1}{2\gamma}\right)^{\frac{1}{2}}>u_++a_+=\lambda_{3+}$$

例 9　间断速度取广义系数矩阵的第 2 个特征值 $D=\lambda_2(U^*)=u^*$，如图 4.2(e)所示，根据广义 Riemann 不变量条件，即

$$\Delta J_1^*=\Delta J_3^*=0$$

得到 $\Delta p=0$ 和 $\Delta u=0$。由于 $u_-=u^*=u_+$ 或者 $\lambda_2(U_-)=D=\lambda_2(U_+)$，不满足

Oleinik 熵条件，因此不存在第 2 类激波。在这种情况下只允许密度存在间断，即 $\Delta\rho=0$，定义为接触间断。

在上面讨论一维 Euler 方程的 Riemann 问题时有个基本假设，就是只有 1 个特征值左右两侧不等，对于任意给定的初始向量常数 U_- 和 U_+，可能有 1 个以上特征值不相等的情况，按照以上理论无法找到满足 R-H 关系式的间断速度和连续过渡的单波区，这时首先需要进行 Riemann 问题的分解，即从原点开始分解出一些特定结构，在 $t>0$ 以后这些结构按照以上单波、激波和接触间断独立发展。根据弱解理论，可以得到 5 类分解结构，除了 $\rho=0$ 以外的 4 类分解结构如下。

① 第 1 类激波-接触间断-第 3 类激波。

② 第 1 类单波-接触间断-第 3 类激波。

③ 第 1 类激波-接触间断-第 3 类单波。

④ 第 1 类单波-接触间断-第 3 类单波。

这些有物理意义的分解结构均包含有接触间断，因此判别分解类型时先分为 3 个压力区，左区的压力 p_- 经过左行波，右区的压力 p_+ 经过右行波，在接触间断两侧压力相等，建立中间区的平衡压力方程。由于事先不知道左、右行波是激波还是单波，计算时需要把激波和单波公式代入尝试，直到找到方程的解。

Riemann 分解相关理论推导及其计算过程介绍可以参考文献[2]。

弱解理论表明，流体动力学中 Euler 方程组能够描述激波、单波和接触间断等流动现象。理论上激波和接触间断的导数不存在，单波在整个扇形区域满足特定的关系式，这些数学特性在 CFD 离散过程中很难描述或者遵守，因此如何得到接近物理现象的数值激波成为 CFD 领域很重要的研究内容。目前，很多 CFD 教材从有限差分方法格式的修正方程出发，按照振动力学定性分析数值激波特性。

为了能准确捕捉到流场内这些弱解的近似结构，发展了很多理论，根据振动力学理论在有限差分法采用数值耗散和数值弥散概念分析激波引起波动的传输过程，再采用 Taylor 级数得到差分格式的修正方程，方程右侧导数项级数中偶次项作用相当于阻尼(数值耗散)。负阻尼导致系统发散，正阻尼使振幅衰减，但是正阻尼数值太大导致稳定过程延长，表现为数值激波变宽，奇次项使波在传播过程中相位发生变化(数值弥散)，相位失真和叠加效应会引起非物理波动，如果这些波动得不到抑制，也会导致计算发散。据此定性判断格式在模拟激波时的表现。

有限体积方法以控制体的平均值为基础，没法采用 Taylor 级数，即使对于结构网格也很难写出修正方程，没有数值耗散和数值弥散性的表达式。目前较为完善的理论上是采用 Godunov 思想来构造捕捉激波等间断现象的有限体积方法格式。

4.2　Godunov 守恒格式

在 CFD 领域，Godunov 方法具有非常重要的地位，关于这种方法的详细推导及其发展历史可以参考文献[2]，[3]，本书从一维 Euler 方程出发简略介绍其计算过程。

对于中点位置为 x、编码为 i 的网格单元，Godunov 方法假设 $t=n\Delta t$ 时刻流动参数为常数，把网格两侧交界处看作一个间断面，构成 Riemann 问题。选取合适的时间推进步长 Δt 使得从 $x-0.5\Delta x$ 和 $x+0.5\Delta x$ 发出的特征线不相互影响，根据两侧物理量采用弱解理论得到 $n+1$ 时刻网格内流动参数的精确分布。在每个网格内求平均，构成新的 Riemann 问题，如此往复。由于仅关心单元平均值，没有必要具体写出单元内分布函数，实际应用中常采用如下途径构建算法。

在(x,t)平面内取如图 4.3(a)所示矩形区域，对双曲型守恒律方程组进行时空变量的面积分，按照高斯公式转换为线积分，即

$$\iint\left(\frac{\partial F}{\partial x}+\frac{\partial U}{\partial t}\right)\mathrm{d}x\mathrm{d}t=\oint(Fi_x+Ui_t)n\mathrm{d}s=0 \tag{4.31}$$

$$-\int_{x-0.5\Delta x}^{x+0.5\Delta x}U|_t\mathrm{d}x+\int_t^{t+\Delta t}F|_{x+0.5\Delta x}\mathrm{d}t+\int_{x-0.5\Delta x}^{x+0.5\Delta x}U|_{t+\Delta t}\mathrm{d}x-\int_t^{t+\Delta t}F|_{x-0.5\Delta x}\mathrm{d}t=0$$

假设 n 时刻流动参数已知，积分值就是 U_i^n，上式进一步化为

$$\begin{aligned}\overline{U}_i^{n+1}&=\frac{1}{\Delta x}\int_{x-0.5\Delta x}^{x+0.5\Delta x}U|_{t+\Delta t}\mathrm{d}x\\&=U_i^n-\frac{1}{\Delta x}\left(\int_t^{t+\Delta t}F|_{x+0.5\Delta x}\mathrm{d}t+\int_t^{t+\Delta t}F|_{x-0.5\Delta x}\mathrm{d}t\right)\\&=U_i^n-\frac{\Delta t}{\Delta x}(F^*_{i+\frac{1}{2}}-F^*_{i-\frac{1}{2}})\end{aligned} \tag{4.32}$$

其中，$F^*_{i-\frac{1}{2}}$ 表示在 Δt 内通过界面 $x-0.5\Delta x$ 处通量的时间平均值。

计算 $n+1$ 时刻流动参数的空间平均值 $\overline{U}_i^{n+1}$，变成为确定进出网格界面流通量的时间平均值。

在间断处左右两侧参数给定以后，根据 Riemann 分解可以得到特征线对应的影响区域，扰动沿着特征线传播方向，在网格每个界面上的特征线分为全部进入网格、全部未进网格和部分进入网格 3 种情况，如图 4.3(b)～图 4.3(f)所示，网格左右界面组合以后分为如下几种情况。

① 左右界面没有波进入网格，时间推进过程中界面流通量保持不变，即

$$F^*_{i-\frac{1}{2}}=F_i^n \text{ 和 } F^*_{i+\frac{1}{2}}=F_i^n$$

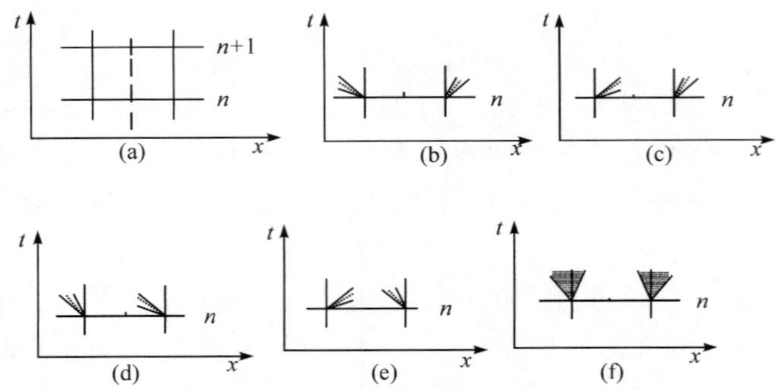

图 4.3 Godunov 方法积分域和界面通量所示图

上式计算格式得到网格内参数也不变,即

$$\overline{U}_i^{n+1}=U_i^n \tag{4.33}$$

这种情况下不存在 Δt 限制问题。

② 左界面全进网格、右界面全指向外,时间推进过程中界面流通量,即

$$F_{i-\frac{1}{2}}^{*}=F_{i-1}^n \text{和 } F_{i+\frac{1}{2}}^{*}=F_i^n$$

得到计算格式,即

$$\overline{U}_i^{n+1}=U_i^n-\frac{\Delta t}{\Delta x}(F_i^n-F_{i-1}^n) \tag{4.34}$$

因为左界面进来的波动不能影响到右界面,根据扰动传播速度给出 Δt 限制,即

$$\max\{|\lambda_k(U_{i-1}^n)|\}\Delta t<\Delta x,\quad k=1,2,3$$

③ 左界面全出、右界面全进网格,时间推进过程中界面流通量,即

$$F_{i-\frac{1}{2}}^{*}=F_i^n \text{ 和 } F_{i+\frac{1}{2}}^{*}=F_{i+1}^n$$

得到计算格式,即

$$\overline{U}_i^{n+1}=U_i^n-\frac{\Delta t}{\Delta x}(F_{i+1}^n-F_i^n) \tag{4.35}$$

根据扰动传播速度给出 Δt 限制,有

$$\max\{|\lambda_k(U_{i+1}^n)|\}\Delta t<\Delta x,\quad k=1,2,3$$

④ 网格左右界面全进,时间推进过程中界面流通量,即

$$F_{i-\frac{1}{2}}^{*}=F_{i-1}^n \text{和 } F_{i+\frac{1}{2}}^{*}=F_{i+1}^n$$

可以得到计算格式,即

$$\overline{U}_i^{n+1}=U_i^n-\frac{\Delta t}{\Delta x}(F_{i+1}^n-F_{i-1}^n) \tag{4.36}$$

如果左右界面进来的波动发生相交,情况会变得非常复杂,相交区域内的特征值发生改变,为了保证不影响到界面,严格的 Δt 限制条件是不发生相交,即

$$\max\{|\lambda_k(U_{i-1}^n)|\}\Delta t+\max\{|\lambda_k(U_{i+1}^n)|\}\Delta t<\Delta x,\quad k=1,2,3$$

⑤ 对于同一界面上既有波进、也有波出的情况，从上一节弱解理论推导可知，也可以根据 Riemann 分解得到界面通量，具体算式需要根据 Riemann 分解进一步细致处理，计算过程非常复杂，这里不展开论述。

在每个网格界面上，对于给定的流动参数，需要根据 Riemann 分解结构判断采用以上那种计算格式，导致计算效率降低。其次，网格内空间平均导致精度降低。第三，时间步长也影响到大规模网格应用效果。第四，时空守恒积分格式难以拓展到多维空间，这些问题限制了 Godunov 方法的发展，但是这种方法直接从非线性方程组出发，具有非常好理论基础，成为建立 CFD 计算格式的主要思想。

为了拓展到多维空间和解除时间步长限制，采用不考虑时间特性的半离散方程来进行界面通量重构。为了提高计算效率，提出统一算法代替细致分类计算的简化模型。最简单的是采用两侧通量平均近似 Riemann 分解的精确值，即

$$F^*_{i-\frac{1}{2}}=\frac{1}{2}(F^n_{i-1}+F^n_i)$$

可以得到计算格式，即

$$\overline{U}^{n+1}_i=U^n_i-\frac{\Delta t}{\Delta x}(F^n_{i+1}-F^n_{i-1})$$

上式与 Godunov 方法的第 4 种情况的表达式一样，但是机理不同，同时也代替了其他 4 种类型。

考虑时间离散以后，以上格式是不稳定的，具有应用价值的办法是采用界面两侧参数按照一定准则来构建通量近似函数，即

$$F^*_{i-\frac{1}{2}}=G(U^n_{i-1},U^n_i) \text{ 和 } F^*_{i-\frac{1}{2}}=G(U_L,U_R) \tag{4.37}$$

构建函数准则有多种，其中一类格式认为界面处流场连续，扰动沿着当地的特征线以特征速度传播，根据特征值的传播方向，把通量分为进出两部分，即

$$F=F^++F^-$$

在此基础上，界面通量对控制体有贡献的是左边流入和右边流出，即

$$F^*_{i-\frac{1}{2}}=F^+(U_L)+F^-(U_R) \tag{4.38}$$

例如，曾经得到广泛应用的 Steger-Warming 格式和 van Leer 格式可以看作以上准则的具体应用。这些格式适合于参数连续的单波区域，但是在激波等间断上，扰动速度即不是波前特征值也不是沿着波后特征值，而是弱解 R-H 得出的间断速度，因此，计算结果较为粗糙。

另一种常用的准则是考虑界面存在间断，根据间断速度方向确定进出界面通量。例如，著名的 Roe 格式就是采用广义系数矩阵 $A(U^*)$ 的特征值来构建界面通量，即

$$F^*_{i-\frac{1}{2}}=\frac{1}{2}[F(U_L)+F(U_R)]-\frac{1}{2}L^*|\Lambda^*|R^*[U_R-U_L] \tag{4.39}$$

其中，$|\Lambda^*|$表示广义系数矩阵$A(U^*)=R^*\Lambda^*L^*$特征值矩阵元素的绝对值构成的对角阵。

如果所有特征值$\lambda_i^*>0$，间断在界面右侧，这时上游流动参数$F(U_-)$对界面通量贡献大；如果所有特征值$\lambda_i^*<0$，间断在界面左侧，下游流动参数$F(U_+)$贡献大，Roe 格式很好地体现了流动特性。其次，Roe 格式在流场存在激波间断处自动满足 R-H 关系式，$F(U_+)-F(U_-)=A^*(U_+-U_-)$，因此适合于分辨激波间断。但是，不存在激波的连续流区域，Roe 格式把参数变化看作激波，有时会引起非物理异常波动。

常用的 HLLC 等格式也采用界面存在间断的建模准则，进一步考虑接触间断和激波的组合，具体推导在下一节进行介绍。下面简短讨论 Godunov 方法和有限差分法、有限体积法的联系。

有些研究者把 Godunov 方法中界面思想引入到差分法，在网格点计算通量时保持守恒特性，构建出如 TVD、ENO 等高精度的守恒型差分格式。这些格式采用 Godunov 方法的形式标记网格界面，计算通量的重构函数(模板)涉及多个网格点，隐含着流动参数在网格内连续变化的条件，不再满足经典 Godunov 方法构建 Riemann 问题时要求网格内流动参数为常数的条件(如果求解i网格流动用到$i-2$网格，传播过程经过$i-1$网格，必然产生影响)。TVD、ENO 等格式的模板类似于多点插值，不具有二维空间积分的特性，拓展到二维也有困难。很多文献称这类格式为广义 Godunov 格式。比较差分法的计算格式，式(4.34)、式(4.35)和一阶迎风差分格式非常相似，式(4.36)、式(4.37)算式与中心差分格式也一样，但是从构建原理存在明显差异。

① 有限差分法采用差商直接代替偏导数，代入偏微分方程建立计算格式，构建过程需要满足相容性和稳定性等条件，Godunov 方法不涉及差商，因此出现了有限差分法无法描述的式(4.33)。

② Godunov 方法建立计算格式与出发方程的相容性也是通过弱解理论隐含于 Riemann 分解过程中，比较计算界面通量和精确 Riemann 分解结构，除式(4.37)外，其他格式是精确的。

③ 时间限制来源于满足方程的波动沿特性线或间断线上空间有限传播的要求，也不同于差分格式的矩阵或 von Neumann 等线性方程的稳定性分析方法。

④ Godunov 方法采用流动参数空间、时间简单平均处理决定了它只有一阶精度，中心差分格式是空间二阶精度。

Godunov 方法的格式中，包含积分符号，但也不是严格意义上的有限体积法。由于经典 Riemann 问题是在空间一维条件下得到弱解结构的表达式，Godunov 方法本质上仅能处理空间无限大一维非定常 Euler 方程，积分是在时空耦合平面进行的，流动参数只要有空间变化，就构成 Riemann 问题，必然导致时间变化，达到稳定(收敛)的流场只能是流动参数为常数的均匀流。有限体积法是通过高斯公式把体积分变换为面积分得到的出发方程,界面流通量是面积的积分,具有二维(或三维)空间特性,大部分工程应用问题中仅关心空间分布规律的定常收敛解。如同不存在一维散度定义一样,研究一维的有限体积法也没多少意义。

但是,Godunov 方法处理界面通量的思想对于计算有限体积法中控制体面元流通量面具有很好的指导意义。

4.3　量热完全气体 Euler 方程的有限体积方法

采用 ALE 有限体积方法描述三维无量纲可压缩非定常流动的 Euler 方程,即

$$\frac{\partial}{\partial t}\iiint_{V_i} Q\mathrm{d}\sigma + \iint_{\Omega_i} F_c(Q, x_c)\cdot \boldsymbol{n}\mathrm{d}s = 0 \tag{4.40}$$

在空间重构以后,半离散化表达式写为

$$\frac{\partial}{\partial t}\iiint_{V_i} Q\mathrm{d}V = -\sum_{k=1}^{N_f} F_k\cdot \boldsymbol{n}_k S_k = -\sum_{k=1}^{N_f} F_{nk} S_k \tag{4.41}$$

为便于书写,省略前面章节平均和重构上标。其中,N_f 为控制体 V_i 的面元数(隐含假设面元编码从 1 开始),第 k 个面元的面积为 S_k,外单位法向矢量为 $\boldsymbol{n}_k$,面元为三角形时根据 3 个顶点位置参数唯一确定 $\boldsymbol{n}_k$,面元为四边形时取 4 个顶点与几何中心点构成的 4 个三角形单位法向矢量平均值。有时采用 $S_{ij}=S_k$ 标识面元两侧控制体是 V_i 和 V_j,规定 $\boldsymbol{n}_k$ 指向 V_i 外部。

第 2 章从简化模型出发进行理论分析时采用多项式函数,这种方法也有实际应用价值。例如,不可压缩流动中常用的 SIMPLE 算法就是根据控制体周围单元插值得到。对于超声速流动,扰动传播特性与当地流场参数相关,采用模板统一的插值函数不方便,更为严重的是激波等间断现象,采用在界面处连续性假设建立重构函数明显不符合物理意义,因此可压缩流动计算中常假设界面存在间断。在这种情况下,根据控制体格心的守恒变量 Q 空间重构边界上通量 F_{nk} 时分为两步。

① 假设参数空间分布形式,确定边界两侧的守恒变量 Q,称为守恒变量的空间重构。根据第 2 章分析理论,这一步决定有限体积法的精度。

② 按照某种准则计算进出边界的通量,称为通量的空间重构。根据本章弱解理论,这一步反映物理解的近似,很多时候影响计算稳定性。

4.3.1　守恒变量的空间重构

对于线性双曲型方程来说,进出界面通量直接根据特征值的迎风特性确定,即在界面上仅取一侧的参数。对于 Euler 方程这样的非线性双曲方程组,在流动通

量中除了流量相关的速度信息，还包含有传递波动的压力项，根据前面根据在 Godunov 方法，面元通量受到两侧参数的影响。如图 4.4 所示，i 和 j 两个控制体共用边界 k 处参数形成间断(Q_{iL}，Q_{jR})，边界通量的统一表达式为

$$F_{nk}=F_{nk}(Q_{iL},Q_{jR}) \tag{4.42}$$

最简单的重构假设控制体内常数分布，界面采用控制体格心值，只有一阶精度。由于有限差分法中 TVD、ENO 等高精度格式的模板是单值函数，有限体积法的多维特性难以直接借鉴，具有二阶精度的有限体积法计算格式主要采用梯度法构建。

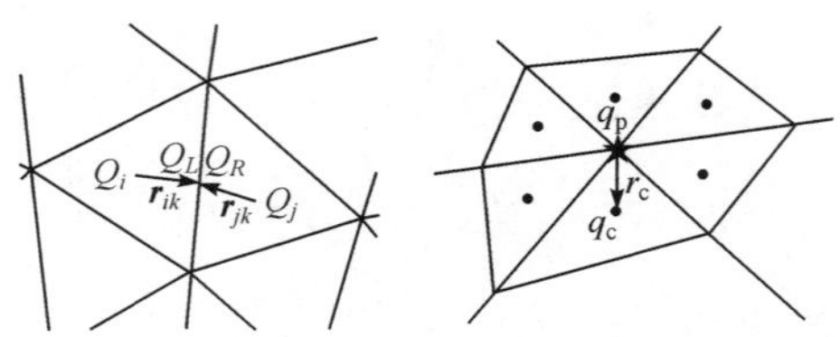

图 4.4 控制体和界面

在边界面上把流动分为切向和法向两部分，无黏条件下，切向流动不影响进出控制体的流量，主要考虑流动参数沿法向的重构。假设控制体内参数线性分布(梯度为常数)，在已知格心位置的守恒变量和梯度后，边界面上的平均值就是面元的中心值，采用下式计算得到，即

$$\begin{cases}Q_{iL}=Q_i+[\nabla Q]_i\cdot \boldsymbol{r}_{ik}\\ Q_{jR}=Q_j+[\nabla Q]_j\cdot \boldsymbol{r}_{jk}\end{cases} \tag{4.43}$$

其中，$\boldsymbol{r}_{ik}$ 表示从第 i 个控制体格心位置到它的第 k 个边界面元中心点的矢量；$[\nabla \boldsymbol{Q}]$表示物理量的梯度，不是矢量的散度，用 q 代表矢量 Q 的元素。

定性分析，如果两侧的梯度方向相反，那么在界面处形成极值，反过来又会加强梯度的强度，如果这种趋势得不到抑制，必然导致计算发散。激波前后流场参数变化剧烈，可能会引起梯度方向相反，为了抑制激波附近可能出现的非物理振荡，需要使用限制器，因此二阶格式的重构函数具有如下形式，即

$$\begin{cases}q_{iL}=q_i+\varphi_i\ [\nabla q]_i\cdot \boldsymbol{r}_{ik}\\ q_{iR}=q_j+\varphi_j\ [\nabla q]_j\cdot \boldsymbol{r}_{jk}\end{cases} \tag{4.44}$$

其中，ϕ_i 是限制器，取值范围 $\phi_i\in[0,1]$，对物理量梯度进行限制。

采用 Green 公式得到标量 q 的梯度公式和限制器的表达式在前面章节介绍过，这里不再重复。

4.3.2 界面通量计算格式

得到控制体边界面两侧的守恒变量以后还需要解决计算界面通量问题。对于

三维应用情况，如果采用建立在空间一维的 Godunov 方法，需要采用坐标变换把流动参数沿着控制体面元的法向和切向分解以后才能应用。

首先，参考第 2 章坐标变换过程，从微分形式的流体方程出发，可以推导出曲线坐标系(ξ,η,ζ,τ)下的双曲型守恒方程，即

$$\frac{\partial \hat{U}}{\partial \tau}+\frac{\partial \hat{F}}{\partial \xi}+\frac{\partial \hat{G}}{\partial \eta}+\frac{\partial \hat{H}}{\partial \zeta}=0 \tag{4.45}$$

其中，符号

$$\hat{U}=U/J$$
$$\hat{F}=(\xi_t U+\xi_x F+\xi_y G+\xi_z H)/J$$
$$\hat{F}=(\eta_t U+\eta_x F+\eta_y G+\eta_z H)/J$$
$$\hat{H}=(\zeta_t U+\zeta_x F+\zeta_y G+\zeta_z H)/J$$

Jacobian 行列式为

$$J=\frac{\partial(\xi,\eta,\zeta,\tau)}{\partial(x,y,z,t)}=\det\begin{bmatrix}\xi_x & \xi_y & \xi_z & \xi_t\\ \eta_x & \eta_y & \eta_z & \eta_t\\ \zeta_x & \zeta_y & \zeta_z & \zeta_t\\ 0 & 0 & 0 & 1\end{bmatrix} \tag{4.46}$$

控制体 V_i 面元 S_k 位于 $\xi=\xi(x,y,z,t)=\text{const}$ 等值面，等值面单位法向矢量为

$$\boldsymbol{n}_k=\frac{\nabla\xi}{|\nabla\xi|},\nabla\xi=(\xi_x,\xi_y,\xi_z) \tag{4.47}$$

得到面元 S_k 上沿法线方向的通量表达式，即

$$\hat{F}_{nk}\cdot J_i=\xi_t U+\xi_x F+\xi_y G+\xi_z H=\begin{bmatrix}\rho\xi_c\\ \rho u\xi_c+\xi_x p\\ \rho v\xi_c+\xi_y p\\ \rho w\xi_c+\xi_z p\\ \rho h\xi_c-\xi_t p\end{bmatrix}=A(\hat{U})\cdot\hat{U} \tag{4.48}$$

其中

$$\xi_c=\xi_t+\xi_x u+\xi_y v+\xi_z w=(\boldsymbol{V}-\boldsymbol{x}_c)\cdot\boldsymbol{n}=\xi_t+\xi_u \tag{4.49}$$

为了表达方便，下面省略空间重构上标和面元下表。

根据第 2 章 ALE 形式控制方程的推导过程，从物理空间(x,y,z,t)变换到计算空间(ξ,η,ζ,τ)以后，在积分意义下又变换回到(x,y,z,τ)空间，变换函数采用如下的归一化处理不影响最终的结果，即

$$\nabla\xi=\boldsymbol{n},\quad J=1$$

计算空间网格保持静止，物理空间变量表示的面元 S_k 运动速度满足关系式，即

$$\xi_t=-x_t\xi_x-y_t\xi_y-z_t\xi_z=-\boldsymbol{x}_c\cdot\boldsymbol{n} \tag{4.50}$$

在很多 CFD 文献均可看到在静止网格条件下，按照双曲型守恒方程理论推导三维 Euler 方程的系数矩阵、特征值、特征向量的具体表达式，包含有网格运动速度的较少，为便于和后面通量计算式比较，这里写出本书的推导结果。

通量的系数矩阵为

$$A=\frac{\partial F}{\partial U}=\begin{bmatrix} \xi_t & \xi_x & \xi_y & \xi_z & 0 \\ c_1\xi_x-u\xi_u & \xi_c-\gamma_2 u\xi_x & u\xi_y-\gamma_1 v\xi_x & u\xi_z-\gamma_1 w\xi_x & \gamma_1\xi_x \\ c_1\xi_x-v\xi_u & v\xi_x-\gamma_1 u\xi_y & \xi_c-\gamma_2 v\xi_y & v\xi_z-\gamma_1 w\xi_y & \gamma_1\xi_y \\ c_1\xi_x-w\xi_u & w\xi_x-\gamma_1 u\xi_z & w\xi_y-\gamma_1 v\xi_z & \xi_c-\gamma_2 w\xi_z & \gamma_1\xi_z \\ c_2\xi_u & h\xi_x-\gamma_1 u\xi_u & h\xi_y-\gamma_1 v\xi_u & h\xi_z-\gamma_1 w\xi_u & \gamma\xi_u+\xi_t \end{bmatrix} \tag{4.51}$$

系数矩阵分解为 $A(U)=R\Lambda L$，其中特征值矩阵 $\Lambda=\mathrm{diag}(\lambda_1,\lambda_2,\lambda_3,\lambda_4,\lambda_5)$ 的元素为

$$\begin{aligned} &\lambda_1=\lambda_2=\lambda_3=\xi_c \\ &\lambda_4=\xi_c+a \\ &\lambda_5=\xi_c-a \end{aligned} \tag{4.52}$$

左特征向量矩阵为

$$L=\begin{bmatrix} c_3\xi_x+v\xi_z-w\xi_z & \gamma_3 u\xi_x & \gamma_3 v\xi_x-\xi_z & \gamma_3 w\xi_x+\xi_y & -\gamma_3\xi_x \\ c_3\xi_y+w\xi_x-u\xi_z & \gamma_3 u\xi_y+\xi_z & \gamma_3 v\xi_y & \gamma_3 w\xi_y-\xi_z & -\gamma_3\xi_y \\ c_3\xi_z+u\xi_y-v\xi_x & \gamma_3 u\xi_z-u\xi_y & \gamma_3 v\xi_z+\xi_x & \gamma_3 w\xi_z & -\gamma_3\xi_z \\ c_4-\xi_u/\sqrt{2} & \gamma_4 u+\xi_x/\sqrt{2} & \gamma_4 v+\xi_y/\sqrt{2} & \gamma_4 w+\xi_z/\sqrt{2} & -\gamma_4 \\ c_4+\xi_u/\sqrt{2} & \gamma_4 u-\xi_x/\sqrt{2} & \gamma_4 v+\xi_y/\sqrt{2} & \gamma_4 w+\xi_z/\sqrt{2} & -\gamma_4 \end{bmatrix}=R^{-1} \tag{4.53}$$

右特征向量矩阵为

$$R=\begin{bmatrix} \xi_x/a & \xi_y/a & \xi_z/a & \gamma_5 & \gamma_5 \\ u\xi_x/a & u\xi_y/a+\xi_z & u\xi_z/a-\xi_y & \gamma_5 u+\xi_x/\sqrt{2} & \gamma_5 u-\xi_x/\sqrt{2} \\ v\xi_x/a-\xi_z & v\xi_y/a & v\xi_z/a+\xi_x & \gamma_5 v+\xi_y/\sqrt{2} & \gamma_5 v-\xi_y/\sqrt{2} \\ w\xi_x/a+\xi_y & w\xi_y/a-\xi_x & w\xi_z/a & \gamma_5 w+\xi_z/\sqrt{2} & \gamma_5 w-\xi_z/\sqrt{2} \\ c_5\xi_x+w\xi_y-v\xi_z & c_5\xi_y+u\xi_z-w\xi_x & c_5\xi_z+v\xi_x-u\xi_y & c_6+\xi_u/\sqrt{2} & c_6-\xi_u/\sqrt{2} \end{bmatrix} \tag{4.54}$$

其中，声速和单位质量总焓为

$$a=\sqrt{\frac{\gamma\rho}{p}} \tag{4.55}$$

$$h=\frac{1}{2}(u^2+v^2+w^2)+\frac{\gamma p}{(\gamma-1)\rho}=\mathrm{e}+\frac{p}{\rho} \tag{4.56}$$

为表述方便，引入如下中间符号，即

$$\gamma_1=\gamma-1,\gamma_2=\gamma-2,\gamma_3=\frac{\gamma-1}{a},\gamma_4=-\frac{\gamma-1}{\sqrt{2}a},\gamma_5=\frac{1}{\sqrt{2}a}$$

$$c_1=\frac{(\gamma-1)}{2}(u^2+v^2+w^2),c_2=\frac{(\gamma-2)}{2}(u^2+v^2+w^2)-\frac{a^2}{\gamma-1}$$

$$c_3=a-\frac{(\gamma-1)}{2a}(u^2+v^2+w^2),\ c_4=\frac{\sqrt{2}(\gamma-1)}{4a}(u^2+v^2+w^2)$$

$$c_5=\frac{1}{2a}(u^2+v^2+w^2),\ c_6=\frac{\sqrt{2}}{4a}(u^2+v^2+w^2)+\frac{\sqrt{2}a}{2(\gamma-1)}$$

由于面元 S_k 位于 ξ 等值面，因此微分方程(4.45)中 $\hat{F}$ 和 ALE 形式的有限体积法表达式与式(4.41)中 F_{nk} 是等价的。根据以上推导，在确定面元的几何参数和流动参数后，可以按照本节的推导得到面元 S_k 的通量。在控制体界面上随流体微团传输质量、动量和能量外，对于可压缩流动还有扰动波的传递，因此实际计算时在考虑控制体和相邻单元之间相互影响后把式(4.48)写成两部分，称为通量分裂。

1. Steger-Warming 格式

在计算空间按照特征线斜率的正负号把通量分裂为两部分，即

$$F^{\pm}=\begin{bmatrix} f_{\text{mass1}} \\ uf_{\text{mass1}}+(\lambda_4{}^{\pm}-\lambda_5{}^{\pm})\dfrac{\xi_x\cdot p}{2a} \\ vf_{\text{mass1}}+(\lambda_4{}^{\pm}-\lambda_5{}^{\pm})\dfrac{\xi_y\cdot p}{2a} \\ wf_{\text{mass1}}+(\lambda_4{}^{\pm}-\lambda_5{}^{\pm})\dfrac{\xi_z\cdot p}{2a} \\ ef_{\text{mass1}}+pf_{\text{mass2}}+(\lambda_4{}^{\pm}-\lambda_5{}^{\pm})\dfrac{|\xi_u|\cdot p}{2a} \end{bmatrix} \tag{4.57}$$

其中

$$f_{\text{mass1}}=\rho\lambda_1{}^{\pm}+(\lambda_4{}^{\pm}+\lambda_5{}^{\pm}-2\lambda_1{}^{\pm})\frac{p}{2a^2}$$

$$f_{\text{mass2}}=(\lambda_4{}^{\pm}+\lambda_5{}^{\pm}-2\lambda_1{}^{\pm})\frac{p}{2a^2}$$

$\lambda_i^+=\dfrac{1}{2}(\lambda_i+|\lambda_i|)$和$\lambda_i^-=\dfrac{1}{2}(\lambda_i-|\lambda_i|)$

实际编程时，采用如下定义的矢量面积直接代替以上表达式，$\nabla\xi$ 更为简便，即

$$\boldsymbol{S}=\boldsymbol{n}S=(S_x, S_y, S_z) \tag{4.58}$$

对于一个面元两侧的原始变量(Q_L, Q_R),均可通量分裂,即 $F(Q_L)=F^+(Q_L)+F^-(Q_L)$和$F(Q_R)=F^+(Q_R)+F^-(Q_R)$。根据有限体积法原理,只关心进出界面的流量,至于流动参数在控制体内部如何变化不影响平均值随着时间变化率,因此面元 S_k 影响控制体内部流动参数平均值,包括内侧 Q_L 沿着正外法向流出和外侧 Q_R 沿着负法向流入两部分,即

$$F_{nk}=F_{nk}(Q_{iL}, Q_{jR})=F_{nk}^+(Q_{iL})+F_{nk}^-(Q_{jR}) \tag{4.59}$$

定义坐标马赫数,$M_c=\xi_c/a$。以 f_{mass1} 为例,考察分裂对通量的影响,即

$$f_{\text{mass1}}^+=\frac{\rho a}{2\gamma}\begin{cases}2\gamma M_c, & M_c>1\\ (2\gamma-1)M_c+1, & 1\geqslant M_c\geqslant 0\\ M_c+1, & 0\geqslant M_c\geqslant -1\\ 0, & -1>M_c\end{cases}$$

$$f_{\text{mass1}}^-=\frac{\rho a}{2\gamma}\begin{cases}0, & M_c>1\\ M_c-1, & 1\geqslant M_c\geqslant 0\\ (2\gamma-1)M_c-1, & 0\geqslant M_c\geqslant -1\\ 2\gamma M_c, & -1>M_c\end{cases}$$

分裂前通量,即

$$f_{\text{mass1}}=f_{\text{mass1}}^+ + f_{\text{mass1}}^- = \rho a M_c$$

可以看出,分裂前通量函数对于 M_c 连续可微,在分裂以后正负通量随 M_c 函数本身是连续的,但是在声速点($|M_c|=1$)和静止点($M_c=0$)处导数不连续。在有限差分法中,这种不连续会导致带有限制器的二阶精度格式在流动参数连续变化的区域降低精度。为克服这一缺点,van Leer 提出一种基于特征值一阶导数连续的分裂格式。

2. van Leer 格式

根据坐标马赫数 van Leer 格式分为超声速和亚声速情况。

(1) $|M_c|\geqslant 1$

$$F^+=\begin{cases}F, & M_c\geqslant 1\\ 0, & M_c\leqslant -1\end{cases},\quad F^-=\begin{cases}0, & M_c\geqslant 1\\ F, & M_c\leqslant -1\end{cases} \tag{4.60}$$

(2) $|M_c|\leqslant 1$

$$F^{\pm}=\begin{bmatrix}f_{\text{mass}}^{\pm}\\ f_{\text{mass}}^{\pm}[u-\xi_x\cdot(\xi_c\mp 2a)/\gamma]\\ f_{\text{mass}}^{\pm}[v-\xi_y\cdot(\xi_c\mp 2a)/\gamma]\\ f_{\text{mass}}^{\pm}[w-\xi_z\cdot(\xi_c\mp 2a)/\gamma]\\ f_{\text{energy}}^{\pm}\end{bmatrix} \tag{4.61}$$

其中

$$f_{\text{mass}}^{\pm}=\pm\frac{1}{4}\rho a\ (M_c\pm1)^2\ f_{\text{energy}}^{\pm}$$

$$=f_{\text{mass}}^{\pm}\left[\frac{u^2+v^2+w^2}{2}+\frac{\xi_t(\xi_c\mp2a)}{\gamma}+\frac{2a^2\pm2\gamma_1\xi_c a-\gamma_1\xi_c^2}{\gamma^2-1}\right]$$

边界通量表示为内侧 Q_L 沿着正方向贡献和外侧 Q_R 沿着负方向贡献两部分,即

$$F_{nk}=F_{nk}(Q_{iL},\ Q_{jR})=F_{nk}^{+}(Q_{iL})+F_{nk}^{-}(Q_{jR}) \tag{4.62}$$

Steger-Warming 格式和 van Leer 格式分别根据界面两侧特征值方向来确定进出边界的流动通量,隐含着左右两侧参数之间没有关联,这是不符合物理本质机理的。可以利用格心点和梯度通过空间插值建立左右两侧参数的关联,但是这种处理破坏了内部梯度为常数的假设,引起计算精度降低。

考察 Steger-Warming 格式,其通量是特征值的线性函数,根据特征值符号把正负通量写成如下形式,即

$$F^{+}=F(\Lambda^{+})=F\left(\frac{\Lambda+|\Lambda|}{2}\right)=\frac{1}{2}F(\Lambda)+\frac{1}{2}F(|\Lambda|)$$

$$F^{-}=F(\Lambda^{-})=F\left(\frac{\Lambda-|\Lambda|}{2}\right)=\frac{1}{2}F(\Lambda)-\frac{1}{2}F(|\Lambda|)$$

其中,$|\Lambda|$ 是特征值绝对值构成的对角矩阵。

代入界面处通量算式,变为

$$F_{nk}=\frac{1}{2}[F_{nk}(Q_{iL})+F_{nk}(Q_{jR})]-\frac{1}{2}[F_{nk}(|\Lambda_R|)-F_{nk}(|\Lambda_L|)] \tag{4.63}$$

其中,前一项是两侧物理通量的平均值,后一项为左右两侧流动差异(特征值绝对值)导致越过界面的通量增量。后一项为 0 也是一种重构算法,上一章针对线性标量模型方程讨论过,时间离散以后格式不稳定;根据上一节针对非线性双曲型方程的分析,这种算法没有考虑超声速扰动传播特性。因此,后一项起到的作用是修正平均值使界面通量符合物理机理。

界面两侧流动参数不同构成 Riemann 问题,在时间推进中 Riemann 问题分解为激波、单波和接触间断等复杂的结构,扰动的影响范围不能简单的根据左右两侧互不相关的特征线来确定。按照弱解理论可以写出分解结构,但是计算量大,而且对控制体的平均特性求解也没有必要。在 Godunov 思想的指导下,发展了许多基于 Riemann 分解的简化模型,最著名的有如下 Roe 格式和 HLLC 格式。

3. Roe 格式

如果间断为激波,两侧通量变化满足下式,即

$$F_{jR}-F_{iL}=A(U^*)(U_{jR}-U_{iL})=R^*\Lambda^*L^*(U_{jR}-U_{iL})\tag{4.64}$$

假设式(4.63)，特征值绝对值不同引起的增量变化满足同样的规律，得到下式，即

$$F_{nk}(|\Lambda_R|)-F_{nk}(|\Lambda_L|)=R^*|\Lambda^*|L^*[U_{jR}-U_{iL}]\tag{4.65}$$

其中，$|\Lambda^*|$、L^* 和 R^* 是广义系数矩阵 $A(U^*)$ 的特征值、左右特征向量矩阵，向量函数 U^* 可以采用 Roe 平均公式计算，即

$$\begin{cases}\rho^*=\sqrt{\rho_L\rho_R}\\ u^*=\dfrac{u_L\sqrt{\rho_L}+u_R\sqrt{\rho_R}}{\sqrt{\rho_L}+\sqrt{\rho_R}}\\ v^*=\dfrac{v_L\sqrt{\rho_L}+v_R\sqrt{\rho_R}}{\sqrt{\rho_L}+\sqrt{\rho_R}}\\ w^*=\dfrac{w_L\sqrt{\rho_L}+w_R\sqrt{\rho_R}}{\sqrt{\rho_L}+\sqrt{\rho_R}}\\ h^*=\dfrac{h_L\sqrt{\rho_L}+h_R\sqrt{\rho_R}}{\sqrt{\rho_L}+\sqrt{\rho_R}}\end{cases}\tag{4.66}$$

为提高计算效率，对以上矩阵运算进一步推导，增量变化写成如下形式，即

$$\Delta F^*=R^*|\Lambda^*|L^*[U_{jR}-U_{iL}]=|A^*|\cdot\Delta U$$

从形式上看，增量函数和通量 $F=AU$ 非常相似，只是把系数矩阵换成广义系数矩阵、守恒变量换成两侧增量，即

$$f_{\mathrm{mass1}}=\Delta\rho|\lambda_1|^*+(|\lambda_4|^*+|\lambda_5|^*-2|\lambda_1|^*)\frac{\Delta p}{2a^2}$$

$$f_{\mathrm{mass2}}=(|\lambda_4|^*+|\lambda_5|^*-2|\lambda_1|^*)\frac{\Delta p}{2a^2}$$

$$\Delta F^*=\begin{bmatrix}f_{\mathrm{mass1}}\\ \Delta uf_{\mathrm{mass1}}+(|\lambda_4|^*-|\lambda_5|^*)\dfrac{\xi_x\cdot\Delta p}{2a}\\ \Delta vf_{\mathrm{mass1}}+(|\lambda_4|^*-|\lambda_5|^*)\dfrac{\xi_y\cdot\Delta p}{2a}\\ \Delta wf_{\mathrm{mass1}}+(|\lambda_4|^*-|\lambda_5|^*)\dfrac{\xi_z\cdot\Delta p}{2a}\\ \Delta ef_{\mathrm{mass1}}+\Delta pf_{\mathrm{mass2}}+(|\lambda_4|^*-|\lambda_5|^*)\dfrac{|\xi_u|\cdot\Delta p}{2a}\end{bmatrix}\tag{4.67}$$

在弱解理论中，引入广义系数矩阵的目的是建立经过激波的广义 Riemann 不变量，要求 $A(U^*)$ 的特征值非 0。在广义特征值出现 0 值，即相对网格的流动静止

($M_c^* = 0$)或者达到声速点($|M_c^*| = 1$)情况下，矩阵$|\Lambda^*|$出现不再满秩，无法根据间断条件定解U^*。这一数学特性对 Roe 格式的影响是计算中会出现非物理解，需要采用所谓熵修正来修正。

与 Steger 格式和 van Leer 格式相比，Roe 格式关联了两侧流动参数，同时考虑了激波现象。根据弱解理论，Riemann 分解除了激波结构，还存在单波和接触间断，为了全面描述 Riemann 分解，研究人员提出 HLLC 格式。

4. HLLC 格式

早期 Harten、Lax 和 van Leer 提出一种近似 Riemann 求解器，称为 HLL 格式。它是在间断的左右状态之间构造一个中间状态，中间状态和左右状态间存在两道波结构。Toro 等将 HLL 方法中的一个中间状态，通过接触间断分成了两个中间状态，改进后的方法能够精确地模拟接触间断，并且具有格式简单、计算量小的优点，称为 HLLC 格式(C 代表 contact)。

如图 4.5 所示的 Riemann 问题，Steger-Warming 格式和 van Leer 格式左右状态相互没有干扰，各自沿着特征线传播，根据特征线方向计算进出面元的通量；Roe 格式认为在左右状态之间形成是激波，构建了中间状态U^*，进出面元的通量在采用左右状态平均的基础上根据激波传播方向进行修正；HLLC 格式先假设左右状态之间存在接触间断S_M，然后构建两个中间状态U_L^*和U_R^*。

根据弱解理论，如果U_L和U_L^*之间通过单波连接，那么在S_M左侧形成的是一个连续区域，可以采用$U_L^* = U_L$近似，只有在U_L和U_L^*之间出现激波才需要新的参数表示，假设间断速度为D_L，根据 Rankine-Hugoniot 关系式，即

$$F(U_L^*) - F(U_L) = D_L(U_L^* - U_L) \tag{4.68}$$

通量和守恒变量之间有如下关系，即

$$F(U) = \begin{bmatrix} \rho\xi_c \\ \rho u\xi_c + \xi_x p \\ \rho v\xi_c + \xi_y p \\ \rho w\xi_c + \xi_z p \\ \rho h\xi_c - \xi_t p \end{bmatrix} = \xi_c \begin{bmatrix} \rho \\ \rho u \\ \rho v \\ \rho w \\ \rho e \end{bmatrix} + \begin{bmatrix} 0 \\ \xi_x p \\ \xi_y p \\ \xi_z p \\ \xi_u p \end{bmatrix} = \xi_c \cdot U + \begin{bmatrix} 0 \\ \xi_x p \\ \xi_y p \\ \xi_z p \\ \xi_u p \end{bmatrix}$$

上式可以整理成如下形式，即

$$\hat{F}(U_L^*) - D_L U_L^* = (\xi_{cL}^* - D_L)U_L^* + \begin{bmatrix} 0 \\ \xi_x p \\ \xi_y p \\ \xi_z p \\ \xi_u p \end{bmatrix}_L^* = (\xi_{cL} - D_L)U_L + \begin{bmatrix} 0 \\ \xi_x p \\ \xi_y p \\ \xi_z p \\ \xi_u p \end{bmatrix}_L$$

可以得到

$$U_L^* = \frac{1}{(\xi_{cL}^* - D_L)} \begin{bmatrix} (\xi_{cL} - D_L)\rho_L \\ (\xi_{cL} - D_L)\rho_L u_L - \xi_x(p_L^* - p_L) \\ (\xi_{cL} - D_L)\rho_L v_L - \xi_y(p_L^* - p_L) \\ (\xi_{cL} - D_L)\rho_L w_L - \xi_z(p_L^* - p_L) \\ (\xi_{cL} - D_L)\rho_L e_L - (\xi_{uL}^* p_L^* - \xi_{uL} p_L) \end{bmatrix} \tag{4.69}$$

同样，如果在 S_M 右侧出现激波间断，根据关系式有

$$F_R(U) - F(U_R^*) = D_R(U_R - U_R^*) \tag{4.70}$$

可以得到

$$U_R^* = \frac{1}{(D_R - \xi_{cR}^*)} \begin{bmatrix} (D_R - \xi_{cR})\rho_R \\ (D_R - \xi_{cR})\rho_R u_R + \xi_x(p_R^* - p_R) \\ (D_R - \xi_{cR})\rho_R v_R + \xi_y(p_R^* - p_R) \\ (D_R - \xi_{cR})\rho_R w_R + \xi_z(p_R^* - p_R) \\ (D_R - \xi_{cR})\rho_R e_R + (\xi_{uR}^* p_R^* - \xi_{uR} p_R) \end{bmatrix} \tag{4.71}$$

流动参数在接触间断两侧的压力和速度相等，即

$$p_L^* = p_R^* = p^* \text{ 和 } \xi_{cL}^* = \xi_{cR}^* = S_M = S^* \tag{4.72}$$

根据这些假设，Toro 等推得

$$S^* = \frac{\rho_R \xi_{cR}(D_R - \xi_{cR}) + \rho_L \xi_{cL}(\xi_{cL} - D_L) + p_L - p_R}{\rho_R(D_R - \xi_{cR}) + \rho_L(\xi_{cL} - D_L)} \tag{4.73}$$

$$p^* = \rho_L(\xi_{cL} - D_L)(\xi_{cL} - S^*) + p_L = \rho_R(D_R - \xi_{cR})(S^* - \xi_{cR}) + p_R \tag{4.74}$$

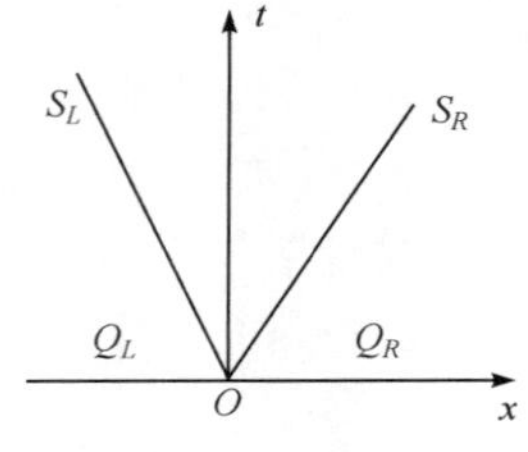

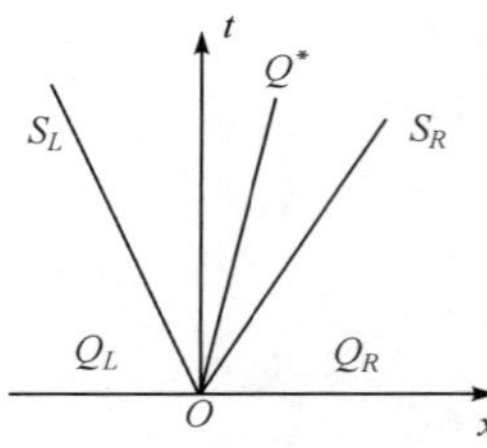

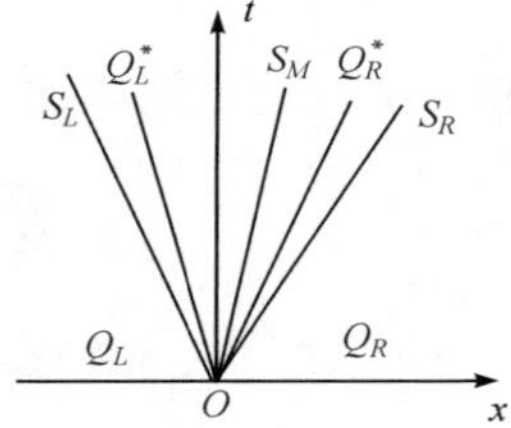

图 4.5　控制体和界面

最终得到界面通量的计算式为

$$F_{nk} = \begin{cases} F(U_L), & D_L > 0 \\ F(U_L^*), & D_L \leqslant 0 < S^* \\ F(U_R^*), & S^* \leqslant 0 \leqslant D_R \\ F(U_R), & D_R < 0 \end{cases} \tag{4.75}$$

其中

$$F(U_L^*)=\begin{bmatrix} S^*\rho_L^* \\ S^*\rho_L^* u_L^* + p^*\xi_x \\ S^*\rho_L^* v_L^* + p^*\xi_y \\ S^*\rho_L^* w_L^* + p^*\xi_z \\ S^*\rho_L^* h_L^* - \xi_t p^* \end{bmatrix} \text{ 和 } F(U_R^*)=\begin{bmatrix} S^*\rho_R^* \\ S^*\rho_R^* u_R^* + p^*\xi_x \\ S^*\rho_R^* v_R^* + p^*\xi_y \\ S^*\rho_R^* w_R^* + p^*\xi_z \\ S^*\rho_R^* h_R^* - \xi_t p^* \end{bmatrix} \tag{4.76}$$

左右间断速度取为

$$\begin{cases} D_L = \xi_{cL} - a_L \\ D_R = \xi_{cR} + a_R \end{cases} \tag{4.77}$$

或者

$$\begin{cases} D_L = \min[(\xi_{cL} - a_L),(\tilde{\xi}_c - \tilde{a})] \\ D_R = \max[(\xi_{cR} + a_R),(\tilde{\xi}_c + \tilde{a})] \end{cases} \tag{4.78}$$

其中，$\tilde{\xi}_c$ 和 $\tilde{a}$ 是 Roe 平均值。

前面介绍过 Steger-Warming 格式在光滑区域的一些特别点上出现坐标马赫数的导数不连续，引起局部精度变化，定性分析 Roe 格式和 HLLC 格式采用 Riemann 分解，会产生导数不连续。

5. AUSM 类格式

Liou 等构建 AUSM(advection upstream splitting method)格式时没有按照双曲守恒型方程的特征理论采用 Riemann 分解理论处理，而是把通量分解为与流体速度和压力相关的两部分，即

$$F(U)=F^c(U)+F^p(U)$$

其中

$$F^c(U)=\xi_c \cdot F^h(U)=(\rho,\rho u,\rho v,\rho w,\rho h)^{\mathrm{T}}$$
$$F^h(U)=(\rho,\rho u,\rho v,\rho w,\rho h)^{\mathrm{T}}$$
$$F^p(U)=(0,\xi_x p,\xi_y p,\xi_z p,-\xi_t p)^{\mathrm{T}}$$

从物理机理解释，对流项 F^c 描述 Euler 坐标系下由于运动速度引起的流体进出控制体的质量、动量和能量传输，压力项 F^p 描述在界面上的压力波传递。界面上相对运动速度 ξ_c 根据两侧参数构造。为了描述超声速流动特征，引入界面马赫数(M_s)，即

$$M_s=\Phi^+(U_L)+\Phi^-(U_R) \tag{4.79}$$

其中，函数借鉴一阶导数连续的 van Leer 格式，即

$$\Phi^{\pm}(U)=\begin{cases} \frac{1}{2}(M\pm|M|), & |M|\geqslant 1 \\ \pm\frac{1}{4}(M\pm 1)^2, & |M|<1 \end{cases},\quad M=\frac{\xi_c}{a}$$

可以看出，超声速流动直接采用上游参数，在亚声速情况下，进出面元的对流项根

据相对速度方向采用下式计算，即

$$F_{nk}^{c}=M_s a_s F_s^h \tag{4.80}$$

$$F_s^c=\begin{cases}F^h(U_L), & M_s\geqslant 0\\ F^h(U_R), & M_s<0\end{cases} \quad 和 \quad a_s=\begin{cases}a_L, & M_s\geqslant 0\\ a_R, & M_s<0\end{cases}$$

压力相关的通量保证超声速状态的迎风特性，并且过渡亚声速时导数连续，采用如下函数，即

$$\Psi^{\pm}(U)=\begin{cases}\dfrac{1}{2}(1\pm\mathrm{sign}(M)), & |M|\geqslant 1\\ \dfrac{1}{4}(M\pm 1)^2(2\mp M), & |M|<1\end{cases},\quad M=\frac{\xi_c}{a}$$

计算压力项，即

$$F_{nk}^{p}=\Psi^{+}(U_L)\cdot\hat{F}^p(U_L)+\Psi^{-}(U_R)\cdot\hat{F}^p(U_R) \tag{4.81}$$

界面上通量为

$$F_{nk}=F_{nk}^{c}+F_{nk}^{p}$$

AUSM 格式是在界面两侧控制体流动参数基础上构造连续的函数来计算界面通量，从上面表达形式看，M_s 的函数连续，但是界面声速 a_s 依然存在间断，在应用中发现收敛过程像采用开关函数型限制器的格式一样，误差到一定程度不再继续下降，出现周期性波动。为此，研究人员提出采用下式计算得到统一的界面声速的 AUSM^+ 格式，即

$$a_s=\begin{cases}\min(\tilde{a}_L,\tilde{a}_R), & \text{steady}\\ 0.5(\tilde{a}_L+\tilde{a}_R), & \text{unsteady}\end{cases},\quad \tilde{a}=\frac{(a^*)^2}{\max(a^*,|\xi_c|)}$$

其中，a^* 为临界声速，采用一维等熵流理论根据当地总焓有

$$a^*=\sqrt{\frac{2(\gamma-1)h}{(\gamma+1)}}=\sqrt{\frac{2(\gamma-1)}{(\gamma+1)}\left[\frac{1}{2}(u^2+v^2+w^2)+\frac{p}{\rho(\gamma-1)}\right]}$$

同时，修正了对流项函数和压力项函数，即

$$\Phi^{\pm}(U)=\begin{cases}\dfrac{1}{2}(M\pm|M|), & |M|\geqslant 1\\ \pm\dfrac{1}{4}(M\pm 1)^2\pm\beta(M^2-1)^2, & |M|<1\end{cases},\quad M=\frac{\xi_c}{a_s}$$

$$\Psi^{\pm}(U)=\begin{cases}\dfrac{1}{2}(1\pm\mathrm{sign}(M)), & |M|\geqslant 1\\ \dfrac{1}{4}(M\pm 1)^2(2\mp M)\pm\alpha M(M^2-1)^2, & |M|<1\end{cases},\quad M=\frac{\xi_c}{a_s}$$

其中，$\alpha=3/16$；$\beta=0.125$。

AUSM^+-up 格式是 AUSM 类格式的最新改型，它在 AUSM^+ 格式的基础上，

改进了界面马赫数和界面压力的计算，提高了格式的收敛性，尤其是对低速问题的鲁棒性和计算精度。新的界面马赫数定义为

$$M_s=\Phi^+(U_L)+\Phi^-(U_R)+\Phi^p(U_L,U_R) \tag{4.82}$$

对流项分裂函数 $\Phi^{\pm}(U)$ 形式同上面的 AUSM$^+$ 格式，引入压力扩散影响函数，即

$$\Phi^p(U_L,U_R)=-\frac{K_p}{f_\alpha(M_0)}\max(1-\sigma\overline{M}^2,0)\frac{p_R-p_L}{\rho_s a_s^2} \tag{4.83}$$

其中，界面密度和平均马赫数为

$$\rho_s=(\rho_L+\rho_R)/2,\quad \overline{M}^2=\frac{u_L^2+u_R^2}{2a_s^2}$$

$$f_\alpha(M_0)=M_0(2-M_0)\in[0,1]$$

$$M_0^2=\min[1,\max(\overline{M}^2,M_\infty^2)]\in[0,1]$$

新的压力项分裂函数定义为

$$F_{nk}^p=\Psi^+(U_L)\cdot\hat{F}^p(U_L)+\Psi^-(U_R)\cdot\hat{F}^p(U_R)+\Psi^p(U_L,U_R) \tag{4.84}$$

函数 $\Psi^{\pm}(U)$ 形式同上面的 AUSM$^+$ 格式，引入速度扩散影响函数，即

$$\Psi^p(U_L,U_R)=-K_u\Psi^+(U_L)\Psi^-(U_R)f_\alpha(M_0)(\rho_L+\rho_R)(u_R-u_L)a_s \tag{4.85}$$

AUSM$^+$ 中参数变为

$$\alpha=\frac{3}{16}[5f_\alpha^2(M_0)-4]$$

以上公式用到的系数取值为

$$\beta=0.125,\quad K_p=0.25,\quad K_u=0.75,\quad \sigma=1.0$$

4.4　湍流和非平衡流方程的对流项计算

在第 2 章中，通过引入中间能量和等效比热比使得流体运动和化学反应解耦。在文献[4]中，建立基于有限差分法的统一算法时把描述非平衡流、湍流、两相流的控制方程分解为三个相对独立的方程分别进行离散，非平衡流的源项方程及其算法在后面章节讨论，这里考虑剩下的两个控制方程。

非平衡流、湍流、两相流的控制方程的总守恒变量为

$$Q=[\rho,\rho u,\rho v,\rho w,E,\rho c_1,\cdots,\rho c_{n-1},\rho\nu_1,\rho\nu_2]^{\mathrm{T}}=[Q_1,Q_2]^{\mathrm{T}} \tag{4.86}$$

其中，流体微团总体特性守恒变量为 $Q_1=[\rho,\rho u,\rho v,\rho w,E]^{\mathrm{T}}$。

按照文献[4]中的方法引入等效比热比和内能函数分解以后，进行数学变换，得到以上变量 Q_1 对应的对流项通量，除了与热力学状态量相关的内能、声速、气体常数等计算公式变复杂外，在数学形式与前面量热完全气体的控制方程完全相等，直接采用上一节介绍的量热完全气体有限体积法进行离散处理。

为了把层流、一方程湍流模型和两方程湍流模型统一编写为一个程序，湍流方程的求解变量也写为质量比数形式($\rho\nu_1$,$\rho\nu_2$)，统称为组分特性守恒变量，即

$$Q_2=[\rho c_1,\cdots,\rho c_{n-1},\rho\nu_1,\rho\nu_2]^{\mathrm{T}}$$

采用 ALE 有限体积方法可以描述 Q_2 的积分方程形式，即

$$\frac{\partial}{\partial t}\iiint\limits_{V_i}Q_2\,\mathrm{d}\sigma+\iint\limits_{\Omega_i}F_{2c}(Q,\boldsymbol{x}_c)\cdot\boldsymbol{n}\mathrm{d}s=0 \tag{4.87}$$

包含有相对运动速度的对流项通量积分的函数写为如下形式，即

$$F_{2c}(Q,\boldsymbol{x}_c)=F_2\boldsymbol{i}+G_2\boldsymbol{j}+H_2\boldsymbol{k}$$

其中

$$F_2=\begin{bmatrix}\rho c_1U\\ \vdots\\ \rho c_{n-1}U\\ \rho\nu_1U\\ \rho\nu_2U\end{bmatrix},\quad G_2=\begin{bmatrix}\rho c_1V\\ \vdots\\ \rho c_{n-1}V\\ \rho\nu_1V\\ \rho\nu_2V\end{bmatrix},\quad H_2=\begin{bmatrix}\rho c_1W\\ \vdots\\ \rho c_{n-1}W\\ \rho\nu_1W\\ \rho\nu_2W\end{bmatrix}$$

网格速度 $\boldsymbol{x}_c$ 和 ALE 坐标系下相对速度为

$$(U,V,W)=[(u-x_t),(v-y_t),(w-z_t)]$$

半离散化表达式为

$$\frac{\partial}{\partial t}\iiint\limits_{V_i}Q_2\,\mathrm{d}V=-\sum_{k=1}^{N_f}F_{2nk}S_k \tag{4.88}$$

其中对流项为

$$\hat{F}_{2nk}=\xi_tQ_2+\xi_xF_2+\xi_yG_2+\xi_zH_2=\xi_cQ_2 \tag{4.89}$$

如果 Q_1 和 Q_2 采用完全解耦算法，从形式看方程的系数矩阵退化为特征值相等的对角阵，理论上也可以采用前面的双曲型方程的处理方法，得到特征线和 Riemann 不变量等表达式，在此基础上构造有限差分格式，但是文献[5]按照这种路线进行推导和数值实验后得出的结论是难以得到有效的算法。为此，文献[5]在 1993 年根据基于组分特性服从总体特性的物理机理，提出组分特性守恒变量 Q_2 直接采用总体特性守恒变量 Q_1 方程中密度对应的通量格式的新思想，以此来构造求解 Q_2 方程的各种格式。本书把这一思想推广到有限体积法，如果 Q_1 对应的界面采用 Steger-Warming 格式和 van Leer 格式计算通量，那么式(4.87)中界面通量采用如下格式，即

$$F_2^{\pm}=f_{\mathrm{mass1}}^{\pm}\begin{bmatrix}c_1\\ \vdots\\ c_{n-1}\\ \nu_1\\ \nu_2\end{bmatrix}\text{ 和 }F_2^{\pm}=f_{\mathrm{mass}}^{\pm}\begin{bmatrix}c_1\\ \vdots\\ c_{n-1}\\ \nu_1\\ \nu_2\end{bmatrix}$$

可以看出，仅把 Q_1 方程中总密度 ρ 对应的通量乘以质量分数 c_i。

如果已有按照上一节量热完全气体的有限体积法程序，按照本节的算法，很容易改造成能够模拟湍流和多组分的流动程序。

4.5　黏性通量计算格式

首先，考虑总体特性守恒变量 Q_1 方程的有限体积法。离散后黏性项表现为控制体表面的应力形式，根据流体力学的本构关系，应力形式为应变速率的线性函数，黏性项传递动量同时还引起能量变化，能量方程中与黏性相关的还包括热传导和化学反应放热。ALE 坐标系下黏性通量形式中没有直接出现网格速度 $\boldsymbol{x}_c$，在网格单元中心点处的黏性项不仅与变量 Q_1 相关，也与变量 Q_2 相关，计算公式为

$$\iint_{\Omega_i} \boldsymbol{F}_{1v}(Q, x_c) \cdot \boldsymbol{n} \mathrm{d}s = \sum_{k=1}^{N_f} F_{1vk} S_k \tag{4.90}$$

式中通量为

$$F_{1vk} = \frac{1}{\mathrm{Re}} \begin{bmatrix} 0 \\ \xi_x \tau_{xx} + \xi_y \tau_{xy} + \xi_z \tau_{xz} \\ \xi_x \tau_{yx} + \xi_y \tau_{yy} + \xi_z \tau_{yz} \\ \xi_x \tau_{zx} + \xi_y \tau_{zy} + \xi_z \tau_{zz} \\ \xi_x \varphi_x + \xi_y \varphi_y + \xi_z \varphi_z \end{bmatrix} \tag{4.91}$$

除了黏性应力外，还包含有温度梯度产生的热传导、组元梯度引起的质量扩散和化学反应引起的热扩散。

对于组分特性守恒变量 Q_2，网格单元中心点处黏性项的计算式可以写为

$$\iint_{\Omega_i} \boldsymbol{F}_{2v}(Q, x_c) \cdot \boldsymbol{n} \mathrm{d}s = \sum_{k=1}^{N_f} F_{2vk} S_k \tag{4.92}$$

其中

$$F_{2vk} = \frac{1}{\mathrm{Re}} \begin{bmatrix} \xi_x d_x^{(1)} + \xi_y d_y^{(1)} + \xi_z d_z^{(1)} \\ \vdots \\ \xi_x d_x^{(n-1)} + \xi_y d_y^{(n-1)} + \xi_z d_z^{(n-1)} \\ \xi_x r_x^{(1)} + \xi_y r_y^{(1)} + \xi_z r_x^{(1)} \\ \xi_x r_x^{(2)} + \xi_y r_y^{(2)} + \xi_z r_x^{(2)} \end{bmatrix} \tag{4.93}$$

以上表达式中出现的导数采用前面介绍过的 Green 梯度公式计算。

4.6　时间离散格式

前面讨论空间重构建立边界通量的计算格式，但是并没有耦合时间变量，得到的是单元 V_i 中心点处的平均值随时间变化的常微分方程，即

$$\frac{\partial}{\partial t}\iiint_{V_i} Q\mathrm{d}V = -\sum_{k=1}^{N_f} \boldsymbol{F}_k \cdot \boldsymbol{n}_k S_k \tag{4.94}$$

考虑网格变形还涉及几何守恒律的问题，本节首先讨论 V_i 随时间不变化的情况，在确定几何参数以后，上式进一步写为

$$V_i \frac{\partial \boldsymbol{Q}_i}{\partial t} = \mathrm{RHS}_i \tag{4.95}$$

右端项是单元 i 及其相邻单元格心平均值的函数，$\mathrm{RHS}_i = \mathrm{RHS}\left(\sum Q_k\right)$，根据求解右端项所使用变量 Q 的时间层，时间离散分为显式格式和隐式格式。

显式格式中最简单是时间一阶精度的 Euler 格式，即

$$\boldsymbol{Q}_i^{n+1} = \boldsymbol{Q}_i^n + \frac{\Delta t}{V_i}\mathrm{RHS}_i^n \tag{4.96}$$

其中，Δt 是时间步长，非定常流场计算中每一时刻流场均有物理意义，全场采用统一时间步长推进，全场时间步长是所有当地时间步长的最小值，即

$$\Delta t = \min(\Delta t_i) \tag{4.97}$$

根据前面介绍的有限体积法的理论，对于无黏流动，当地时间步长的稳定性条件表示为

$$\Delta t_i \leqslant \mathrm{CFL}\frac{V_i}{A_i + B_i + C_i} \tag{4.98}$$

其中

$$A_i = (|u_i| + a_i)S_i^{(x)}$$
$$B_i = (|v_i| + a_i)S_i^{(y)}$$
$$C_i = (|w_i| + a_i)S_i^{(z)}$$

式中，a_i 是单元 i 的声速；(u_i, v_i, w_i) 是当地速度，特征投影面积不是前面计算通量时的矢量面积 $(S_i^{(x)}, S_i^{(y)}, S_i^{(z)},) \neq \boldsymbol{S}$，而是 V_i 在坐标平面的投影面积。

例如，$S_i^{(x)}$ 是 V_i 在 yoz 的投影。不同时间离散格式和稳定性理论得到 CFL 限制不同。对于以上时间一阶精度的显式格式，按照前面 TVD 正条件分析，稳定性要求如下，即

$$\mathrm{CFL} \leqslant 1 \tag{4.99}$$

对于非定常流场的计算，要求时间离散具有较高的精度。受到稳定性影响，构

造时间高精度的显式格式较为困难，目前最常用的是两步多级 Runge-Kutta 格式，时间精度可以达到二阶或以上。m 级二阶精度 Runge-Kutta 格式写为

$$\begin{cases} Q_i^{(0)}=Q_i^n \\ Q_i^{(k)}=Q_i^{(0)}+\sigma_k\dfrac{\Delta t}{V_i}\mathrm{RHS}_i^{(k-1)}, & \sigma_k=1/(m-k+1) \\ & k=1,2,\cdots,m \\ Q_i^{n+1}=Q_i^{(m)} \end{cases}\tag{4.100}$$

对于 4 级 Runge-Kutta 格式，时间步长的稳定性条件为

$$\mathrm{CFL}\leqslant 2\sqrt{2}\tag{4.101}$$

显式格式的右端项仅涉及 n 时刻变量，RHS_i 是已知的，与下一时刻变量不相关，求解 Q_i^{n+1} 的公式简单明了。这一优点使得建模推导和编程简单，易于实现向量运算和并行运算，缺点是稳定性条件限制了时间推进步长，计算效率低。

根据稳定性分析理论，隐式格式一般对时间推进步长没有限制，可以提高计算效率。但是，右端项RHS_i 隐含着 $n+1$ 时刻变量，空间格式使得单元 V_i 中心点与其他相邻点参数相互关联，求解变量 Q_i^{n+1} 的公式往往表示为与空间离散点数目相关的矩阵形式，计算格式涉及这些矩阵的求逆等运算。在 k 个网格单元点基础上求解常比热量热完全气体的三维 Euler 方程，采用最简单的时间一阶精度隐格式，计算公式形成的矩阵是 $5k$ 阶，对于经常需要百万量级网格来模拟的飞行器流动显然不实用。

在早期 CFD 应用中绝大部分是定常流动的模拟，采用时间相关法目的是把时间趋向无穷大的渐进解看作所求解基本方程的定常解，沿着时间方向推进过程中解可以是非物理的，为了提高隐式格式的计算效率，提出一些不考虑时间精度的简化处理技术，如局部时间步长、对角化近似因子分解方法(AF-ADI)、矩阵分裂迭代算法(LU-SGS)等。直接应用这些方法模拟非定常流动的精度较低。目前常用的非定常流动模拟方法是双时间推进法(dual-time-step)，它在定常流动的隐式格式基础上引入内迭代来提高时间方向的精度。例如，采用时间二阶精度的隐式格式(BDF2)离散时间导数，可以得到

$$\frac{(3Q_i^{n+1}-4Q_i^n+Q_i^{n-1})V_i}{2\Delta t}=\mathrm{RHS}_i^{n+1}\tag{4.102}$$

引入虚拟时间 τ 构造以下常微分方程，即

$$\frac{\mathrm{d}Q}{\mathrm{d}\tau}=\mathrm{RHS}^*(Q)\tag{4.103}$$

式中右端项采用(BDF2)格式中的 Q_i^{n+1} 替换为 $Q=Q(\tau)$ 的办法得到，即

$$\mathrm{RHS}^*(Q)=\mathrm{RHS}_i(Q)-\frac{(3Q-4Q_i^n+Q_i^{n-1})V_i}{2\Delta t}\tag{4.104}$$

按照定常流动模拟来离散虚拟时间导数项，例如时间一阶精度的隐式格式，即

$$\frac{(Q_i^{p+1}-Q_i^p)}{\Delta\tau}=\frac{\Delta Q_i^p}{\Delta\tau}=\mathrm{RHS}^*(Q_i^{p+1}) \tag{4.105}$$

对右端项进行线性化，可以得到

$$\left(\frac{1}{\Delta\tau}I-\frac{\partial\mathrm{RHS}^*}{\partial Q}\right)\Delta Q^p=\mathrm{RHS}^*(Q^p)$$

在虚拟时间步的内迭代过程中，可以采用各种加速收敛的技术。可以看出，当 $p\to\infty$时有 $Q_i^{p+1}=Q_i^p$ 或 $\mathrm{RHS}^*(Q_i^{p+1})=0$，这时 $Q_i^{p+1}=Q_i^{n+1}$，即虚拟时间推进的收敛解就是真实物理时间 $n+1$ 时刻的数值解。

以上即为 Jameson 在 1991 年提出的双时间步(dual time stepping)方法，物理时间采用高精度隐式格式，推进步长 Δt 不受稳定性限制。虚拟时间导数的离散采用低精度的隐式格式，步长 $\Delta\tau$ 也不受稳定性限制，但是也面临求解一个正定非对称的稀疏线性方程组问题，网格数目巨大情况下，得到的线性方程组的阶数很高，无法采用直接法求解，一般采用迭代法求解。虚拟时间迭代求解过程的中间解不作为流场参数使用，可以采取各种加速收敛的数值技术。

前面章节对标量方程讨论过，结构网格的空间离散格式得到的稀疏线性方程组的非 0 元素排列有规律，发展出 AF-ADI 等加速收敛技术。对于非结构网格，网格点之间编码无序排列，应用这些技术比较困难，常用 LU-SGS 格式和广义最小残值算法(GMRES)进行迭代求解。

基于标量方程建立的 LU-SGS 格式很容易推广到向量方程组，在整个计算区域联立方程，对所有编号小于 i 的采用向前扫描，即

$$\Delta Q_i^p = D_i^{-1}\cdot\mathrm{RHS}_i^*(Q^p)-\frac{1}{2}D_i^{-1}\sum_{j=1}^{j<i}\left[(F_{nj}^{(c)p+1}-F_{nj}^{(c)p})S_j-\lambda_{ij}^*S_j\Delta Q_j^p\right] \tag{4.106}$$

然后对所有编号大于 i 的采用向后扫描，即

$$\Delta Q_i^p = D_i^{-1}\cdot\mathrm{RHS}_i^*(Q^p)-\frac{1}{2}D_i^{-1}\sum_{j>i}^{N_e}\left[(F_{nj}^{(c)p+1}-F_{nj}^{(c)p})S_j-\lambda_{ij}^*S_j\Delta Q_j^p\right] \tag{4.107}$$

其中，对角矩阵和最大谱半径为

$$D_i=\left(\frac{1}{\Delta\tau}+\frac{3V_i}{2\Delta t}+\frac{1}{2}\sum_{k=1}^{N_f}\lambda_{ik}^*S_k\right)\cdot I$$

$$\lambda_k^*=(|\xi_c|+a)_k+\frac{2\mu_i}{|\boldsymbol{r}_k-\boldsymbol{r}_i|}$$

下面对一般形式的线性方程组简单介绍 GMRES 方法，即

$$A\boldsymbol{x}=\boldsymbol{b} \tag{4.108}$$

如果系数矩阵是对称正定的，则上述方程组可以采用常规的线性方程数值解

方法求解，如共轭梯度法。但是，引入虚拟时间以后得到的 Jacobi 矩阵不能保证对称正定特性。GMRES 可以用于不对称、正定的方阵的线性方程组，通过 Arnoldi 方法构造一个 Krylov 子空间，然后在此子空间求解一个最小二乘问题，使得残值达到极小。这种方法只需要进行矩阵矢量乘，可以大大减小存储量，但是迭代收敛速度取决于左端矩阵的条件数，条件数很大时，为了加快收敛，往往需要在计算时进行预处理。常用的预处理方法是 LU-SGS。带预处理矩阵 M 以后方程变为

$$AM^{-1}\boldsymbol{u}=\boldsymbol{b} \tag{4.109}$$

中间变量 $\boldsymbol{u}=M\boldsymbol{x}$ 在计算过程中不需要显式计算。

参考文献

[1] 徐华舫. 空气动力学基础(下). 北京：北京航空学院出版社，1987.

[2] 李松波. 耗散守恒格式理论. 北京：高等教育出版社，1997.

[3] 张涵信，沈孟育. 计算流体力学—差分格式原理和应用. 北京：国防工业出版社，2003.

[4] 刘君，周松柏，徐春光. 超声速流动中燃烧现象的数值模拟方法及应用. 长沙：国防科技大学出版社，2008.

[5] 刘君. 超音速完全气体和 H2/O2 燃烧非平衡气体的复杂喷流流场数值模拟，中国空气动力研究与发展中心博士学位论文，1993.

第5章　边界计算格式和流固耦合界面算法

上一章给出了计算区域内部网格的有限体积法离散格式，在计算区域的边界需要结合边界条件进行特殊处理。设$\partial\Omega$是边界单元对应的边界面，边界条件的离散形式可以写为

$$\iint\limits_{\partial\Omega}[\boldsymbol{F}_c(\boldsymbol{Q},x_c)+\boldsymbol{F}_v(\boldsymbol{Q},x_c)]\cdot\boldsymbol{n}\mathrm{d}s=\hat{\boldsymbol{F}}_b\cdot\boldsymbol{n}_bS_b \tag{5.1}$$

在确定边界平面几何参数$\xi(x,y,z,t)=C$和网格运动速度后，S_b、$\nabla\xi=\boldsymbol{n}_b$和$\xi_t=-\boldsymbol{x}_c\cdot\boldsymbol{n}$已知，边界计算格式就是根据边界条件结合流场内部的控制体格心参数来得到通量，即$\hat{\boldsymbol{F}}_b$。

5.1　无黏进出口均匀流动边界条件

首先讨论量热完全气体的情况。对于流体微团总体特性无黏流动只关心进出控制体的法向通量，即

$$\hat{F}=\xi_tU+\xi_xF+\xi_yG+\xi_zH=\begin{bmatrix}\rho\xi_c\\ \rho u\xi_c+\xi_xp\\ \rho v\xi_c+\xi_yp\\ \rho w\xi_c+\xi_zp\\ \rho h\xi_c-\xi_tp\end{bmatrix} \tag{5.2}$$

其中，$\xi_c=\xi_t+\xi_xu+\xi_yv+\xi_zw=(\boldsymbol{V}-\boldsymbol{x}_c)\cdot\boldsymbol{n}=\xi_t+\xi_u$。

前面介绍了双曲型方程的特征线理论，以上流动通量可以写为系数矩阵和守恒变量的形式，即$\hat{F}=A(U)\cdot U$，根据系数矩阵$A(U)$可以求出特征值，即

$$\lambda_1=\lambda_2=\lambda_3=\xi_c=aM_c$$
$$\lambda_4=\xi_c+a=a(M_c+1)$$
$$\lambda_5=\xi_c-a=a(M_c-1)$$

其中，$M_c=\xi_c/a$是相对运动网格的法向马赫数，不同于当地流动马赫数$Ma=\|\boldsymbol{V}\|/a$及其法向分量$M_n=\|\boldsymbol{V}_n\|/a$。

在存在古典解的连续区域，沿特征线满足 Riemann 不变量，即

$$\mathrm{d}J_i=\beta_i(U)\boldsymbol{l}_i(U)\mathrm{d}U=0$$

以上特征值对应的 Riemann 不变量分别为

$$J_{123}=\frac{p}{\rho^{\gamma}} \tag{5.3}$$

$$J_4=\xi_c+\frac{2a}{\gamma-1} \tag{5.4}$$

$$J_5=\xi_c-\frac{2a}{\gamma-1} \tag{5.5}$$

通过对计算区域的选择使得在进出口边界面 S_∞ 流动参数变化平缓，接近无穷远处或喷管上游均匀流动参数。S_∞ 的内侧是网格单元中心点，外侧看作均匀来流，在这些位置参数确定以后，采用基于 Riemann 不变量的一维特征线法确定边界上的流动参数。

对于存在多组分的热完全气体情况，根据前面解耦算法的思路，流体微团内部组分变化规律和总密度一样，假设在进出口边界不考虑化学反应，在确定总密度以后，质量比数根据流体微团的进入还是流出边界来确定。

定义边界面元的法向指向计算区域外，根据 M_c 特征值的指向，结合超声速流动影响区域特征，按照以下处理进出口边界。

(1) $M_c\leqslant-1$

所有特征值指向单元内部，称为超声速入口，边界参数直接赋予无穷远处自由流动参数值，即

$$(\rho,\boldsymbol{V},p,\rho c_1,\cdots,\rho c_{n-1},\rho v_1,\rho v_1)_b=(\rho,\boldsymbol{V},p,\rho c_1,\cdots,\rho c_{n-1},\rho v_1,\rho v_1)_\infty \tag{5.6}$$

(2) $M_c\geqslant1$

所有特征值指向单元外部，称为超声速出口，边界参数直接采用单元中心点的值，即

$$(\rho,\boldsymbol{V},p,\rho c_1,\cdots,\rho c_{n-1},\rho v_1,\rho v_1)_b=(\rho,\boldsymbol{V},p,\rho c_1,\cdots,\rho c_{n-1},\rho v_1,\rho v_1)_i \tag{5.7}$$

(3) $-1<M_c\leqslant0$

$-1<M_c\leqslant0$ 称为亚声速入口。从边界出发的特征线同时指向单元内部和外部，根据下式计算得到法向速度和声速，即

$$\xi_c\big|_b=\frac{1}{2}(J_4\big|_i+J_5\big|_\infty) \tag{5.8}$$

$$a_b=\frac{\gamma-1}{4}(J_4\big|_i-J_5\big|_\infty) \tag{5.9}$$

边界的切向速度等于无穷远处自由流动速度沿 S_∞ 的分量，考虑网格运动速度，边界速度可以写为

$$\boldsymbol{V}_b=\boldsymbol{V}_{bn}+\boldsymbol{V}_{b\tau}=(\xi_c-\xi_t)\big|_b\cdot\boldsymbol{n}+\boldsymbol{V}_{\infty\tau}=(\xi_c-\xi_t)\big|_b\cdot\boldsymbol{n}+(\boldsymbol{V}_\infty-\boldsymbol{V}_{\infty n})$$

记 $\boldsymbol{V}_{\infty n}=\|\boldsymbol{V}_{\infty n}\|\cdot\boldsymbol{n}=(u_\infty\xi_x+v_\infty\xi_y+w_\infty\xi_z)\cdot\boldsymbol{n}$，可以得到直角坐标系分量，即

$$u_b=u_\infty+[(\xi_c-\xi_t)\big|_b-u_{\infty n}]\cdot\xi_x \tag{5.10.1}$$

$$v_b = v_\infty + [(\xi_c - \xi_t)|_b - v_{\infty n}] \cdot \xi_y \tag{5.10.2}$$

$$w_b = w_\infty + [(\xi_c - \xi_t)|_b - w_{\infty n}] \cdot \xi_z \tag{5.10.3}$$

流线的特征值从无穷远处自由流动指向边界，认为$J_{123}|_b = J_{123}|_\infty$，则有

$$\rho_b = \rho_\infty \left(\frac{a_b}{a_\infty}\right)^{\frac{2}{\gamma-1}} \tag{5.10.4}$$

$$p_b = \frac{a_b^2 \rho_b}{\gamma} \tag{5.10.5}$$

流体微团的组分质量分数和湍流参数也采用无穷远处自由流动参数值，即

$$(c_1, \cdots, c_{n-1}, v_1, v_1)_b = (c_1, \cdots, c_{n-1}, v_1, v_1)_\infty \tag{5.10.6}$$

(4) $0 < M_c < 1$

$0 < M_c < 1$ 称为亚声速出口。边界的切向速度等于单元内部速度沿 S_∞ 的分量，考虑网格运动速度，边界速度可以写为

$$\boldsymbol{V}_b = (\xi_c - \xi_t)|_b \cdot \boldsymbol{n} + (\boldsymbol{V}_i - \boldsymbol{V}_{in})$$

其中，$\boldsymbol{V}_{in} = |(u_i\xi_x + v_i\xi_y + w_i\xi_z)| \cdot \boldsymbol{n}$，可以得到直角坐标系速度分量，即

$$u_b = u_i + [(\xi_c - \xi_t)|_b - u_i|_n] \cdot \xi_x \tag{5.11.1}$$

$$v_b = v_i + [(\xi_c - \xi_t)|_b - v_i|_n] \cdot \xi_y \tag{5.11.2}$$

$$w_b = w_i + [(\xi_c - \xi_t)|_b - w_i|_n] \cdot \xi_z \tag{5.11.3}$$

边界出发的特征线同时指向单元内部和外部，流线的特征值从单元内部指向边界，认为$J_{123}|_b = J_{123}|_i$，可以得到流体微团总密度和压力，即

$$\rho_b = \rho_{\mathrm{ref}} \left(\frac{a_b}{a_{\mathrm{ref}}}\right)^{\frac{2}{\gamma-1}} \tag{5.11.4}$$

$$p_b = \frac{a_b^2 \rho_b}{\gamma} \tag{5.11.5}$$

流体微团的组分质量分数和湍流参数也采用内点的流动参数值，即

$$(c_1, \cdots, c_{n-1}, v_1, v_1)_b = (c_1, \cdots, c_{n-1}, v_1, v_1)_i \tag{5.11.6}$$

按照式(5.11)可以解出边界面的法向速度、声速和坐标马赫数，为了防止出现异常，把无穷远处自由流动参数代替所属网格单元中心点计算马赫数，如果两者差异很大，表明在边界上形成强烈间断，计算过程中断，进行参数检查。

5.2　边界的虚拟网格技术

在固体边界或对称边界，没有可以利用的外部信息，因此无法采用 Riemann 不变量的方法，由于这些边界处可能存在梯度较大的区域，如果采用内部网格单元值会导致精度降低。前面介绍的梯度算法涉及相邻网格单元，边界单元外没有网格，因此无法直接求解高精度格式需要的梯度。为了提高计算精度，便于编程，本

书采用虚拟网格(ghost cell)技术,通过在边界外的空间构造满足边界条件的网格使得边界单元变为内部单元处理。

如图 5.1 所示,有两种边界虚拟网格,分别称为面镜像和点镜像。

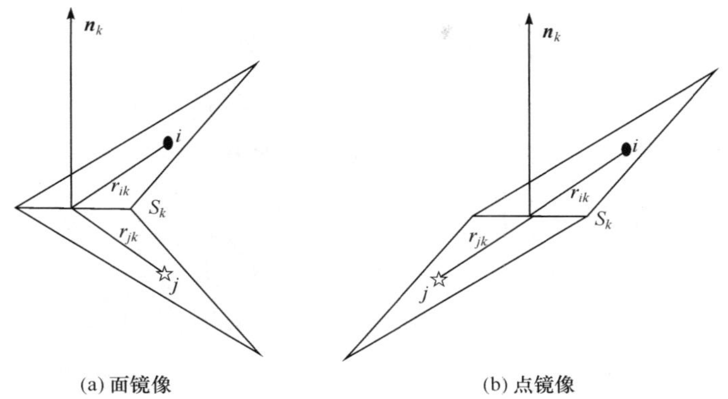

(a) 面镜像　(b) 点镜像

图 5.1　边界虚拟网格

5.2.1　面镜像

按照面镜像构造的虚拟网格 V_j 的几何参数关于边界 S_k 对称,格心位置满足下式,即

$$(\boldsymbol{r}_j-\boldsymbol{r}_{bs})\cdot\boldsymbol{n}_k=-(\boldsymbol{r}_i-\boldsymbol{r}_{bs})\cdot\boldsymbol{n}_k \quad 或 \quad \boldsymbol{r}_j=\boldsymbol{r}_{bs}-[(\boldsymbol{r}_i-\boldsymbol{r}_{bs})\cdot\boldsymbol{n}_k]\cdot\boldsymbol{n}_k \tag{5.12}$$

其中,$\boldsymbol{r}_{bs}$ 为边界面元中心点的矢量。

这种虚拟网格 $\boldsymbol{V}_j$ 格心的速度为

$$\boldsymbol{V}_j=\boldsymbol{V}_i-2[(\boldsymbol{V}_i-\boldsymbol{V}_b)\cdot\boldsymbol{n}_k]\cdot\boldsymbol{n}_k=\boldsymbol{V}_i-2[(V_{in}-V_{bn})]\cdot\boldsymbol{n}_k \tag{5.13}$$

其中,$\boldsymbol{V}_b=\boldsymbol{x}_c$ 为动网格情况下边界面元的运动速度。

其他流动参数值为

$$(\rho,p,c_1,\cdots,c_{n-1},v_1,v_2)_j=(\rho,p,c_1,\cdots,c_{n-1},v_1,v_2)_i \tag{5.14}$$

根据 Green 公式计算控制体 V_0 的梯度,即

$$\nabla\varphi\approx\frac{1}{V_0}\sum_{l=1}^{N_f}\phi_l\cdot\boldsymbol{n}_l S_l \tag{5.15}$$

如图 5.1 所示,根据虚拟网格 V_j 对称性,得到与边界网格 V_i 面元 S_{il} 对应的边界 S_{jl} 上的法向矢量为

$$\boldsymbol{n}_{jl}=\boldsymbol{n}_{il}-2(\boldsymbol{n}_{il}\cdot\boldsymbol{n}_k)\cdot\boldsymbol{n}_k \tag{5.16}$$

例如,在共用边界面元 S_k 的法向矢量为 $\boldsymbol{n}_{js}=-\boldsymbol{n}_k=\boldsymbol{n}_{is}-2\boldsymbol{n}_k$。

近似认为虚拟网格的格点值或面元中心值也满足关系式(5.20),流动参数代

入以上公式,可以得到 V_j 内的梯度,即

$$\begin{aligned}(\nabla\phi)_j &= \frac{1}{V_0}\sum_{jl=1}^{N_f}\phi_{jl}S_{jl}\cdot \boldsymbol{n}_{jl}\\ &= \frac{1}{V_0}\sum_{il=1}^{N_f}\phi_{il}S_{il}\cdot[\boldsymbol{n}_{il}-2(\boldsymbol{n}_{il}\cdot\boldsymbol{n}_k)\cdot\boldsymbol{n}_k]\\ &= (\nabla\phi)_i - 2[(\nabla\phi)_i\cdot\boldsymbol{n}_k]\cdot\boldsymbol{n}_k\end{aligned} \tag{5.17}$$

虚拟网格 V_j 格点值或面元中心值也满足关系式(5.13),可以写出速度分量,例如

$$u_j = u_i - 2[(u_i-u_b)\cdot n_x + (v_i-v_b)\cdot n_y + (w_i-w_b)\cdot n_z]n_x \tag{5.18}$$

代入以上梯度公式,其中界面运动速度梯度为 0,得到关系式较为复杂。下面考虑法向 $\boldsymbol{n}_k=(0,0,1)$ 和界面运动速度 $\boldsymbol{V}_b=0$ 特殊情况,这时 $u_j=u_i$ 和 $v_j=v_i$,依然按照式(5.17)计算,即

$$(\nabla u)_j = (\nabla u)_i - 2\left[\left(\frac{\partial u}{\partial z}\right)_i\right]\cdot\boldsymbol{n}_k \tag{5.19}$$

$$(\nabla v)_j = (\nabla v)_i - 2\left[\left(\frac{\partial v}{\partial z}\right)_i\right]\cdot\boldsymbol{n}_k \tag{5.20}$$

由于 $w_j=-w_i$,梯度计算改为

$$(\nabla w)_j = -(\nabla w)_i + 2\left[\left(\frac{\partial w}{\partial z}\right)_i\right]\cdot\boldsymbol{n}_k \tag{5.21}$$

5.2.2 点镜像

按照点镜像构造的虚拟网格 V_j 的几何参数关于边界 S_k 中心点对称,格心位置为

$$(\boldsymbol{r}_j-\boldsymbol{r}_{bs}) = -(\boldsymbol{r}_i-\boldsymbol{r}_{bs})\text{或}\boldsymbol{r}_j = 2\boldsymbol{r}_{bs}-\boldsymbol{r}_i \tag{5.22}$$

其中,$\boldsymbol{r}_{bs}$ 为边界面元中心点的矢量。

虚拟网格 V_j 格心速度为

$$\boldsymbol{V}_j-\boldsymbol{V}_b = -(\boldsymbol{V}_i-\boldsymbol{V}_b)\text{或}\boldsymbol{V}_j = 2\boldsymbol{V}_b-\boldsymbol{V}_i \tag{5.23}$$

对于边界不为 0 的流动参数值,即

$$(\rho,p,c_1,\cdots,c_{n-1})_j = (\rho,p,c_1,\cdots,c_{n-1})_i \tag{5.24}$$

对于边界为 0 的流动参数值,即

$$(v_1,v_2)_j = -(v_1,v_2)_i \tag{5.25}$$

根据点对称性,可以得到虚拟网格 V_j 与边界网格 V_i 面元 S_{il} 对应的边界 S_{jl} 上法向矢量为

$$\boldsymbol{n}_{jl} = -\boldsymbol{n}_{il} \tag{5.26}$$

边界不为 0 的流动参数值的梯度为

$$(\nabla\phi)_j=-(\nabla\phi)_i \tag{5.27}$$

边界为 0 的流动参数值和速度分量的梯度为

$$(\nabla\phi)_j=(\nabla\phi)_i \tag{5.28}$$

理论上，面镜像可以处理无黏流动的物面边界，在 Euler 方程计算时，内部梯度是为了构造边界的 Riemann 问题。实际上，不需要梯度可以直接确定进出通量，根据物面不穿透条件，边界处流动通量为 0，压力近似采用从边界网格 V_i 出发的格心值，物面通量可以直接写出，即

$$\hat{F}_b=[0,\xi_x p_{\text{ref}},\xi_y p_{\text{ref}},\xi_z p_{\text{ref}},(\boldsymbol{x}_t\cdot\boldsymbol{n}_b)p_{\text{ref}}]^{\text{T}} \tag{5.29}$$

因此，面镜像主要用来处理对称边界。

点镜像用来处理黏性流动的物面边界。在得到虚拟网格上梯度以后，按照前面介绍的算法重构面元中心的梯度值。为了强化速度无滑移条件，还可以采用如下物面应力计算方法。首先，对 NS 方程中的黏性应力进行坐标变换，例如

$$\begin{aligned}\frac{\tau_{xx}}{\mu}&=\frac{4}{3}\frac{\partial u}{\partial x}-\frac{2}{3}\frac{\partial v}{\partial y}-\frac{2}{3}\frac{\partial w}{\partial z}\\&=\frac{4}{3}\left(\frac{\partial u}{\partial\xi}\xi_x+\frac{\partial u}{\partial\eta}\eta_x+\frac{\partial u}{\partial\zeta}\zeta_x\right)-\frac{2}{3}\left(\frac{\partial v}{\partial\xi}\xi_y+\frac{\partial v}{\partial\eta}\eta_y+\frac{\partial v}{\partial\zeta}\zeta_y\right)\\&\quad-\frac{2}{3}\left(\frac{\partial w}{\partial\xi}\xi_z+\frac{\partial w}{\partial\eta}\eta_z+\frac{\partial w}{\partial\zeta}\zeta_z\right)\end{aligned}$$

如果物体表面选择 $\xi(x,y,z,t)=C$ 来描述，物面法向为$\nabla\xi=\boldsymbol{n}_b$，物面切向平行于矢量$(\nabla\eta)$和$(\nabla\zeta)$构成平面。静止物体流体微团的速度为 $\boldsymbol{V}_b=0$，刚体运动速度是常数，即 $\boldsymbol{V}_b=\boldsymbol{x}_t$，导数也为 0，因此上式变为

$$\tau_{xx}=\mu\left[\frac{4}{3}\frac{\partial u}{\partial\xi}\xi_x-\frac{2}{3}\frac{\partial v}{\partial\xi}\xi_y-\frac{2}{3}\frac{\partial w}{\partial\xi}\xi_z\right]$$

同样可以得到其他应力项，即

$$\tau_{yy}=\mu\left[-\frac{2}{3}\frac{\partial u}{\partial\xi}\xi_x+\frac{4}{3}\frac{\partial v}{\partial\xi}\xi_y-\frac{2}{3}\frac{\partial w}{\partial\xi}\xi_z\right]$$

$$\tau_{zz}=\mu\left[-\frac{2}{3}\frac{\partial u}{\partial\xi}\xi_x-\frac{2}{3}\frac{\partial v}{\partial\xi}\xi_y+\frac{4}{3}\frac{\partial w}{\partial\xi}\xi_z\right]$$

$$\tau_{xy}=\mu\left[\frac{\partial u}{\partial y}+\frac{\partial v}{\partial x}\right]=\mu\left[\frac{\partial u}{\partial\xi}\xi_y+\frac{\partial v}{\partial\xi}\xi_x\right]=\tau_{yx}$$

$$\tau_{xz}=\mu\left[\frac{\partial u}{\partial z}+\frac{\partial w}{\partial x}\right]=\mu\left[\frac{\partial u}{\partial\xi}\xi_z+\frac{\partial w}{\partial\xi}\xi_x\right]=\tau_{zx}$$

$$\tau_{yz}=\mu\left[\frac{\partial w}{\partial y}+\frac{\partial v}{\partial z}\right]=\mu\left[\frac{\partial w}{\partial\xi}\xi_y+\frac{\partial v}{\partial\xi}\xi_z\right]=\tau_{zy}$$

其中，导数根据梯度计算得到，例如

$$\frac{\partial w}{\partial \xi}=(\nabla w)\cdot n_b=(\nabla w)\cdot(\nabla \xi) \tag{5.30}$$

对于黏性流动的温度边界，如果是等温壁条件，采用点镜像方法重构虚拟网格内的密度，如果是绝热壁条件，采用面镜像方法。

5.3 流固耦合的界面算法

对于流体和固体之间的作用仅发生在两相交界面上的流固耦合问题，根据固体表面是否变形可以分为流体与刚体耦合和流体与结构耦合两类。

对于在地面惯性坐标系中运动的刚体动力学系统，飞行器服从牛顿第二定律和角动量守恒定律，经典力学已证明，刚体运动可分解为刚体质心位移运动和绕质心旋转运动；运动特性可以用下列 6 自由度动力学方程组描述。刚体质心的运动方程为

$$m\boldsymbol{a}=m\frac{\mathrm{d}\boldsymbol{V}}{\mathrm{d}t}=\boldsymbol{F} \tag{5.31}$$

其中，m 为刚体质量；$\boldsymbol{V}$ 为刚体质心相对于惯性系的速度矢量；$\boldsymbol{F}$ 为作用在刚体上的外力总矢量。

刚体转动的动力学方程为

$$\frac{\mathrm{d}\boldsymbol{H}}{\mathrm{d}t}=[I]\frac{\mathrm{d}\omega}{\mathrm{d}t}=\boldsymbol{M} \tag{5.32}$$

其中，$\boldsymbol{H}$ 是刚体对质心的动量矩；$\boldsymbol{\omega}$ 为转动角速度；$\boldsymbol{M}$ 是作用在刚体上的外力对刚体质心的力矩总矢量；$[I]$是惯性矩阵，可以表示为

$$[I]=\begin{bmatrix} I_{xx} & -I_{xy} & -I_{xz} \\ -I_{xy} & I_{yy} & -I_{yz} \\ -I_{xz} & -I_{yz} & I_{zz} \end{bmatrix}$$

式中，转动惯量 $I_{ii}=\int\rho(x_j^2+x_k^2)\mathrm{d}\sigma$；惯性积 $I_{ij}=\int\rho x_i x_j\mathrm{d}\sigma(i\neq j)$ 。

对于飞行试验，多数遥测传感器固联于飞行器弹体结构框架上，试验时观测量是反映质心运动和过载、绕质心转动的角度和角速率等物理量，坐标系采用随飞行器一起运动的相对坐标系较为常见，习惯上以弹体轴线为基础的体轴系描述，需要将上式变化到不同的坐标系。在原点重合的条件下，体轴系和地面惯性坐标系之间可以通过姿态角进行相互转换。惯性坐标系（下标 I）和非惯性坐标系（下标 B）之间坐标变换关系为

$$\begin{bmatrix} x \\ y \\ z \end{bmatrix}_B=[T]\begin{bmatrix} x \\ y \\ z \end{bmatrix}_I \text{ 或 } \begin{bmatrix} x \\ y \\ z \end{bmatrix}_I=[T]^{-1}\begin{bmatrix} x \\ y \\ z \end{bmatrix}_B=[T]^{\mathrm{T}}\begin{bmatrix} x \\ y \\ z \end{bmatrix}_B$$

变换矩阵$[T]$可以写成三个基元变换矩阵的乘积，即

$$[T]=[T]_{\phi}[T]_{\theta}[T]_{\Psi}$$
$$=\begin{bmatrix}1 & 0 & 0\\ 0 & \cos\phi & -\sin\phi\\ 0 & \sin\phi & \cos\phi\end{bmatrix}\begin{bmatrix}\cos\theta & -\sin\theta & 0\\ \sin\theta & \cos\theta & 0\\ 0 & 0 & 1\end{bmatrix}\begin{bmatrix}\cos\psi & 0 & \sin\psi\\ 0 & 1 & 0\\ -\sin\psi & 0 & \cos\psi\end{bmatrix}$$

刚体的转动角速度 $\boldsymbol{\omega}$ 和姿态角时间变化率之间有

$$\begin{bmatrix}\dot{\varphi}\\ \dot{\theta}\\ \dot{\psi}\end{bmatrix}=\begin{bmatrix}-1 & -tg\theta\cos\varphi & -tg\theta\sin\varphi\\ 0 & \sin\varphi & -\cos\varphi\\ 0 & -\cos\varphi/\cos\theta & -\sin\varphi/\cos\theta\end{bmatrix}\begin{bmatrix}\omega_x\\ \omega_y\\ \omega_z\end{bmatrix}$$

矢量 $\boldsymbol{f}$ 在惯性坐标系和非惯性坐标系的表达形式不同，时间导数通过姿态角速度 $\boldsymbol{\omega}$ 关联，即

$$\frac{\mathrm{d}\boldsymbol{f}}{\mathrm{d}t}=\frac{\delta\boldsymbol{f}}{\delta t}+\boldsymbol{\omega}\times\boldsymbol{f} \tag{5.33}$$

根据上式，非惯性系下转动的动力学方程可以表述为

$$\frac{\delta\boldsymbol{H}}{\delta t}+\boldsymbol{\omega}\times\boldsymbol{H}=\boldsymbol{M} \tag{5.34}$$

飞行器外力主要有推力、重力和气动力，地面试验提供随时间变化的推力曲线，重力模型较为成熟，通过流场求解获得气动载荷的分布以后，沿飞行器表面积分就求出气动力特性。获得以上动力学方程的作用力和力矩，理论上可以得到飞行器的位置和姿态等运动学特性。例如，刚体质心速度和位置是气动力的积分函数，即

$$\boldsymbol{V}(t)=\boldsymbol{V}_0+\frac{1}{m}\int_0^t\boldsymbol{F}\mathrm{d}\tau \text{ 和 } \boldsymbol{x}(t)=\boldsymbol{V}_0t+\frac{1}{m}\int_0^t\int_0^t\boldsymbol{F}\mathrm{d}\tau_1\mathrm{d}\tau_2 \tag{5.35}$$

由于物体的运动又会引起流场变化，因此刚体运动和流场之间必须耦合起来求解。流动方程是偏微分方程，6 自由度弹道方程是常微分方程。

固体变形可以采用连续介质力学方程描述。对于各向同性的连续体微团，在应力作用下运动方程满足 Newton 第二定律，即

$$\rho\boldsymbol{a}=\rho\boldsymbol{f}_m+\nabla[\pi]$$

其中，$\boldsymbol{f}_m$ 是单位体积的质量力；$[\pi]$是应力张量。

为了使以上方程能够求解，需要给出描述连续体应力和应变之间的关系，即所谓材料力学性质的本构关系。具有弹性的结构在外力作用下的振动的理论基础是弹性力学，对于均匀、连续、各向同性的弹性体，假设应力和应变之间的关系是线性的，即服从 Hooke 定律，或者称为线性弹性。航空航天领域大部分应用情况采用线性弹性就可以满足分析和设计需求。

在补充本构关系以后，结构变形可以采用有限元方法求解，但是这种基于具体

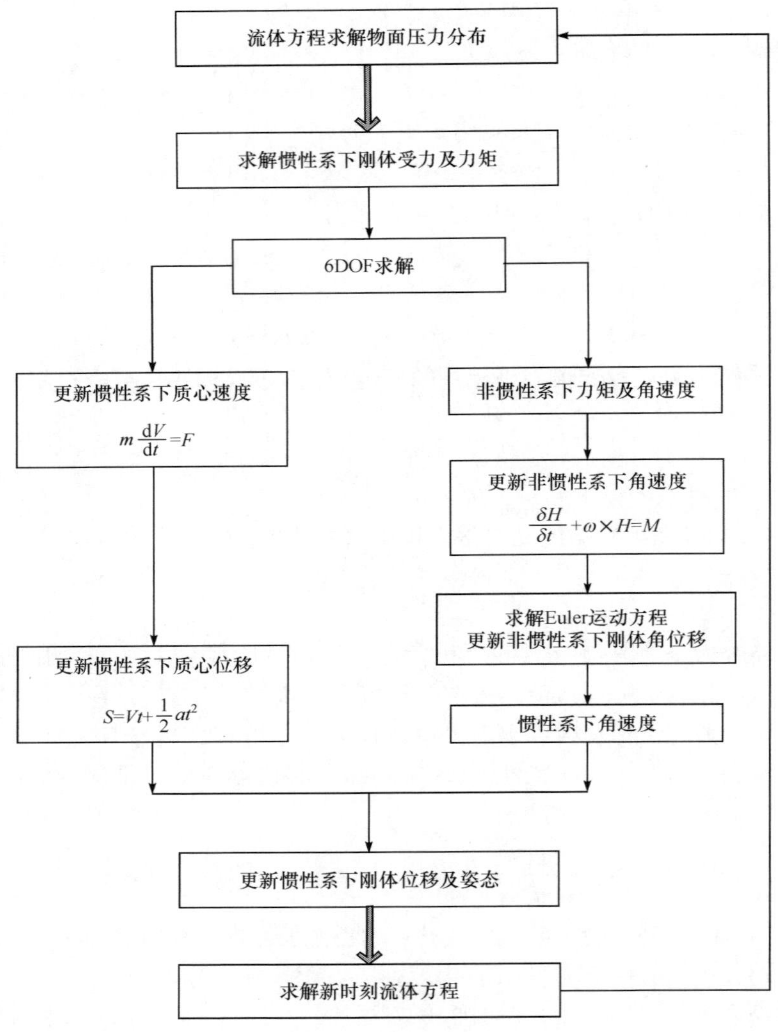

图 5.2 松耦合求解方法

结构外形离散的方法本身需要占用很大的计算资源，与流体耦合以后计算量变得难以承受，因此在流体与结构耦合问题的计算中结构变形采用有限自由度的模态叠加法来解决(图 5.2)。结构变形采用多自由度系统方程描述，即

$$[M]\boldsymbol{a}+[C]\boldsymbol{u}+[K]\boldsymbol{x}=\boldsymbol{f}(t) \tag{5.36}$$

其中，质量矩阵$[M]\in R^{n\times n}$；矩阵阻尼$[C]\in R^{n\times n}$；刚度矩阵$[K]\in R^{n\times n}$。

物面变形影响流场，结构和流场之间耦合求解。流体动力学经常采用 Euler 或 NS 方程，是非线性偏微分方程组，多自由度系统方程是常微分方程。非线性偏微分方程的数值算法和常微分方程的求解算法有很大的差异，给耦合过程的计算带来困难。方程这种数学性质和求解方法的差异使得结构和流场的数值模拟很难采用统一的出发方程和算法，因此实际应用中以流体和固体交错求解的分解算法为主。

分解算法采用相应的方法分别求解流体和固体（包括刚体和结构）的动力学方程，流固耦合通过界面上的信息交换来实现，因为计算过程中流体和固体程序串行，又称为交错迭代算法（the conventional serial staggered，CSS）。这一算法具有明显的优点。

① 充分利用已有的流场（CFD）和结构（CSD）计算方法和程序。

② 程序模块化设计，减少开发难度。

③ 对于复杂外形、大规模网格量的应用问题，计算效率较高，因此自从提出以来得到就得到广泛应用。

早期流体和固体计算主要采用时间显式算法，按照各自的稳定性得到的时间推进步长不相等，可能相差几个量级。为了满足时间同步性和保证稳定性，只能采用最小时间步长，极大地降低了计算效率。随着计算机技术发展和各种隐式算法出现，这一问题得到很大改善。目前 CSS 算法主要存在的缺点是界面信息交换过程中的时间同步性问题和引入新误差。

图 5.3 是文献[1]中模拟飞行器动态特性的计算流程。

① 在 n 时刻流场信息基础上沿物体表面积分得到 n 时刻气动力。

② 求解飞行力学方程，得到 $n+1$ 时刻飞行器和速度和位移。

③ 运动响应通过边界条件传递给流体，采用动网格技术更新流体网格，求解流体力学方程，得到 $n+1$ 时刻流场。

④ 推进到下一时刻。

可以看出，这种算法避免了联立偏微分方程和常微分方程构建统一算法的难度，界面之间信息传递非常简单，只需在现有的 CFD 程序和常微分方程求解器的基础上做出少量修改，按照数据流串行进行流固耦合模拟。但是，分析以上流程会发现：在第②步求解 $n+1$ 时刻运动特性用到的气动力是 n 时刻，并没有涉及 $n+1$ 时刻流场，在第③步求解 $n+1$ 时刻流场也无法对 $n+1$ 时刻物体位移和运动状态产生影响。这种时间推进过程中流体和固体相互独立的耦合过程称为松耦合算法（loosely-coupled method）。

为了解决松耦合方法在流固界面信息交换时出现的时间同步性问题，人们发展出紧耦合算法（strongly-coupled or tightly-coupled method）。计算飞行器动态特性的紧耦合过程如下。

① 根据 n 时刻流场气动力预测 $n+1$ 时刻运动特性 $u^{n+1,p}$。

② 通过边界条件传递给流体系统。

③ 计算动态网格信息。

④ 求解流体力学方程得到 $n+1$ 时刻预测流场 $U^{n+1,p}$。

⑤ 更新气动力，重新求解 $n+1$ 时刻飞行器运动响应 $u^{n+1,p+1}$。

⑥ 对上面几个过程反复求解，直到运动方程与 N-S 方程的解均满足精度。

⑦ 跳出子迭代，进入下一时间步计算。

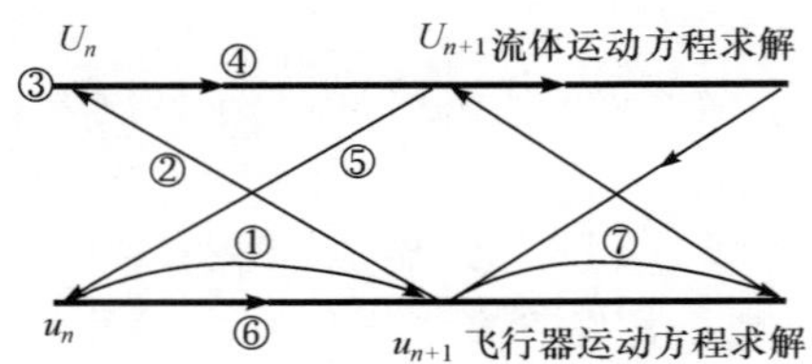

图 5.3　紧耦合结构框图

紧耦合算法在界面信息交换过程中引入内迭代，原则上说达到收敛时，流固边界信息在一个物理时间相等，可以满足时间同步性要求，但是，在耦合过程中是否收敛值得讨论。紧耦合算法本质上是一种预估－校正算法，一般认为这种算法预测步的结果精度较低。例如，有限差分法中时空二阶 MacCormack 格式预测步相当于一阶迎风格式，得到的预测值接近一阶精度，在常微分计算中常用的 Runge-Kutta 格式，很少使用多步迭代过程出现的中间值。非定常流动不存在稳定解，不考虑内点格式的影响，解的精度取决于运动边界条件，那么根据 $u^{n+1,p}$ 得到的流场 $U^{n+1,p}$ 精度也较低，在此基础上校正步的结果 $u^{n+1,p+1}$ 的精度也不会提高。假如，计算方法得当，预测步 $u^{n+1,p}$ 精度已经较高了，那么如何保证 $u^{n+1,p+1}$ 更精确而不是降低精度。由于无法证明紧耦合算法引入内迭代过程可以消除界面信息交换过程的误差，理论上说存在误差不断积累导致发散的可能。国内外应用中发现紧耦合有些情况下“达到收敛标准非常困难”，解释这种现象是由于耦合方程组高度非线性导致的[2]。

5.3.1　流固界面条件

采用 ALE 坐标描述三维无量纲可压缩非定常流动的 Euler 方程，即

$$\frac{\partial}{\partial t}\iiint_V Q\mathrm{d}\sigma + \iint_S \boldsymbol{F}_c(Q,\boldsymbol{x}_c)\cdot \boldsymbol{n}\mathrm{d}s = 0 \tag{5.37}$$

其中，S 是控制体 V 的表面；$\boldsymbol{n}$ 为其外法向单位矢量；Q 为流体守恒变量；流通矢量 $\boldsymbol{F}_c(Q,\boldsymbol{x}_c)$ 包含有网格速度 $\boldsymbol{x}_c$，已知流场后沿物面积分得到气动力 $\boldsymbol{F}_{\mathrm{air}}$。

在上面两类流固耦合问题中，描述固体运动或变形的常微分方程通用形式为

$$M\boldsymbol{q}_{\mathrm{tt}}+D\boldsymbol{q}_t+K\boldsymbol{q}=\boldsymbol{F}_{\mathrm{ex}} \tag{5.38}$$

其中，$\boldsymbol{q}=(q_1,q_2,\cdots,q_r)$ 为广义位移矢量；M、D 和 K 分别为质量、阻尼和刚度矩阵；$\boldsymbol{F}_{\mathrm{ex}}$ 是施加在固体上的广义外力。

为便于讨论，阻尼和刚度 $D=K=0$，对于只有气动力 $\boldsymbol{F}_{\text{ex}}=\boldsymbol{F}_{\text{air}}$ 作用的刚体运动，时间 Δt 质心的速度和位移的理论解为

$$\boldsymbol{q}_t(t+\Delta t)=\boldsymbol{q}_t(t)+\frac{1}{M}\int_t^{t+\Delta t}\boldsymbol{F}_{\text{air}}\mathrm{d}\tau \tag{5.39}$$

$$\boldsymbol{q}(t+\Delta t)=\boldsymbol{q}(t)+\int_t^{t+\Delta t}\boldsymbol{q}_t\mathrm{d}\tau=\boldsymbol{q}(t)+\boldsymbol{q}_t(t)\Delta t+\frac{1}{M}\int_t^{t+\Delta t}\int_t^{t+\Delta t}\boldsymbol{F}_{\text{air}}\mathrm{d}\tau\mathrm{d}\tau \tag{5.40}$$

其中，速度 $\boldsymbol{q}_t$ 是 Δt 的一次积分函数；位移 $\boldsymbol{q}$ 是 Δt 的二次积分函数。

流体与固体接触的界面方程为

$$S(t,x,y,z)=0 \tag{5.41}$$

根据物理原理，在流体和固体没有相互渗透条件下，界面上满足连续性条件，即

$$\boldsymbol{x}\,|_S=\boldsymbol{q}\,|_S \tag{5.42}$$

也就是，流体边界的位置等于固体位移。

由于在 Euler 坐标体系下，流体微团位移在流体动力学方程中没有直接体现，因此需要建立速度形式的条件。流体方程建立在 Euler 坐标系下，固体方程一般建立在 Lagrange 坐标系下，直接对上式求导不合适。先对界面函数求全微分，即

$$\mathrm{d}S=\frac{\partial S}{\partial t}\mathrm{d}t+\frac{\partial S}{\partial x}\mathrm{d}x+\frac{\partial S}{\partial y}\mathrm{d}y+\frac{\partial S}{\partial z}\mathrm{d}z=\frac{\partial S}{\partial t}\mathrm{d}t+(\nabla S)\mathrm{d}\boldsymbol{q}=0$$

对于运动速度满足 $\boldsymbol{q}_t=\dfrac{\mathrm{d}\boldsymbol{q}}{\mathrm{d}t}$ 的固体质点构成的曲面满足如下关系，即

$$\frac{\partial S}{\partial t}+\boldsymbol{q}_t\cdot(\nabla S)=0 \tag{5.43}$$

可以得到 Euler 坐标体系下界面函数运动方程。

随着界面一起运动的流动微团的特性满足传输公式，把界面函数看作标识流体微团的特性（类似于压力、温度的流场变量），满足如下随体导数公式，即

$$\frac{DS}{Dt}=\frac{\partial S}{\partial t}+\boldsymbol{V}(\nabla S)=0 \tag{5.44}$$

比较以上两式，流动速度等于固体速度，即

$$\boldsymbol{V}\,|_S=\boldsymbol{q}_t \tag{5.45}$$

这是经典流体力学中边界条件的表达式。

对于无黏流动，允许流体和固体之间在界面切线方向存在速度差，边界条件表示为流体法向速度等于固体法向速度，即

$$\boldsymbol{V}_n\,|_S=\boldsymbol{q}_{t,n} \tag{5.46}$$

界面上还需要满足力的平衡条件，流体应力和结构应力平衡，即

$$[\tau_s]_S=-[\tau_f]_S \tag{5.47}$$

实际应用于速度较高的空气动力学计算中，通常忽略流体黏性引起的剪切应力，结构受力等于流体作用在控制体表面压力的面积分，即

$$\boldsymbol{F}_{\mathrm{air}} = -\oiint p\boldsymbol{n}_b \mathrm{d}\sigma \tag{5.48}$$

流固界面的位置相等和力平衡条件是在时间空间连续条件下推导出来的，根据位置相等条件式推导出来速度相等条件式，二者在数学上是等价的，因此大部分流体力学教科书提到边界条件采用速度相等表达式。但是，在离散以后情况发生变化，流体和固体方程性质和离散方法不同使得两者不再等价，界面条件选择和计算方法不同在流固界面耦合过程中引起的误差和影响不同。下面以单自由度系统为例说明。

已知 n 时刻气动力 $F_{\mathrm{air}}^n \neq 0$ 条件下，采用如下简单格式计算速度和位移，即

$$\begin{cases} q_t^{n+1} = q_t^n + F_{\mathrm{air}}^n \Delta t/m \\ q^{n+1} = q^n + q_t^n \Delta t + 0.5 F_{\mathrm{air}}^n \Delta t^2/m \end{cases} \tag{5.49}$$

采用 CSS 算法进行界面耦合，根据以上固体计算结果在流体方程模拟前提供边界，流体边界的运动速度（$x_t = V_n$）有两种算法。

① 直接采用速度相等条件，即 $x_t^{n+1} = q_t^{n+1}$。由于在流体力学方程时间推进过程中边界条件保持不变，因此下一时刻流体边界位置为

$$x^{n+1} = x^n + x_t^{n+1} \Delta t \neq q^{n+1} \tag{5.50}$$

即流体边界位移与结构位置不一致。

② 采用边界位置相等条件，即 $x^{n+1} = q^{n+1}$，间接得到流体力学方程的边界条件需要的速度为

$$x_t^{n+1} = (x^{n+1} - x^n)/\Delta t = (q^{n+1} - q^n)/\Delta t \neq q_t^{n+1} \tag{5.51}$$

即流体边界速度不等于结构变形速率。

可以看出，只要存在气动力，那么在推进 Δt 过程中，固体速度 q_t 不能保持为常数，位移 q 变化不是线性的，必然出现如下现象：在离散条件下，流固界面不能同时满足位置相等条件和速度相等条件。

以上显式计算格式适合于松耦合算法，假如采用紧耦合算法引入内迭代得到气动力 F_{air}^{n+1}，采用隐格式计算固体方程，在界面信息交换过程中还会出现这样的问题。紧耦合算法实现了时间同步性，但是并没有提高界面耦合过程的精度，因为确定 F_{air}^{n+1} 或 F_{air}^n 以后，q_t^{n+1} 和 q^{n+1} 的精度取决于所用的格式，而决定 F_{air}^{n+1} 或 F_{air}^n 精度的是流体方程的数值方法。因此，上述 CSS 算法在界面耦合过程中不能同时满足速度和位置相等的现象不会因为松耦合算法或紧耦合算法改变。

5.3.2 界面算法的精度分析模型

由于流体方程的边界条件仅能体现速度变量，早期应用 CSS 方法自然地采用速度相等条件，发现会引入误差，严重时使数值格式变得不稳定。这些现象使研究者认识到流固界面信息传递的重要性，认为采用 CSS 界面算法在时间精度上比所

使用的 CFD 和 CSD 至少低一阶[2]。

在流体方程计算的时间推进过程中，边界速度保持为常数。如果流固界面满足速度相等条件表示耦合过程传递的动量守恒，得到的压力和边界位移表示物体做功，位置相等条件表示能量传递过程的守恒特性。在气动弹性研究中，从力学原理角度解释颤振，认为这是一种结构从气流中吸收的能量大于结构阻尼引起的能量耗散发生的自激振动现象。Farhat 提出用流固耦合计算过程的能量差异来评价界面算法的精度的模型，认为多自由度动力学系统总能量分为动能和弹性势能[2]，即

$$E_{\text{solid}}=0.5\boldsymbol{q}_t^{\mathrm{T}}\boldsymbol{M}\boldsymbol{q}_t+0.5\boldsymbol{q}^{\mathrm{T}}\boldsymbol{K}\boldsymbol{q}$$

时间推进一步，气动力作用下结构能量发生变化：

$$\Delta E_{\text{solid}}=E_{\text{solid}}^{n+1}-E_{\text{solid}}^{n} \tag{5.52}$$

不计黏性效应，结构运动对流体做功为

$$\Delta E_{\text{fluid}}=\int_t^{t+\Delta t}\boldsymbol{F}_{\text{int}}^{\mathrm{T}}\boldsymbol{x}_t\,\mathrm{d}t \tag{5.53}$$

根据能量守恒原理，流固耦合过程中结构吸收能量等于气流输出能量，但是计算中界面算法导致结构运动输出能量和流体吸收能量之间不平衡，两者差量整理成 Δt 的函数形式为

$$\Delta E=\Delta E_{\text{fluid}}-\Delta E_{\text{solid}}=O(\Delta t^{p+1}) \tag{5.54}$$

Farhat 定义界面算法精度为 p 阶(结构只有时间变量)。

以上简单显式格式进行流体和刚体耦合模拟，由于飞行力学方程计算中作用力为 n 时刻气动力，只能采用松耦合算法，总能量只有运动能，即

$$E_{\text{solid}}=0.5mq_t^2$$

耦合过程中物体获得能量为

$$\begin{aligned}
\Delta E_{\text{solid}}&=\frac{1}{2}m[(q_t^{n+1})^2-(q_t^n)^2]\\
&=\frac{1}{2}m(q_t^{n+1}-q_t^n)(q_t^{n+1}+q_t^n)\\
&=\Delta tF_{\text{air}}^n\left(q_t^n+\frac{\Delta tF_{\text{air}}^n}{2m}\right)\\
&=\Delta tq_t^nF_{\text{air}}^n+\frac{(\Delta tF_{\text{air}}^n)^2}{2m}
\end{aligned}$$

流体边界条件有两种选择。

① 采用速度相等条件，流体边界网格运动速度为

$$x_t^{n+1}=q_t^{n+1}=q_t^n+\frac{\Delta t}{m}F_{\text{air}}^n$$

作为定解条件,边界条件在时间推进时常保持常数。

如果流体方程计算是显格式,那么 $F_{\text{int}}^{\text{T}}=F_{\text{air}}^{n}$,物体运动对流体做功为

$$\Delta E_{\text{fluid}}=\int_{t}^{t+\Delta t}F_{\text{int}}^{\text{T}}x_{t}\,\mathrm{d}t=\Delta t q_{t}^{n}F_{\text{air}}^{n}+\frac{(\Delta t F_{\text{air}}^{n})^{2}}{m}$$

耦合过程引起的能量误差为

$$\Delta E=\Delta E_{\text{fluid}}-\Delta E_{\text{solid}}=\frac{(\Delta t F_{\text{air}}^{n})^{2}}{2m} \tag{5.55}$$

按照 Farhat 的精度定义,这种界面算法也是一阶。

如果流体方程计算采用二阶精度隐格式,那么时间推进 Δt 过程中,即

$$F_{\text{int}}^{\text{T}}=F_{\text{air}}^{n+1}=F_{\text{air}}^{n}+c_{1}\Delta t^{2}$$

物体对流体做功为

$$\begin{aligned}\Delta E_{\text{fluid}}&=F_{\text{air}}^{n+1}\Delta t\left(q_{t}^{n}+\frac{\Delta t}{m}F_{\text{air}}^{n}\right)\\&=(F_{\text{air}}^{n}+c_{1}\Delta t^{2})\Delta t\left(q_{t}^{n}+\frac{\Delta t}{m}F_{\text{air}}^{n}\right)\\&=\Delta t F_{\text{air}}^{n}q_{t}^{n}+\frac{(\Delta t F_{\text{air}}^{n})^{2}}{m}+c_{1}q_{t}^{n}\Delta t^{3}\end{aligned}$$

耦合过程引起的能量误差为

$$\Delta E=\Delta E_{\text{fluid}}-\Delta E_{\text{solid}}=\frac{(\Delta t F_{\text{air}}^{n})^{2}}{m}+c_{1}q_{t}^{n}\Delta t^{3} \tag{5.56}$$

按照 Farhat 的精度定义,这种界面算法也为一阶。如果流体方程计算的时间精度达不到二阶,隐格式的误差比显格式大。以上按照能量模型分析得出的结论是:采用速度相等条件的松耦合算法只有一阶精度。

② 采用位置条件,间接得到流体网格速度,即

$$x_{t}^{n+1}=\frac{q^{n+1}-q^{n}}{\Delta t}=q_{t}^{n}+\frac{\Delta t}{2m}\boldsymbol{F}_{\text{air}}^{n}$$

如果流体方程计算是显格式,时间推进 Δt 物体对流体做功为

$$\Delta E_{\text{fluid}}=\int_{t}^{t+\Delta t}\boldsymbol{F}_{\text{int}}^{\text{T}}\boldsymbol{x}_{t}\,\mathrm{d}t=\Delta t q_{t}^{n}F_{\text{air}}^{n}+\frac{(\Delta t F_{\text{air}}^{n})^{2}}{2m}$$

耦合过程没有引入能量误差,即

$$\Delta E=\Delta E_{\text{fluid}}-\Delta E_{\text{solid}}=0 \tag{5.57}$$

这是精确的界面算法。

如果流体方程计算是二阶精度隐格式,物体对流体做功为

$$\Delta E=\Delta E_{\text{fluid}}-\Delta E_{\text{solid}}=c_{1}q_{t}^{n}\Delta t^{3} \tag{5.58}$$

这种界面算法为二阶。以上按照能量模型分析得出的结论是:采用位置相等条件

的松耦合算法有二阶或以上精度，可以是精确的。

与前面的松耦合算法一样，不考虑计算格式的稳定性，可以采用如下隐格式计算刚体的速度和位移来构造紧耦合算法，即

$$\begin{cases}q_t^{n+1}=q_t^n+F_{\text{air}}^{n+1}\Delta t/m\\q^{n+1}=q^n+q_t^{n+1}\Delta t+0.5F_{\text{air}}^{n+1}\Delta t^2/m\end{cases}\tag{5.59}$$

流体方程只能采用隐格式，内迭代收敛以后，即 $F_{\text{int}}^{\text{T}}=F_{\text{air}}^{n+1}$，物体获得能量为

$$\Delta E_{\text{solid}}=\Delta t q_t^n F_{\text{air}}^{n+1}+\frac{(\Delta t F_{\text{air}}^{n+1})^2}{2m}\tag{5.60}$$

③ 采用速度相等条件，耦合过程引起的能量误差，即

$$\Delta E=\Delta E_{\text{fluid}}-\Delta E_{\text{solid}}=\frac{(\Delta t F_{\text{air}}^{n+1})^2}{2m}\tag{5.61}$$

④ 采用位移相等条件，耦合过程引起的能量误差，即

$$\Delta E=\Delta E_{\text{fluid}}-\Delta E_{\text{solid}}=0\tag{5.62}$$

以上按照能量模型分析得出的结论是：采用速度相等条件的紧耦合算法只有一阶精度，采用位置相等条件可以是精确的。

目前有些文献认为紧耦合算法是比松耦合算法的精度高，以上分析不支持这样的论点。

5.3.3　高精度的界面算法

以上模型分析表明，在流固边界基于位置相等条件构建界面算法可以保证耦合过程传递能量守恒。本书提出如下能量守恒算法。

① 流固耦合采用松耦合算法，在耦合过程中作用于固体的气动力 $\boldsymbol{F}_{\text{air}}^n$ 已知，时间二阶精度显格式求解固体的运动学方程，采用如下中心格式，即

$$\begin{cases}q_t^{n+1}=q_t^{n-1}+2\boldsymbol{F}_{\text{air}}^n\Delta t/M\\q^{n+1}=2q^n-q^{n-1}+\boldsymbol{F}_{\text{air}}^n\Delta t^2/M\end{cases}\tag{5.63}$$

发现存在微小振荡，实践表明根据时间三层隐格式改造得到的迎风型格式为

$$\begin{cases}q_t^{n+1}=\dfrac{1}{3}\left(4q_t^n-q_t^{n-1}+\dfrac{2F_{\text{air}}^{n+1,p}\Delta t}{m}\right)\\[2ex]q^{n+1}=\dfrac{1}{2}\left(5q^n-4q^{n-1}+q^{n-2}+\dfrac{F_{\text{air}}^{n+1,p}\Delta t^2}{m}\right)\end{cases}\tag{5.64}$$

计算较为稳定。气动力 $\boldsymbol{F}_{\text{air}}^{n+1}$ 采用外插值给出，即

$$F_{\text{air}}^{n+1,p}=2\boldsymbol{F}_{\text{air}}^n-\boldsymbol{F}_{\text{air}}^{n-1}\tag{5.65}$$

$$F_{\text{air}}^{n+1,p}=(5F_{\text{air}}^n-4F_{\text{air}}^{n-1}+F_{\text{air}}^{n-2})/2\tag{5.66}$$

② 流固耦合采用紧耦合算法，气动力 $\boldsymbol{F}_{\text{air}}^{n+1}$ 需要通过内迭代得到。目前最常用的非定常流动模拟方法是双时间推进法(dual-time-step)，它在定常流动的隐式格

式基础上引入内迭代来提高时间方向的精度。得到初始流场以后，时间二阶精度的隐式格式(BDF2)离散固体的运动学方程为

$$\begin{cases} q_t^{n+1,p}=\dfrac{1}{3}\left(4q_t^n-q_t^{n-1}+\dfrac{2F_{\text{air}}^{n+1,p}\Delta t}{m}\right) \\ q^{n+1,p}=\dfrac{1}{2}\left(5q^n-4q^{n-1}+q^{n-2}+\dfrac{F_{\text{air}}^{n+1,p}\Delta t^2}{m}\right) \end{cases} \tag{5.67}$$

按照以上固体计算方法可以得到 $n+1$ 时刻的流体边界位移，即 $x^{n+1}=q^{n+1}$，进行网格变形，在流体计算时采用 $x_t=(x^{n+1}-x^n)/\Delta t$ 作为边界条件进行计算，根据以上能量模型分析，在界面耦合过程中不会引入能量误差，是精确的界面算法。但是，采用变形网格技术实现运动边界时，有些情况下无法实现位置相等，这又涉及从 ALE 流体动力学方程计算边界运动需要满足的几何守恒律(geometric conservation law，GCL)问题。

验证算例在第九章介绍。

参考文献

[1] 刘君，白晓征，郭正. 非结构动网格计算方法-及其在包含运动界面的流场模拟中的应用. 长沙：国防科技大学出版社，2008.

[2] Farhat C，Geuzaine P. Design and analysis of robust ALE time-integrators for the solution of unsteady flow problems on moving grids. Comput. Methods Appl. Mech. Engrg.，2004，193：4073-4095.

第6章　网格变形算法和离散几何守恒律

网格变形算法和离散几何守恒律是采用 ALE 形式控制方程必须要考虑的问题，前者解决边界运动如何牵引内部网格点变形和运动，后者保证网格变形过程中不会引起流场失真。

动网格的变形算法对流场计算的影响主要体现在网格变形能力和网格变形算法的计算效率两个方面。单纯依靠网格变形不能解决所有问题，实际应用中常结合网格重构，网格重构以后新旧网格之间流畅信息传递会带来额外误差，进而降低计算的精度，因此需要在保证网格具有较高的质量的条件下提高网格变形能力，尽量避免和减少网格重构的次数，这对于计算精度具有重要作用。另外一方面，为了适应实际复杂外形的大规模网格计算，网格变形算法应该具有较高的效率。

从原理来看，网格变形算法主要分为等效弹性方法和空间插值方法两类。目前文献中使用过的等效弹性方法又分为弹性体方法或弹簧近似法。弹性体方法是将计算区域比作一个弹性体，每个控制体内部变形及其边界上作用力之间满足弹性力学方程，通过求解的线性方程组来确定边界点运动以后引起内部网格点的位移。弹簧近似方法是将网格单元的各条边看作弹簧，弹簧系数与边的长度有关，当边界运动后，通过求解弹簧系统节点受力平衡确定网格点的新位置。尽管弹性体方法具有较强的变形能力，但其计算量大，用于大变形问题时，需要网格重构次数较多，计算效率不及弹簧近似方法。从目前国内外文献看，实际应用中选择使用弹簧近似法较多。在 CFD 领域采用空间插值方法进行网格变形可以追溯到 20 世纪 70 年代的模拟超声速流动的激波装配法，早期采用的较为成熟的单变量插值方法只能应用于外形和变形规律较为简单的问题，近几年成功应用的多变量插值算法可以实现外形和变形规律非常复杂的动网格。

采用有限体积法对 ALE 形式流体力学控制方程离散后，在时间推进过程中，网格变形引起的体积增量和面积运动形成的体积增量不等引起非物理解，需要通过求解几何守恒律方程来消除这种误差。由于计算机不能够存储和描述空间连续函数，采用有限体积法离散流体控制方程的重构过程必然存在误差，几何守恒律问题也是在离散空间上不能准确描述网格变形的连续过程引起的，只要使用变形网格必然关注离散几何守恒律。前面推导的 ALE 形式流体力学控制方程在网格体积或面积有变化时才需要，如果网格是刚性运动的，只需在静止网格控制方程的基础上引入相对运动速度坐标系，不需要变换到 ALE 形式，也不涉及离散几何守恒律。

6.1 弹簧近似方法

根据初始时刻弹簧张力，弹簧近似方法又分两种不同的模型。一种是点模型，认为弹簧平衡长度为零，弹性力正比于长度，因此初始网格每条边的内力不为零，网格节点处存在合力，网格移动后，通过调整各边长，网格点所受合力等于其初始合力。另一种是边模型，认为初始时刻弹簧处于平衡状态，网格点的合力为零，网格点运动引起长度变化产生弹性力，达到新的平衡状态后，网格点的合力还是为零。基于线性变形假设，可以证明这两种弹簧模型是等价的。下面介绍顶点弹簧模型。

如图 6.1 所示，将网格每条边看作直线弹簧，网格点 i 和 j 之间的弹簧张力为

$$\boldsymbol{f}_{ij}=K_{ij}(\boldsymbol{r}_j-\boldsymbol{r}_i) \tag{6.1}$$

其中，$K_{ij}>0$ 为弹簧刚度系数；$\boldsymbol{r}_i$ 和 $\boldsymbol{r}_j$ 是位置矢量。

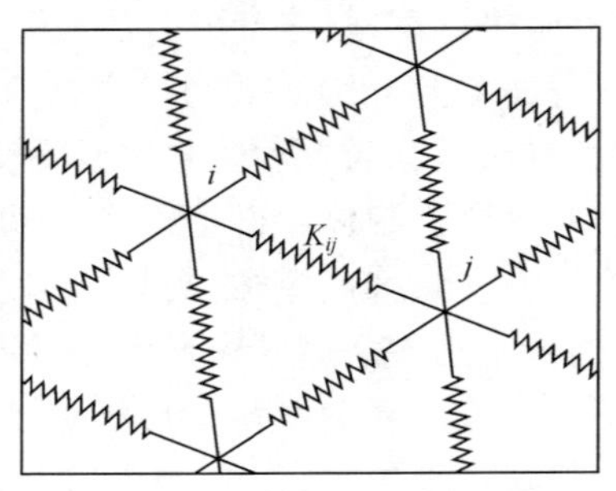

图 6.1 弹簧近似模型示意图

网格点 i 所受合力记为

$$\boldsymbol{F}_i=\sum_{j=1}^{N_i}\boldsymbol{r}_{ij}f=\sum_{j=1}^{N_i}K_{ij}(\boldsymbol{r}_j-\boldsymbol{r}_i) \tag{6.2}$$

其中，N_i 是相连 i 点的弹簧总数(称为相邻节点)。

初始网格确定以后，根据上式可以得到每个网格点 i 的初始受力，当边界上的点移动后，弹簧长度变化使得该点的受力发生改变，为了保持初始受力，需要通过调整内部网格点改变其他弹簧的作用力。由于网格变形过程中每点的合力不变化，新的网格分布依然满足上式。对所有网格点的方程进行联立，可以得到如下新网格点的位置坐标满足的线性方程组，即

$$\begin{bmatrix} -\sum_{j=1}^{N_1} K_{1j} & & & \\ & -\sum_{j=1}^{N_2} K_{2j} & a_{ik} & \\ & a_{ki} & \ddots & \\ & & & -\sum_{j=1}^{N_{\text{sum}}} K_{\text{sum},j} \end{bmatrix} \begin{bmatrix} \boldsymbol{r}_1 \\ \boldsymbol{r}_2 \\ \vdots \\ \boldsymbol{r}_{\text{sum}} \end{bmatrix} = \begin{bmatrix} \boldsymbol{F}_1 \\ \boldsymbol{F}_2 \\ \vdots \\ \boldsymbol{F}_{\text{sum}} \end{bmatrix} \tag{6.3}$$

其中非对角线上的元素为

$$a_{ik} = a_{ki} = \begin{cases} 0, & ki \\ K_{ik}, & ki \end{cases}$$

由于对角线元素求和指标 j 取遍该行所有非对角线不为 0 的列 k，因此该线性方程对角占优，采用 Jacobi 迭代或 Seidel 迭代格式均收敛。例如，Jacobi 迭代格式为

$$\boldsymbol{r}_i^{k+1} = \frac{\sum_{j=1}^{N_i} K_{ij} \boldsymbol{r}_j^k - \vec{\boldsymbol{F}}_i}{\sum_{j=1}^{N_i} K_{ij}} \tag{6.4}$$

上式一般经过 3 至 4 次迭代即可达到满意的精度。

理论上线性弹簧的刚度系数为常数，应用中为了提高网格变形能力，常采用可变的弹簧刚度系数，实际上如何确定弹簧刚度系数成为应用弹簧近似方法的关键技术。

从力学角度可以定性分析，如果弹簧压缩时刚度系数增大，有利于避免网格点的相互碰撞，因此弹簧刚度系数模型常取为网格点之间距离倒数的指数函数为

$$K_{ij} = |\boldsymbol{r}_j - \boldsymbol{r}_i|^{\psi} = l_{ij}^{\psi} \tag{6.5}$$

其中，$\psi<0$ 是控制网格疏密特征的经验参数，大量数值实验表明 $\psi=-2$ 较好。

早期的弹簧近似方法没有考虑相邻弹簧的位置约束，当边界运动剧烈，网格单元被严重扭曲会出现所谓的折穿（snap-through）现象，原本在面元右侧的网格点被移动到左侧，按照右手法则计算得到的单元面积（体积）为负，导致流体计算过程出现非物理。为避免发生折穿，引入边界修正因子和夹角修正因子来提高网格的质量和变形能力。

内部网格上的变形是受到边界点牵引，根据力学原理这种牵引作用离边界越远影响越小，计算实践也表明，扭曲最严重或最早出现变形失败的单元一般位于运动边界附近。为了提高边界附近网格抗变形能力，引入边界因子 φ 增大靠近边界

的弹簧刚度系数。网格生成后，φ 是空间位置坐标的函数，比较简单的方法有直接根据离运动边界的网格层数来确定，或者写为到运动边界距离的倒数。较为复杂的计算方法是求解椭圆形方程，把 φ 当做温度场，运动边界设为高温条件，不运动边界或远场设为低温条件，计算得到每个网格点上的温度值，两端网格点值平均，弹簧的边界修正因子得到 $\varphi_{ij}=0.5(\varphi_i+\varphi_j)$。还有一种常用的修正方法是借鉴弹性体方法的思想，在弹簧近似方法中引入夹角修正因子，如图 6.2 所示，夹角修正因子 β_{ij} 采用 l_{ij} 边对应的最小三角形内角，如果相邻弹簧之间的夹角越小，对应边的弹簧刚度系数越大，抑制三角形变形。

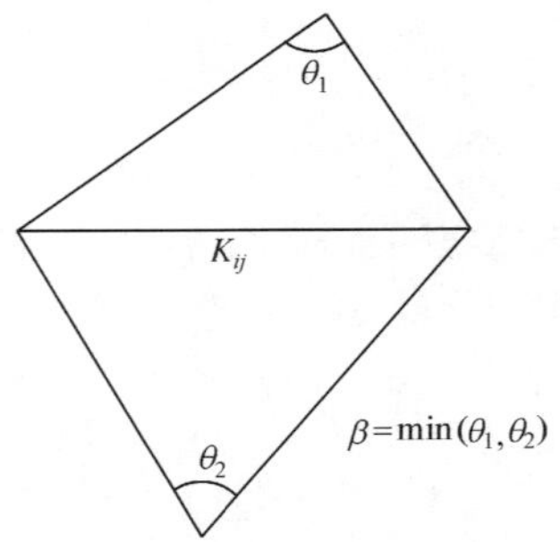

图 6.2　夹角修正因子

修正的弹簧刚度系数计算公式写为

$$K_{ij}=\frac{\varphi_{ij}}{\beta_{ij}}(l_{ij})^{\psi} \tag{6.6}$$

按照式(6.6)计算得到的弹簧刚度系数依赖于网格点的空间位置，使得弹簧系统的平衡方程不再是线性的，这种非线性效应可能使系统发散，计算过程需要随时关注网格质量，常通过减少刷新弹簧刚度系数的频度来减小非线性特性的影响。

弹簧近似方法把整个网格看作一个弹簧系统，本质上不能用于结构本身不稳定的网格类型，例如，对于图 6.3 所示的六面体网格。这种弹簧近似方法应用于六面体网格时，为了保持变形过程结构稳定，常把六面体的面对角线和体对角线也看作弹簧，如图 6.3 所示，其中细的虚线为面对角线，有 12 条，点划线为体对角线，共有 4 条。六面体网格中本身网格点出发的线共有 6 条，增加了对角线以后，内部包含 6 个四面体，网格线数目大幅增加，网格线和网格点数目之比为 13，提高变形能力同时也明显增加计算量。实际应用中主要弹簧近似方法用于四面体(二维情况为三角形)网格。

用有限体积法离散 ALE 方程，计算中用到的网格边界面元中心的运动速度，对于四面体网格，面元为三角形，几何中心的运动速度可以采用三个顶点的运动速度平均得到，即

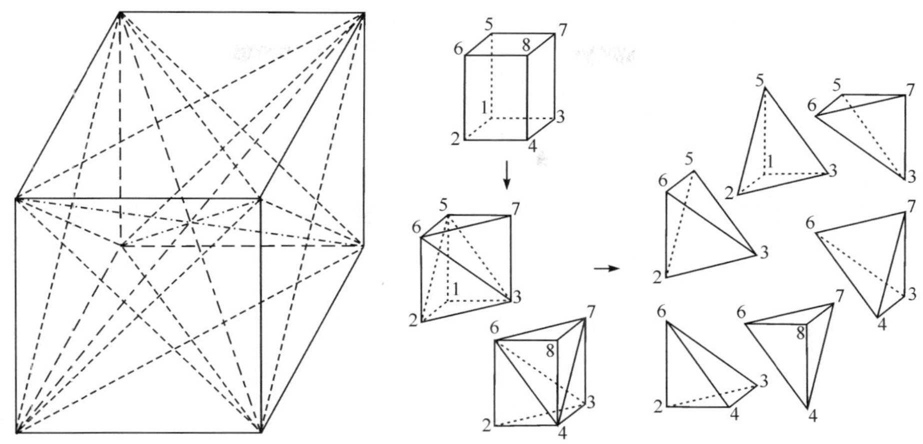

图 6.3　六面体中弹簧及内部四面体

$$\boldsymbol{x}_t^s = \frac{1}{3}\sum_{i=1}^{3}\boldsymbol{x}_{t,i}^p \tag{6.7}$$

其中，上标 s 和 p 表示面元中心和构成面元的网格点。

在时间推进过程中，网格变形速度保持不变，网格点 i 的速度为

$$\boldsymbol{x}_{t,i}^p = \frac{\boldsymbol{r}_i^{n+1} - \boldsymbol{r}_i^n}{\Delta t} \tag{6.8}$$

6.2　空间插值方法

插值是根据已知的一些离散点位置上的函数值来建立表达整个连续区间的函数模型。为了计算和应用方便，常选择一组线性无关的简单函数作为模型集，插值函数表示为这些简单函数的线性组合，即

$$\phi(x) = \sum_{i=0}^{n}\alpha_i\varphi_i(x) \tag{6.9}$$

其中，由简单函数张成的线性空间 $\{\varphi_i(x), i=0,1,\cdots,N\}$ 中的元素称为基函数，插值归结为按照在已知离散点上 $\phi(x)$ 等于已知函数值的原则来确定这些未知常数 α_i。

在早期激波装配法中，对于无黏流场常用线性函数作为基函数，结构网格很多时候直接取网格编号作为计算空间的自变量，N_ξ 个网格点的基函数可以写为

$$\varphi(\xi) = \frac{\xi - 1}{N_\xi - 1} \tag{6.10}$$

在已知物面曲线 $\boldsymbol{r}_b(x,y,z)$ 和激波形状 $\boldsymbol{r}_s(x,y,z)$ 两点的条件下，两点之间其他网格点位置可以按照下式插值得到，即

$$\phi(\xi)=\boldsymbol{r}_b+\varphi(\xi)\left|\boldsymbol{r}_s-\boldsymbol{r}_b\right|\{f(\xi)\boldsymbol{n}_b+[1-f(\xi)]\boldsymbol{n}_s\} \tag{6.11}$$

其中，$\boldsymbol{n}_b$ 是物面法向单位矢量，通过 $\boldsymbol{n}_s$ 和 $f(\xi)$控制网格线的走向和疏密，常取

$$\boldsymbol{n}_s=\frac{\boldsymbol{r}_s-\boldsymbol{r}_b}{\left|\boldsymbol{r}_s-\boldsymbol{r}_b\right|}\text{和 } f(\xi)=(1-\xi)^{\psi}$$

式中，ψ 是调节参数。

对于黏性流场，需要在物面 $\xi=1$ 附近进行加密，常采用以下指数型基函数代替上面公式中线性基函数，即

$$\varphi(\xi)=1+\beta\frac{1-b}{1+b},\quad b=\left(\frac{\beta+1}{\beta-1}\right)^c,\quad c=\frac{N_\xi-\xi}{N_\xi-1}$$

其中，$\beta>1$ 是调节参数。

这种代数插值生成网格方法通过两点之间内部插值得到一条曲线的内部点，该曲线作为计算空间的一个坐标，取不同的激波 $\boldsymbol{r}_s(x,y,z)$和物面 $\boldsymbol{r}_b(x,y,z)$点可以得到很多离散点数相等的曲线，通过这些点连接自然得到其他两个方向的坐标，为了编程方便，常把点的编码直接写为曲线坐标，即

$$\boldsymbol{r}(i,j,k)=\boldsymbol{r}(\xi,\eta,\zeta)$$

代数插值生成网格方法原则上只能用于结构网格。如果物体或激波发生运动，按照以上公式重新计算，得到每个计算空间网格点对应的物理空间位置矢量，因此实现网格变形非常简单。但是，这种方法需要事先确定大致形状的外边界(激波)，主要通过外边界和物体两点来调整网格，这就决定只能用于简单外形和微小幅度的网格变形，如果物面出现剧烈变化内凹曲面，生成高质量的网格就比较困难，如果激波和物体相对运动较大，接近直线的初始网格在变形过程没有其他控制参数，极易发生相交。代数插值网格变形算法除了在采用结构网格开展气动弹性数值模拟研究外，在涉及较大变形的流固耦合问题中很少使用了，目前常用下面介绍的基于 Delaunay 三角形型函数插值和径向基函数插值的动网格法。

6.2.1 基于 Delaunay 三角形的插值法

Dirichlet 于 1850 年提出利用已知点集将平面化为相互不重叠的凸多边形的理论：对于任一平面，给定一个点集 $Q=\{q_i,i=1,2,\cdots,n\}$后，每一个点 q_i 都有一个特定的区域S_i，区域内任意一点到 q_i 的距离都比点集Q 中其他点的距离近。俄国数学家 Voronoi 详细地研究了 S_i 的特性，指出任一区域边线不多于 $n-1$ 条，并把这种凸多边形称为 Voronoi 多边形，具有如下性质。

① 多边形的每个顶点恰好是点集 Q 中相邻三个点的外接圆心，并且此外接圆中不包含 Q 中其他点；

② 将相互之间相邻的 Voronoi 图中包含的点相连，得到一个 Delaunay 三角形，这意味着可以用 Voronoi 图来解决三角剖分问题；

③ 多边形的顶点和线段称为 Voronoi 点和边，包含 n 个点构造的 Voronoi 图至多有 $2n-5$ 个顶点和 $3n-6$ 条边，这条性质可以估计所产生的网格规模。

性质①又称为内圆准则：根据点集 Q 得到相应的 Delaunay 三角形，那么 Q 中任一点都不落入任意一个三角形的外接圆中。这条准则保证得到的 Delaunay 三角形是形状最接近正三角的最优剖分。如图 6.4 所示，平面上四边形 $PABC$ 的三角剖分存在两种可能。图 6.4(a)中 A 点位于三角形 PBC 的外接圆内，这种连接不满足内圆准则。图 6.4(b)剖分成三角形 PAC 和三角形 ABC 满足内圆准则的。不难看出，内圆准则使各三角形的最小内角最大化，数学上也可以证明：内圆准则与最小角最大准则是等价的，因此根据 Voronoi 多边形生成的 Delaunay 三角形的形状最接近正三角形。

Delaunay 剖分的另一个重要性质是局部优化与整体优化。通过严格的数学推理可以证明，Delaunay 三角化过程，只要每个局部都满足了 Delaunay 准则，则整体也满足 Delaunay 准则。这一性质对 Delaunay 剖分过程具有重要意义，它使得我们在三角化过程中，对新加点的影响域可以控制在局部，影响域以外区域可以保持不变。

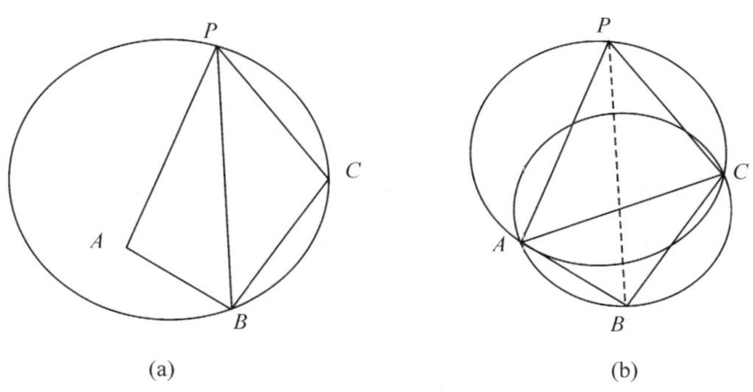

图 6.4　内圆准则

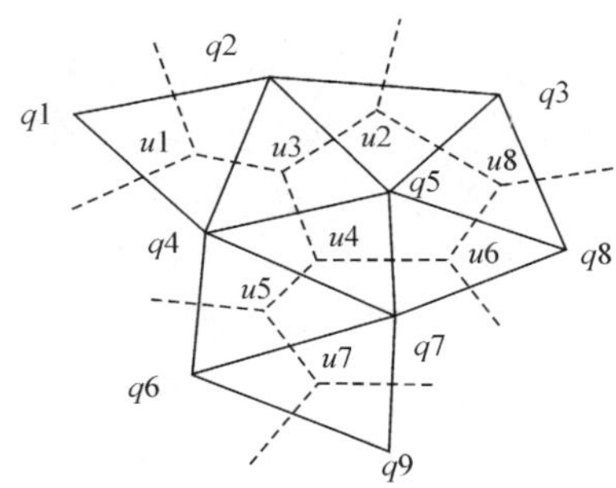

图 6.5　Voronoi 图和三角化

表 6.1　Voronoi 图和 Delaunay 三角点的数据结构

顶点	形成点	相邻顶点
$u1$	$q1\ q2\ q4$	$u3\ -1\ -1$
$u2$	$q2\ q3\ q5$	$u8\ u3\ -1$
$u3$	$q2\ q5\ q4$	$u1\ u2\ u4$
$u4$	$q4\ q5\ q7$	$u3\ u6\ u5$
$u5$	$q4\ q7\ q6$	$u4\ u7\ u1$
$u6$	$q5\ q8\ q7$	$u4\ u8\ u1$
$u7$	$q6\ q7\ q9$	$u5\ -1\ -1$
$u8$	$q3\ q8\ q5$	$u6\ u2\ -1$

图 6.5 是在位于无穷大平面上 9 个已知点的条件下，依据 Dirichlet 理论划分得到的 Voronoi 区域和 Delaunay 三角形。为便于清晰表述，Voronoi 点称为顶点，Delaunay 三角形的顶点称为形成点，图 6.5 所对应的数据关系如表 6.1 所示，每一个 Voronoi 多边形的顶点周围都有点集 Q 中三个点，而每一个顶点周围又有三个相邻的顶点，如果顶点对应的相邻顶点在所考虑的平面范围外，认为在无穷远处，在表中记作−1。

Dirichlet 理论原理简单，通俗易懂，但是过程较为繁琐，而且有很多重复的计算量，随着点数增多，工作量将平方级数增大，后人提出一些改进算法，常用的有 Bowyer-Watson 算法和前沿推进算法。

Bowyer-Watson 算法的思想是找出所有外接圆包含新点的三角形，将它们删除，形成一空腔，称为 Delaunay 空腔。新点必然位于 Delaunay 空腔内部，连接空腔上的点与新点形成新的三角形，这样形成的新三角网符合 Delaunay 准则。这种算法避免了在确定新加点的影响域时要遍历整个已经初始化的三角形，从而可以提高计算效率。下面简单介绍任意给定点集 Q 按照 Bowyer-Watson 算法进行 Delaunay 三角剖分的过程。

(1) 建立初场

确定一个包含 Q 中所有点的多边形。由于最终完成三角化以后不再需要多边形，因此常用四边形，以这 4 个点为基础根据内圆准则得到如图 6.6 所示的 2 个 Delaunay 三角形和 Voronoi 图，为表 6.2 相应的数据结构。

(2) 新点定位

取任意一点 $P\in Q$，破坏原来的三角化结构，根据 Delaunay 三角形的局部优化特性，新点 P 的影响域必然在其相邻的若干个三角形内，与之较远的三角形并不受新加点的影响。每一个顶点是三个形成点所构成的三角形的外接圆的圆心，根据这一性质按照如下计算公式确定新点 P 的影响域，即

$$I=\begin{bmatrix} x_1 & y_1 & x_1^2+y_1^2 & 1 \\ x_2 & y_2 & x_2^2+y_2^2 & 1 \\ x_3 & y_3 & x_3^2+y_3^2 & 1 \\ x_p & y_p & x_p^2+y_p^2 & 1 \end{bmatrix} \tag{6.12}$$

其中，(x_i, y_i)为三角形的坐标；(x_p, y_p)是 P 点的坐标；如果 $I<0$，那么 P 点在三角形外接圆的外部，否则在外接圆的内部或边界上。

在本例中，P 点落入了顶点 $V1$ 和 $V2$ 所对应的三角形 $\Delta 124$ 和 $\Delta 234$ 的外接圆中，其影响域是整个初场。

表 6.2　初始三角化后点的数据结构

顶点	形成点	相邻顶点
$V1$	1 2 4	$V3$ $V6$ $V2$
$V2$	2 3 4	$V1$ $V5$ $V4$
$V3$	1 4 −1	$V1$ −1 −1
$V4$	4 3 −1	$V2$ −1 −1
$V5$	3 2 −1	$V2$ −1 −1
$V6$	2 1 −1	$V1$ −1 −1

(3) 重建链表

把 P 点影响域内的顶点删除，即 $V1$ 和 $V2$。这些删除顶点所对应的形成点 1、2、3、4 和新点 P 相连构成新的三角形，根据外接圆特性计算得到新的顶点，图中 $V7$、$V8$、$V9$、$V10$ 点，其中顶点 $V8$ 位于三角形外部。从未被删除的旧顶点开始，如 $V4$ 点，分析它们形成点特性，如果三个形成点中有两个与新顶点中的两个形成点相重合，那么这个旧顶点与新顶点共边，它们是 Voronoi 图的相邻点，例如，根据旧顶点 $V4$ 确定新顶点 $V8$，进行连接以后把这个新的顶点也标识为旧顶点，继续分析 $V8$，确定新顶点 $V7$，依次 $V9$ 和 $V10$，直到所有新点标识完，就得到新的 Voronoi 图及其数据结构。

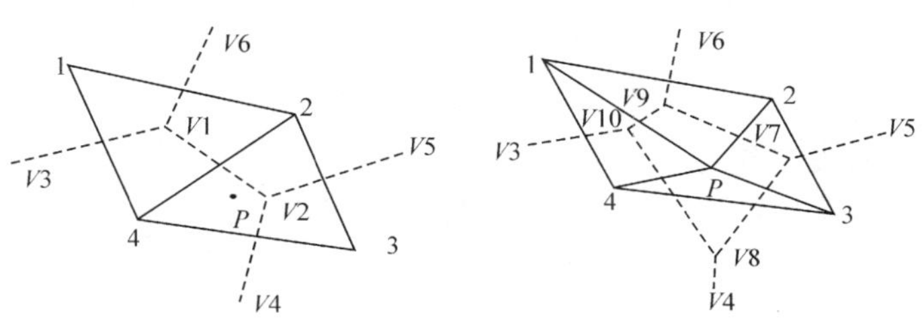

图 6.6　Delaunay 三角剖分的过程

取 P 以外点，重复步骤(2)至步骤(3)，直到遍历 Q 中全部点，完成了 Delaunay

三角化过程，最后删除多边形外壳，得到如图 6.5 所示的图形。

从以上采用 Bowyer-Watson 算法的过程可以看出，生成 Delaunay 三角形时点集的特性非常重要，在很多时候内部点事先很难给出，也限制了这种算法的应用。另外，这种算法在引入新点，形成 Delaunay 空腔时难以保证边界的完整性。为了解决边界保形，开发了前沿推进算法，以图 6.7 所示的三角形为例，介绍如下。

① 初场设定。根据区域边界上离散点生成网格推进前沿，并全部标记为非 Delaunay 边。

② 搜点得形。取前沿上任意一段非 Delaunay 边，根据一定准则搜寻点集内包含的且位于计算区域一侧的点，所有满足条件的候选点和 AB 组成候选三角形。如图 6.7 所示 AB，以 3 倍 AB 长度为半径、AB 中点为圆心作为准则，得到 $C1$、$C2$、$C3$ 三点为满足条件的候选点，计算候选三角形△$ABC1$、△$ABC2$ 和△$ABC3$ 的顶角值。

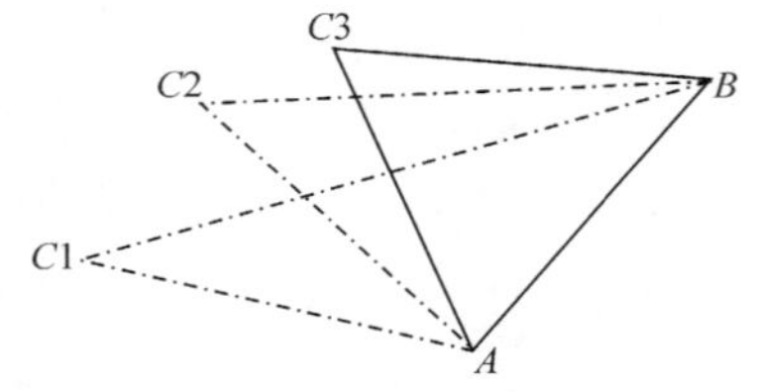

图 6.7 前沿推进算法所示图

③ 确定新点。取出当前候选三角形顶角值最大的点，不妨仍称为 C 点。若 AB 为 Delaunay 边，直接转入④执行。若 AB 为非 Delaunay 边，需进行前沿交叉干涉检验，如果直线 AC 和 BC 与所有前沿不相交，转入④执行，如果 AC 和 BC 与前沿相交，从当前候选链表中删除此点。重复执行本取点过程，直到取出一个点，使得 AC 和 BC 与前沿不相交，记录三角形△ABC 的信息，进入下一步骤($C3$ 为确定的 C 点)。

④ 标记属性。若 ABC 为 Delaunay 三角形，有向边 AC 和 CB 记为 Delaunay 边，若△ABC 为非 Delaunay 三角形，有向边 AC 和 CB 记为非 Delaunay 边。

⑤ 更新前沿。判断 C 点是否位于前沿。如果 C 点是前沿上的点，判断 AC 和 BC 是否与前沿的边重合，若重合说明 AC 或 BC 本身处于前沿上，将 AC 和 BC 从队列中删去，若不重合将 AC 或 BC 标识为前沿，同时从前沿队列中删去 AB。如果 C 点不是前沿上的点，直接将 AC 或 BC 标识为前沿，同时从前沿队列中删去 AB。

继续从前沿中选择非 Delaunay 边，直到前沿列表为空。

前沿推进算法保证了物体边界的完整性，但是不能保证所有的三角形的 Delaunay 特性，而且对于网格点间距分布不均时，算法可能会无法进行。

按照以上 Delaunay 算法生成的网格作为背景网格，实际建立流体控制方程的网格称为计算网格。背景网格生成时，点集的选取原则之一是这些点尽可能具备描述物体变形的能力，通常情况下采用物面网格点和远场点。计算网格中参与变形的网格点位于背景网格内部或边界上。

在进行网格变形之前，需要对计算网格点进行定位，即判断属于哪个背景网格控制体。有很多种定位搜寻算法，其中体积判断法最为简单，尽管计算效率较低，但是考虑到背景网格数目和定位次数较少，对总体计算量影响很小，因此还有应用价值。对于二维网格，在已知坐标情况下，三角形 ABC 面积计算公式为

$$S=\frac{1}{2}\begin{bmatrix} x_A & y_A & 1 \\ x_B & y_B & 1 \\ x_C & y_C & 1 \end{bmatrix} \tag{6.13}$$

对于计算网格任意一点 P，同背景网格三角形的三个点形成三个新的三角形，按照同样的旋转方向计算新三角形的面积，并且表示为如下面积坐标形式，即

$$e_1=\frac{2}{S}\begin{bmatrix} x_P & y_P & 1 \\ x_B & y_B & 1 \\ x_C & y_C & 1 \end{bmatrix},\quad e_2=\frac{2}{S}\begin{bmatrix} x_A & y_A & 1 \\ x_P & y_P & 1 \\ x_C & y_C & 1 \end{bmatrix},\quad e_3=\frac{2}{S}\begin{bmatrix} x_A & y_A & 1 \\ x_B & y_B & 1 \\ x_P & y_P & 1 \end{bmatrix} \tag{6.14}$$

如果 $|e_1+e_2+e_3|>1+\varepsilon$，其中 ε 是考虑计算机舍入误差设置的小量，点 P 在三角形 ABC 外部，继续比较其他背景网格三角形。如果 $|e_1+e_2+e_3|\leqslant 1+\varepsilon$，认为点 P 在三角形 ABC 的内部或边上，在关联链表中记录面积坐标。对于三维空间网格，四面体 $ABCD$ 的体积计算公式为

$$V=\frac{1}{6}\begin{bmatrix} x_A & y_A & z_A & 1 \\ x_B & y_B & z_B & 1 \\ x_C & y_C & z_C & 1 \\ x_D & y_D & z_D & 1 \end{bmatrix} \tag{6.15}$$

对于计算网格任意一点 P，同四面体 $ABCD$ 形成四个新的四面体，按照如下次序计算体积坐标，即

$$e_1=\frac{6}{V}\begin{bmatrix} x_P & y_P & z_P & 1 \\ x_B & y_B & z_B & 1 \\ x_C & y_C & z_C & 1 \\ x_D & y_D & z_D & 1 \end{bmatrix},\quad e_2=\frac{6}{V}\begin{bmatrix} x_A & y_A & z_A & 1 \\ x_P & y_P & z_P & 1 \\ x_C & y_C & z_C & 1 \\ x_D & y_D & z_D & 1 \end{bmatrix} \tag{6.16.1}$$

$$e_3=\frac{6}{V}\begin{bmatrix}x_A & y_A & z_A & 1\\ x_B & y_B & z_B & 1\\ x_P & y_P & z_P & 1\\ x_D & y_D & z_D & 1\end{bmatrix},\quad e_4=\frac{6}{V}\begin{bmatrix}x_A & y_A & z_A & 1\\ x_B & y_B & z_B & 1\\ x_C & y_C & z_C & 1\\ x_P & y_P & z_P & 1\end{bmatrix} \tag{6.16.2}$$

如果$|e_1+e_2+e_3+e_4|\leqslant 1+\varepsilon$，认为点 P 在四面体 $ABCD$ 的内部或面上，记录体积坐标值，相互关系写入关联链表。背景网格和计算网格如图 6.8 所示。

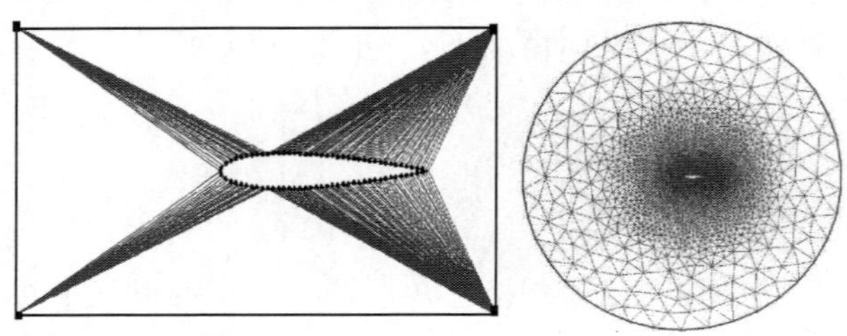

图 6.8　背景网格和计算网格图

根据物体运动规律确定物体表面网格点的位置，即每一时刻 Delaunay 背景网格点是可以计算得到的。尽管背景网格发生运动和变形，认为分布在内部的计算网格的面积坐标或体积坐标没有变化，可以通过如下公式得到计算网格点的新坐标，即

$$\begin{aligned}x'_P&=\frac{e_1\cdot x'_A+e_2\cdot x'_B+e_3\cdot x'_C}{e_1+e_2+e_3}\\ y'_P&=\frac{e_1\cdot y'_A+e_2\cdot y'_B+e_3\cdot y'_C}{e_1+e_2+e_3}\end{aligned},\quad \text{二维情况} \tag{6.17.1}$$

$$\begin{aligned}x'_P&=\frac{e_1\cdot x'_A+e_2\cdot x'_B+e_3\cdot x'_C+e_4\cdot x'_D}{e_1+e_2+e_3+e_4}\\ y'_P&=\frac{e_1\cdot y'_A+e_2\cdot y'_B+e_3\cdot y'_C+e_4\cdot y'_D}{e_1+e_2+e_3+e_4}\\ z'_P&=\frac{e_1\cdot z'_A+e_2\cdot z'_B+e_3\cdot z'_C+e_4\cdot z'_D}{e_1+e_2+e_3+e_4}\end{aligned},\quad \text{三维情况} \tag{6.17.2}$$

其中，(x'_i,y'_i,z'_i)为移动后 Delaunay 背景网格点的坐标；(x'_P,y'_P,z'_P)为 P 点的新坐标值。

这一过程也可以看作在已知背景三角形位移基础上通过插值算法得到网格点的位移，只是插值基函数为常数形式。

下面给出基于 Delaunay 图动网格方法的简单应用。计算翼型围绕气动中心转动问题，计算域的外边界是圆形，半径为 24 倍弦长，计算网格共有 15 185 个网格点，29 890 个三角形的单元，400 个壁面边界点。选择了所有壁面边界点和四边形顶点作为点集，按照前沿推进算法很容易生成所需要的背景网格。Delaunay 图动网格方法与前面介绍的弹簧近似方法比较如图 6.9 所示，标准弹簧近似方法，翼型旋转至 40°时出现了网格交叉情况，变形失败。Delaunay 图动网格方法质量保持相对较好，但当翼型旋转至 45°左右时，尽管没有出现交叉现象，部分网格压缩在一起，网格质量明显下降。

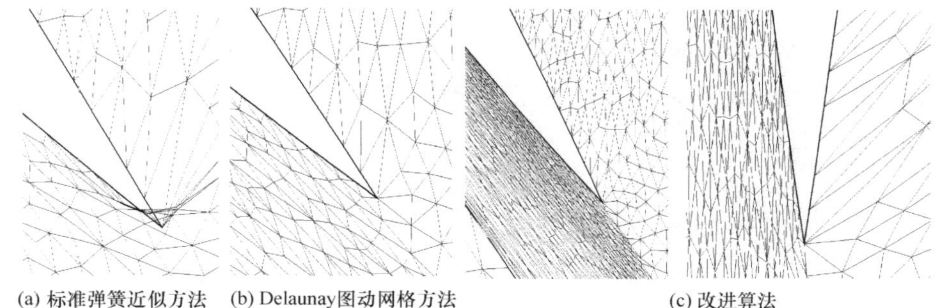

图 6.9　标准弹簧近似法与 Delaunay 图动网格法比较

为了改善 Delaunay 图动网格方法，提出如下改进措施。

① 增加远场点。如图 6.10 所示，如果选择矩形四个顶点生成 Delaunay 背景网格，当物体变形较大时，出现网格交叉；如果在变形中心区域增加两个远场点，生成的 Delaunay 背景网格可以提高变形能力。

② 更新远场点。前例中翼型转动至 45°时，部分计算网格已经严重扭曲，如果远场点根据物体运动规律在一定时间间隔以后进行刚性旋转，可以明显提高网格的变形能力，甚至在翼型转至 90°时，网格质量仍然良好。由于背景网格刚性旋转，不需要重新生成网格，但是计算网格点需要在背景网格中重新定位。

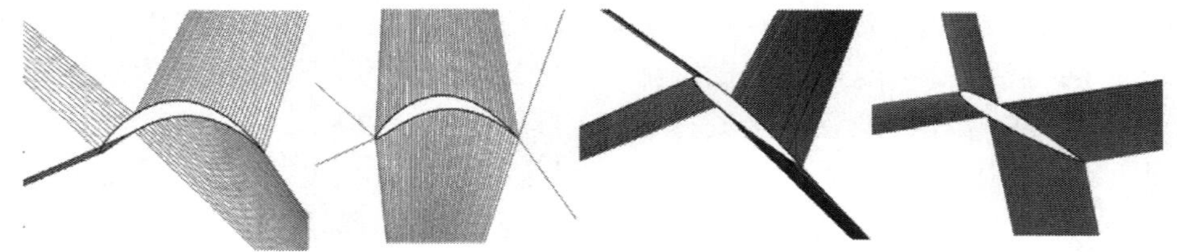

图 6.10　改进算法

在实际非定常流动模拟中，完成动态过程需要计算几万步或者更多，动网格方法每一步都要对旧网格进行更新，因此动网格方法的计算效率是衡量优劣的一个重要指标。目前，弹簧近似方法之所以比弹性体方法应用更为广泛，主要也是基于效率方面的原因。针对以上翼型算例，比较了 Delaunay 图动网格方法和弹簧近似方法的计算效率(迭代收敛标准取为 10^{-6})。由于在结合流场进行计算时,需要考虑稳定性条件,对于显式四步 Runge-Kutta 法,CFL 数最大值为 $2\sqrt{2}\approx 2.8$,计算中 CFL 数取为 2,表 6.3 列出了转动不同角度两种方法用时比较,可以看出 Delaunay 图动网格方法无论是在单步耗时还是总耗时上都明显少于弹簧近似方法,具有更高的效率。究其原因是在计算网格点下一时刻的新位置时,弹簧近似方法需要进行迭代求解大型线性方程组,而 Delaunay 动网格方法仅需要做一次简单的代数运算。对于隐格式,时间步长原则上可以取得很大,此时对 Delaunay 图方法的生成效率和网格质量并没有影响,但是弹簧近似模型的迭代次数明显增加,会导致计算效率进一步下降。因此,在隐式计算中基于 Delaunay 图映射的动网格方法优势会更加明显。

表 6.3 变形网格生成效率比较

转角	弹簧法推进步数	Delaunay 法步数	弹簧法耗时/s	Delaunay 方法耗时/s	弹簧法每步耗时/s	Delaunay 法每步耗时/s
10°	2138	2130	348	97	0.163	0.0456
20°	4587	4870	703	233	0.153	0.0478
30°	8180	9470	1149	450	0.140	0.0475

选择 Delaunay 图动网格方法的优势在于给定点集后可以很快确定背景网格,从上面的例子也可以看出,由于点集内包含的远场点有限,边界运动变形规律复杂的情况下,背景网格很容易发生相交;即使背景网格不相交,如果计算网格非常细密,相邻点的体积坐标相差是个小量,在背景网格变形后插值过程的误差也会引起计算网格相交。从理论上说,随着物面以外控制点的增加,变形能力也会得到改善,为此提出运动子网格方法(moving submesh approach,MSA)或双重网格的动网格思想,背景网格包含了计算域内所有点,一般是是适宜于变形的四面体网格,背景网格变形之后,通过插值得到计算网格的位置,考虑到变形过程的计算工作量,背景网格相对于计算网格比较稀疏。编制复杂外形的 Delaunay 生成网格软件比较困难,可以采用商业软件生成;按照 Delaunay 图动网格方法定位计算网格结点,因此计算网格可以是非结构网格,也可以是结构网格。背景网格的变形方法可以采用弹簧近似方法,但是实际应用中更多的是采用径向基函数等插值法。

6.2.2 基于径向基函数的插值法

径向基函数(radial basis functions,RBF)就是以空间距离为自变量的函数,常表示为

$$\varphi=\varphi(|\boldsymbol{e}|) \tag{6.18}$$

其中,$\boldsymbol{e}$ 是 Euclidian 空间变量,在大部分的力学问题研究中常取任意两点间的径

向距离 $\boldsymbol{e}=\boldsymbol{r}-\boldsymbol{r}_0=\Delta\boldsymbol{r}_0$，$\boldsymbol{r}$ 是三维空间坐标矢量，因此径向基函数主要用来描述与空间相对距离影响有关的物理特性。

早期引入径向基函数是为了解决气动弹性计算中界面信息交换问题。在流固耦合计算过程中，很多情况下流体网格和固体网格不一致，结构方程计算提供的是位于 N_s 个结构网格结点上位移，需要通过插值方法得到流体网格结点上的位移才能提供流体方程计算需要的边界条件。常假设弹性机翼相对于刚性机翼的变形很小，把实际的三维空间信息传递问题简化为在 $y=0$ 的机翼平面内只有 y 方向位移的两个自变量的标量函数插值。计算常取薄板样条函数作为径向基函数，即

$$\varphi_0(|\Delta\boldsymbol{r}|)=|\Delta\boldsymbol{r}_0|^2\ln(|\Delta\boldsymbol{r}_0|+\varepsilon) \tag{6.19}$$

其中，ε 是为了避免在 $\boldsymbol{r}_0$ 处出现奇性而设置的小量，$\boldsymbol{r}_0$ 称为中心点。

为了描述机翼流向 x 和展向 z 的变形差异，增加各向异性的一阶多项式，任意点变形表示为 N_s 个中心点处径向基函数的线性组合形式，即

$$\Delta y=\varphi(x,z)=\sum_{i=1}^{N_s}\alpha_i\varphi_i(|\Delta\boldsymbol{r}|)+\gamma_0+\gamma_1x+\gamma_3z \tag{6.20}$$

在 N_s 个结构网格结点位移已知，即

$$\Delta y_j=\varphi(x_j,z_j)=\sum_{i=0}^{N_s}\alpha_i\varphi_i(|\Delta\boldsymbol{r}_j|)+\gamma_0+\gamma_1x_j+\gamma_3z_j \tag{6.21}$$

其中，$\Delta r_j=\sqrt{(x_j-x_i)^2+(y_j-y_i)^2}$，为便于表述记 $\varphi_i(|\Delta\boldsymbol{r}_j|)=\varphi_{ij}$。

为了确定多项式的系数，补充三个方程式，即

$$\sum_{i=1}^{N_s}\alpha_i=\sum_{i=1}^{N_s}\alpha_ix_i=\sum_{i=1}^{N_s}\alpha_iy_i=0 \tag{6.22}$$

可以得到的线性方程组形式如下，即

$$\begin{bmatrix}\Delta y_1\\ \Delta y_2\\ \vdots\\ \Delta y_{N_s}\\ 0\\ 0\\ 0\end{bmatrix}=\begin{bmatrix}\varphi_{11} & \varphi_{12} & \cdots & \varphi_{1N_s} & 1 & x_1 & y_1\\ \varphi_{21} & \varphi_{22} & \cdots & \varphi_{2N_s} & 1 & x_2 & y_2\\ \vdots & \vdots & & \vdots & \vdots & \vdots & \vdots\\ \varphi_{N_s1} & \varphi_{N_s2} & \cdots & \varphi_{N_sN_s} & 1 & x_{N_s} & y_{N_s}\\ 1 & 1 & \cdots & 1 & 0 & 0 & 0\\ x_1 & x_2 & \cdots & x_{N_s} & 0 & 0 & 0\\ y_1 & y_1 & \cdots & y_{N_s} & 0 & 0 & 0\end{bmatrix}\begin{bmatrix}\alpha_1\\ \alpha_2\\ \vdots\\ \alpha_{N_s}\\ \gamma_0\\ \gamma_1\\ \gamma_2\end{bmatrix}$$

解此方程组可得出插值系数 α_i 和 γ_i，理论上机翼平面任意点的变形代入式(6.20)可以得到包括 N_f 个流体网格位置的位移，解决固体信息向流体传递的问题。同样，计算流动方程可以得到 N_f 个流体网格位置的压力，理论上也可以通过以上插值获得流体载荷的分布函数，然后进行积分得到结构网格结点上的集中力，但是流体网格往往比结构网格细密，线性方程组的阶数成量级增大，计算效率较

低，实际应用中采用基于流体网格的直接数值积分来近似得到作用于结构网格结点上的集中力，要比基于结构网格的插值函数积分更简单、准确和高效，因此解决流体信息向固体传递很少采用径向基函数插值方法。

采用径向基函数插值方法解决网格运动和变形问题和以上过程类似。计算域内任意点 $\boldsymbol{r}$ 处的位移矢量 $\boldsymbol{s}=(\Delta x,\Delta y,\Delta z)$ 表示成基函数的线性组合，即

$$s(\boldsymbol{r}) = \varphi(|\Delta\boldsymbol{r}|) + p(\boldsymbol{r}) = \sum_{i=1}^{nb}\beta_i\varphi_i(|\Delta\boldsymbol{r}|) + p(\boldsymbol{r}) \tag{6.23}$$

其中，$\varphi_i(|\Delta\boldsymbol{r}|)=\varphi_i(|\boldsymbol{r}-\boldsymbol{r}_i|)$；$nb$ 是边界点的数目，描述各向异性的线性多项式，即

$$p(\boldsymbol{r})=\gamma_0+\gamma_1 x+\gamma_2 y+\gamma_3 z \tag{6.24}$$

边界位移已知，边界上 j 点在 l 坐标方向的位移分量可以写为

$$s_l(\boldsymbol{r}_j) = \sum_{i=1}^{nb}\beta_i^l\varphi_i(|\Delta\boldsymbol{r}_j|) + p_l(\boldsymbol{r}_j) = \sum_{i=1}^{nb}\beta_i^l\varphi_{ij} + p_l(\boldsymbol{r}_j) \tag{6.25}$$

其中，$|\Delta\boldsymbol{r}_j|=\sqrt{(x_j-x_i)^2+(y_j-y_i)^2+(z_j-z_i)^2}$；基函数 $\varphi_{ij}=\varphi_i(|\Delta\boldsymbol{r}_j|)$ 的值与方向无关，同样补充四个方程式如下，即

$$\sum_{i=1}^{nb}\beta_i^l = \sum_{i=1}^{nb}\beta_i^l x_i = \sum_{i=1}^{nb}\beta_i^l y_i = \sum_{i=1}^{nb}\beta_i^l z_i = 0 \tag{6.26}$$

三个坐标方向共有 $3(nb+4)$ 个方程，如果写成矩阵形式，即 $A\boldsymbol{x}=\boldsymbol{b}$，那么其中 $3(nb+4)$ 个求解变量是插值系数为

$$\boldsymbol{x}=(\beta_1^1,\beta_2^1,\cdots,\beta_{nb}^1,\gamma_0^1,\cdots,\gamma_3^1,\beta_1^2,\beta_2^2,\cdots,\beta_{nb}^2,\gamma_0^2,\cdots,\gamma_3^2,\beta_1^3,\beta_2^3,\cdots,\beta_{nb}^3,\gamma_0^3,\cdots,\gamma_3^3)$$

右端项为

$$\boldsymbol{b}=(\Delta x_1,\Delta x_2,\cdots,\Delta x_{nb},0,\cdots,0,\Delta y_1,\Delta y_2,\cdots,\Delta y_{nb},0,\cdots,0,\Delta z_1,\Delta z_2,\cdots,\Delta z_{nb},0,\cdots,0)$$

系数矩阵较为复杂，这里省略。上述线性方程常采用 LU 迭代法求解。

除了以上薄板样条函数，也可以根据研究问题的不同选择其他样条函数。很多力学现象具有离参考点越远影响越小的特性，为了提高计算效率，引入紧支(compact)函数，在远到一定距离以后，令函数值为 0，相当于给径向基函数确定影响区域。很多时候网格变形是由边界运动带动的，离边界越远变形越小，非常适合采用紧支函数描述。常用的紧支函数有很多种，如 Wendland 紧支函数，即

$$\varphi(|\Delta\boldsymbol{r}|)=\begin{cases}(1-|\Delta\boldsymbol{r}|/\alpha)^4(4|\Delta\boldsymbol{r}|/\alpha+1), & |\Delta\boldsymbol{r}|\leqslant\alpha\\ 0, & \text{其他}\end{cases} \tag{6.27}$$

其中，α 称为紧支函数的支撑半径，需要根据经验选择，支撑半径越大，插值越精确，但是支撑半径大了以后，系数矩阵会比较稠密，方程组不易求解。

6.2.3 RBFs-MSA 混合动网格变形算法

结合径向基函数方法和运动子网格方法各自的优点，提出的 RBFs-MSA 混合

动网格变形算法描述如下。

① 生成计算网格和背景网格。为了减少计算量，背景网格的边界点一般比计算网格的边界点少，内点的数目可以根据具体的问题进行控制。背景网格的节点数目可以远远少于计算网格的数目。如图 6.11 所示，长宽比为 10 的矩形在边长为 30 的正方形内旋转，初始时刻计算网格含有 12 458 个三角形，310 个边界点和 6074 个内点；背景网格含 2466 个三角形，62 个边界点和 202 个内点。

② 计算网格点定位和确定体积坐标。在背景网格单元中定位计算网格内点，计算在体积(或面积)坐标，并将定位信息和相对坐标值存储起来。

③ 背景网格运动。计算动边界的位移，更新边界点坐标；在已知背景网格的边界点位移后，求解插值系数，利用径向基函数插值得到背景网格内点的坐标。

④ 计算网格运动。利用存储的背景网格内点的定位信息和相对坐标值，根据更新后的背景网格节点坐标，插值得到背景网格内点坐标。图 6.11 给出了矩形旋转 90^0 以后局部区域的背景网格点。

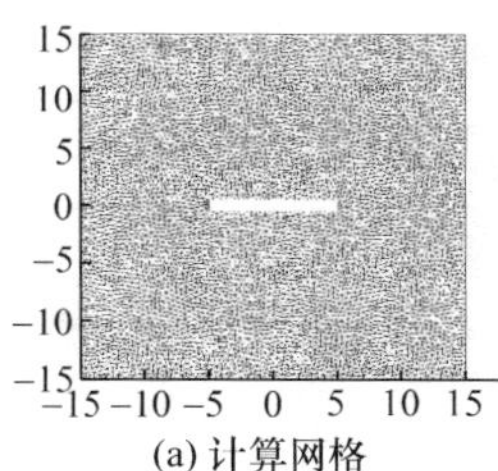

(a) 计算网格

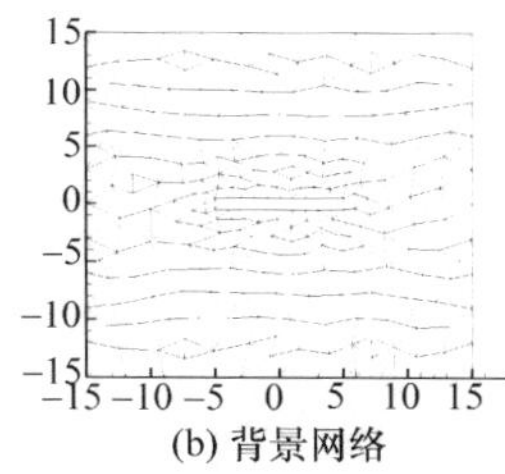

(b) 背景网络

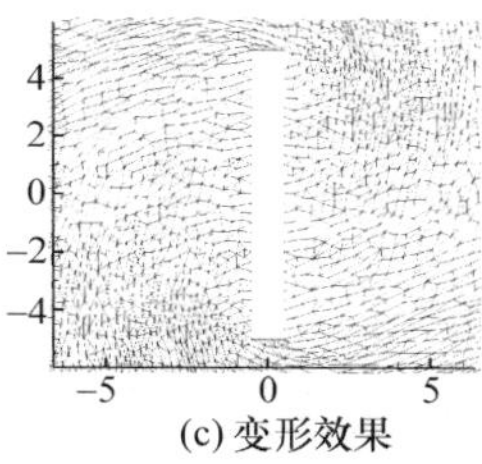

(c) 变形效果

图 6.11　局部区域背景网格点

为了进一步说明这种变形方法的优点，模拟前后置双扑动翼型算例。前后都为 NACA0012 翼型，双翼型之间最小的水平距离为 1 倍弦长，后翼相对于前翼上下扑动幅度为 0.4 弦长。计算网格和背景网格如图 6.12 所示。为了刻画翼型后缘拖出尾迹，采用分区混合网格技术生成计算网格，在黏性影响区域进行网格加密，采用长宽比比较大的 52 000 个四边形单元，其他区域有 8332 个三角形单元，整个区域共计 55 795 个内点，翼型表面和矩形外边界上共有 740 个点。背景网格全部为三角形，含有 1142 个单元、128 个边界点和 506 个内点。为了比较计算效率，采用混合算法和计算网格直接径向基函数插值两种算法。为了定量比较，对于三角形，引入如下变形系数，即

$$\alpha=\frac{2\sqrt{3}\left|\Delta\boldsymbol{r}_{12}\times\Delta\boldsymbol{r}_{23}\right|}{\left|\Delta\boldsymbol{r}_{12}\right|^{2}+\left|\Delta\boldsymbol{r}_{23}\right|^{2}+\left|\Delta\boldsymbol{r}_{31}\right|^{2}}\tag{6.28}$$

变形系数越接近于 1 网格质量越好，最佳值为 1，此时为正三角形。对于标记为 $ABCD$ 的四边形，化为三角形 ABC、ACD、ABD 和 BCD 等 4 个三角形，变形系数满足 $\alpha_1\geqslant\alpha_2\geqslant\alpha_3\geqslant\alpha_4$，定义四边形的变形系数为

$$\mu=\frac{\alpha_3\alpha_4}{\alpha_1\alpha_2} \tag{6.29}$$

最大相对运动处的计算网格如图 6.12 所示，两种算法的差异非常小，根据图像很难看出差异。在后翼周期性扑动过程中，背景网格中所有四边形网格变形系数的平均值随着无量纲时间变化也在图 6.12 中给出，可以看出，两种方法差别极小，而且在整个变形过程中平均值的变化很小，变化幅度不到 5%，表明对于黏性流动计算时取长宽比较大的网格也能保持比较好正交性。

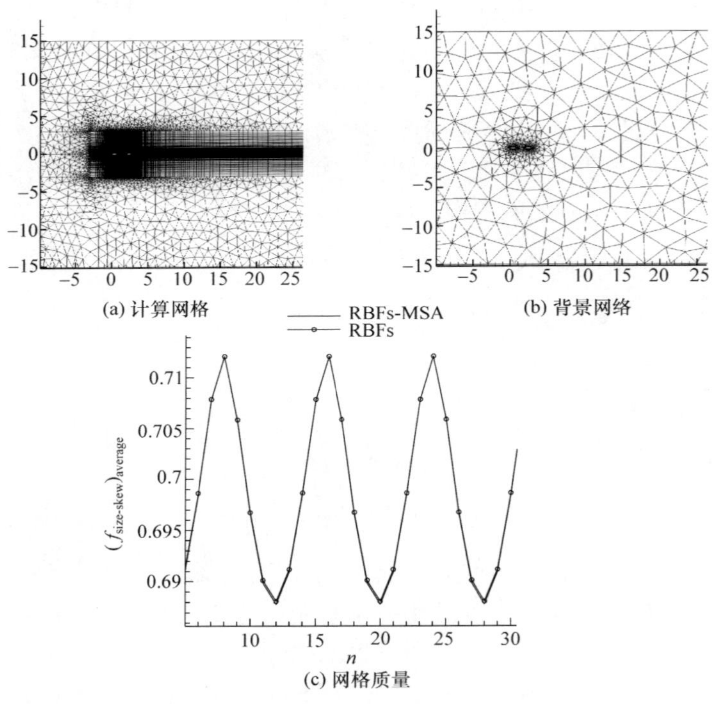

图 6.12 最大相对运动处的计算网格

为了比较混合算法和径向基函数法的计算效率，统计 100 步计算所需的 CPU 时间，混合算法为 3.98s，而径向基函数法为 605.89s。造成混合算法比径向基函数法快 2 个量级的原因在于，背景网格的边界点数目不到计算网格的 1/5，求解径向基插值系数建立线性方程组的阶数和存储量远小于直接在背景网格基础上采用径向基插值。尽管计算网格内点数目接近背景网格的 100 倍，在背景网格的位置更新后，根据相对面积坐标计算内点位置的插值运算所需的计算量相对求解线性方程组的计算只占了很小的一部分。

该算例表明，混合算法保持径向基函数插值方法解决网格运动和变形问题时变形网格质量高、对网格类型的适应性强、不受流动方程稳定时间限制等优势，同时极大地减少了计算时间。

在三维情况下，可以获得更高的计算效率。在研究 M6 机翼的气动弹性问题时，计算网格含有 277 845 个四面体单元、10 419 个边界点和 40 984 个内点，直接采用径向基函数法解决动网格问题，建立求解变量为 3×10 423 的线性方程组，存储量超过了单机的内存，需要进行并行计算。采用混合算法，背景网格设置 12 251 个四面体单元、938 个边界点和 1735 个内点，边界点数目仅为计算网格边界点数目的 9%，所需的存储量仅为计算网格的 0.8%，常见的单机就可以完成计算。在这个算例中，针对背景网格变形，还对混合算法与弹簧近似方法进行了比较。混合算法采用 LU 迭代法，弹簧近似方法采用 Jacobi 迭代法，收敛残值统一设为 10^{-5}，计算表明在整个变形过程中，混合算法的网格质量明显较好，在弹簧近似方法变形失败后，混合算法还可以继续进行变形。不考虑计算稳定性限制，比较每一步计算需要的 CPU 时间，弹簧近似方法大约是混合算法的 6 倍。

6.2.4　距离倒数加权插值算法

基于径向基函数的动网格算法解需要求解大型线性方程组，除了计算量外，还不易于实施并行化。近年来一种算法更简单、满足大规模并行计算需求的显式插值方法，距离倒数加权插值(inverse distance weighting，IDW)方法，被成功应用于动网格问题。下面对这一方法进行简单介绍。

已知 nb 个空间位置 $R=\{\vec{r}_i, i=1,2,\cdots,\mathrm{nb}\}$ 上对应的数据集 $A=\{\alpha_i, i=1,2,\cdots,\mathrm{nb}\}$，若用距离倒数作为插值函数的权函数，即

$$\varphi_i(|\Delta \boldsymbol{r}|)=\frac{1}{|\Delta \boldsymbol{r}|^c}=\frac{1}{|\boldsymbol{r}-\boldsymbol{r}_i|^c} \tag{6.30}$$

空间任一点的插值函数表示为

$$\phi(\boldsymbol{r})=\frac{\sum_{i=1}^{\mathrm{nb}}\alpha_i\varphi_i(|\Delta \boldsymbol{r}|)}{\sum_{i=1}^{\mathrm{nb}}\varphi_i(|\Delta \boldsymbol{r}|)} \tag{6.31}$$

其中，c 为权函数的形状参数(shape parameter)。

IDW 与 RBF 等常规插值方法的差异在于，在空间坐标无限逼近给定位置 $\boldsymbol{r}_j\in R$ 时，权函数趋于无穷大，但是插值函数的极限值 $\alpha_j\in A$，证明如下，即

$$\lim_{r\to \boldsymbol{r}_j}\phi(\boldsymbol{r})=\lim_{r\to \boldsymbol{r}_j}\frac{\sum_{i=1}^{\mathrm{nb}}\alpha_i\varphi_i(|\Delta \boldsymbol{r}|)}{\sum_{i=1}^{\mathrm{nb}}\varphi_i(|\Delta \boldsymbol{r}|)}=\lim_{r\to \boldsymbol{r}_j}\frac{\sum_{i=1}^{\mathrm{nb}}\alpha_i\dfrac{1}{|\boldsymbol{r}-\boldsymbol{r}_i|^c}}{\sum_{i=1}^{\mathrm{nb}}\dfrac{1}{|\boldsymbol{r}-\boldsymbol{r}_i|^c}}=\alpha_j \tag{6.32}$$

当用 IDW 进行网格变形时，将边界点的位移作为已知数据集，插值函数在边界点

处极限为该点精确位移，与边界条件也是相容的，每一时刻得到边界点的位移，便可更新整个网格点的位置。但是，插值函数的自变量是空间距离，因此适合处理边界平动引起的网格运动或变形，对于空间距离变化较小的边界转动问题，在变形过程中，函数位置的分辨能力很差，严重降低了网格质量。目前较为有效的解决办法是改造函数值和细化形状参数。

① 边界点运动可以分为平动和转动。对于 i 点，变形增量可以写为 $\boldsymbol{s}_i=\boldsymbol{s}_i^t+\boldsymbol{s}_i^w$，其中 $\boldsymbol{s}_i^t$ 和 $\boldsymbol{s}_i^w$ 分别为平动和转动分量，采用不同的形状参数。

② 将远场静止边界点和物面运动边界点区分出来，即 $\mathrm{nb}=m+k$，其中 m 是运动边界点数目，采用不同的形状参数。

插值函数可以表示为

$$\boldsymbol{s}(\boldsymbol{r})=\frac{\sum_{i=1}^{m}\boldsymbol{s}_i^t\varphi_i(|\Delta\boldsymbol{r}|,c_m^t)}{\sum_{i=1}^{m}\varphi_i(|\Delta\boldsymbol{r}|,c_m^t)}+\frac{\sum_{i=1}^{m}\boldsymbol{s}_i^w\varphi_i(|\Delta\boldsymbol{r}|,c_m^w)}{\sum_{i=1}^{m}\varphi_i(|\Delta\boldsymbol{r}|,c_m^w)}+\frac{\sum_{i=1}^{k}\boldsymbol{s}_i^t\varphi_i(|\Delta\boldsymbol{r}|,c_k^t)}{\sum_{i=1}^{k}\varphi_i(|\Delta\boldsymbol{r}|,c_k^t)}+\frac{\sum_{i=1}^{k}\boldsymbol{s}_i^w\varphi_i(|\Delta\boldsymbol{r}|,c_k^w)}{\sum_{i=1}^{k}\varphi_i(|\Delta\boldsymbol{r}|,c_k^w)} \tag{6.33}$$

其中，形状参数的下标 m 和 k 区分运动和静止；上标 t 和 w 区分平动和转动。

这些常数主要依靠经验选取，因此 IDW 动网格方法还需要进一步完善。

6.3 离散几何守恒律

几何守恒律概念最早是 Thomas 和 Lombard 在 1978 年提出，文献［1］通过模型分析和算例演示，证明几何守恒律方程式是流场参数假设为常数条件下、ALE 坐标形式流体力学方程的退化形式，不是独立的新约束条件，因此从规范的角度说，采用离散几何守恒律(discrete geometric conservation law，DGCL)更准确。不满足几何守恒律引起非物理解的本质机理是网格变形过程中体积增量与面积运动形成体积不等而产生的。

从 ALE 形式的流体方程出发，即

$$\frac{\partial}{\partial t}\iiint_{V_i}Q\mathrm{d}V=-\sum_{k=1}^{N_f}\boldsymbol{F}_k\cdot\boldsymbol{n}_kS_k=\mathrm{RHS}$$

如果采用一阶显式格式离散非定常流动 ALE 方程的时间导数，即

$$(VQ)_i^{n+1}-(VQ)_i^n=\Delta t\cdot\mathrm{RHS}^n \tag{6.34}$$

对于如图 6.13 所示的三角形网格单元，假设垂直纸面方向为单位厚度，这样

继续采用微元体积和面积描述。从 n 推进到 $n+1$ 时刻，微元体积从 V^n 变化为 V^{n+1}，其中第 i 个面 S_i^n 以速度 $\boldsymbol{x}_{ci}$ 运动同时变形为 S_i^{n+1}，运动面积形成的体积增量记为 ΔV_i^n。理论上，控制体面积运动引起的体积变化不等于实际的体积增量，但是在离散以后情况发生变化。在式(6.34)计算空间通量积分采用 n 时刻参数，时间推进到 $n+1$ 时刻，如图 6.13 所示，S_i^n 扫过的体积增量之和显然不等于实际的三角形体积增量，即

$$\frac{V^{n+1}-V^n}{\Delta t} \neq \sum_{i=1}^{3} \boldsymbol{x}_{ci} \cdot \boldsymbol{n}_i S_i^n \quad \text{或} \quad V_i^{n+1}-V_i^n \neq \boldsymbol{x}_{ci}\Delta t \cdot \boldsymbol{n}_i S_i^n \tag{6.35}$$

在计算过程中，几何参数和流场变量是耦合在一起的，时间推进一步根据离散方程得到的是 $(VU)_i^{n+1}$，上述几何不相等会引起流场的变化，有些情况下这种误差随着时间不断累积，导致非定常流动模拟失败或计算过程发散。DGCL 就是消除这种几何误差的措施，它与求解流场的时空离散格式相关，国内外文献构造了很多种算法。

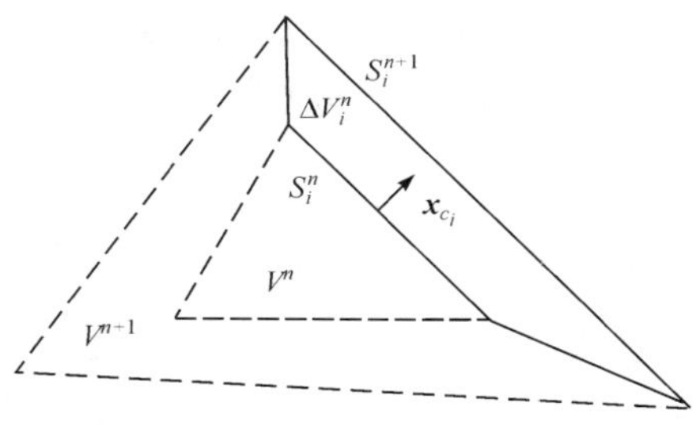

图 6.13　网格运动

根据选择修正参数不同，可以把国外的几何守恒律算法分为三类。

第一类是修正面积算法。主要用于两步推进时间显格式，流通量积分(习惯上称为右端项)用到 n 时刻的流场参数，但是涉及 $n+1$ 时刻的几何参数，采用平均面积，即

$$S_i^{n+\frac{1}{2}} = \frac{1}{2}(S_i^n + S_i^{n+1}) \tag{6.36}$$

代替 n 时刻的 S_i^n 进行右端项通量积分。对于广泛使用的 Runge-Kutta 显格式，除上述平均面积，还要预测步中的体积采用与流场一样的计算格式，即

$$\begin{aligned}
&V^{(0)} = V^n \\
&V'^{(j)} = V^{(0)} + \sigma_j \Delta t \sum_{i=1}^{3} \boldsymbol{x}_{ci} \cdot (\boldsymbol{n}_i S_i)^{n+\frac{1}{2}} \\
&V^{n+1} = V'^{(m)} \\
&\sigma_j = 1/(m-j+1), \quad j = 1,2,\cdots,m
\end{aligned}$$

这类 DGCL 算法可以实现物面的位置相等条件。流动方程计算时，边界速度采用结构计算得到的位置来计算。在 $n+1$ 时刻网格节点位置确定以后，二阶精度条件下面积中心点速度等于节点速度平均，即

$$\boldsymbol{x}_{12}=\frac{1}{2}\left(\frac{\boldsymbol{x}_1^{n+1}-\boldsymbol{x}_1^n}{\Delta t}+\frac{\boldsymbol{x}_2^{n+1}-\boldsymbol{x}_2^n}{\Delta t}\right) \tag{6.37}$$

但是，这类 DGCL 算法，物理含义模糊，n 时刻的流场通量使用 $n+1$ 时刻几何参数，新时刻体积 V^{n+1} 根据流场计算格式得到，理论上无法自动消除积累误差。推广到时间多步格式困难，例如涉及 $n-1$ 时刻几何参数的时间二阶隐格式，就没法定义平均面积，采用 $S_i^{n+\frac{1}{2}}$ 或 $S_i^{n-\frac{1}{2}}$ 均不合适。

第二类是修正网格运动速度算法。时间多步全隐格式的通量积分采用 $n+1$ 时刻几何参数，例如流体方程采用时间二阶隐格式离散，体积变化导数离散为

$$\frac{\partial}{\partial t}\iiint_V \mathrm{d}\sigma=\frac{3V^{n+1}-4V^n+V^{n-1}}{2\Delta t} \tag{6.38}$$

右端项通量积分时面积为 S_i^{n+1}，采用几何关系计算出来的网格运动速度 $\boldsymbol{x}_{ci}$，出现几何不守恒现象。为了满足几何守恒律，引入网格速度 $\boldsymbol{u}_g$，在流场计算过程中采用如下网格速度 $\boldsymbol{u}_{gi}$ 代替 $\boldsymbol{x}_{ci}$，即

$$\boldsymbol{u}_{gi}\cdot\boldsymbol{n}=\frac{3\Delta V_i^n-\Delta V_i^{n-1}}{2\Delta t\cdot S_i^{n+1}} \tag{6.39}$$

这类算法不能保证在流固界面满足位置条件，即使速度条件也不严格。提出能量分析 CSS 界面算法精度模型的学者 Farhat 也注意到这个问题，在 2006 年引入结构预测器(structure-predictor)构造新的界面算法，其基本流程如下。

① 在速度 $\boldsymbol{q}_t^n$ 基础上预测 $n+1/2$ 时刻的位移，即

$$\boldsymbol{q}^{n+1/2,p}=\boldsymbol{q}^n+0.5\boldsymbol{q}_t^n\Delta t \tag{6.40}$$

② 在 $n-1/2$ 时刻流场基础上推进 Δt 得到 $n+1/2$ 时刻流场，流体边界网格速度采用第二类离散几何守恒律根据 $\boldsymbol{q}^{n-1/2}$ 和 $\boldsymbol{q}^{n+1,p}$ 计算 $\boldsymbol{u}_g^{n+1/2}$。

③ 已知流体载荷 $\boldsymbol{F}_{\text{air}}^{n+1/2}$ 以后，采用线性外插值确定 $n+1$ 时刻气动力，即

$$F_{\text{air}}^{n+1}=2F_{\text{air}}^{n+1/2}-F_{\text{air}}^n \tag{6.41}$$

在此基础上，采用二阶精度格式计算结构方程，得到 $n+1$ 时刻的 $\boldsymbol{q}_t^{n+1}$ 和 $\boldsymbol{q}^{n+1}$。

按照能量模型分析，这种界面算法具有二阶精度，国内有文献称其为高精度松耦合算法。但是，细致研究这种算法流程，发现存在如下问题。

① 在耦合计算过程中流体边界位置 $\boldsymbol{x}^{n+1}=\boldsymbol{u}^{n+1,p}\neq\boldsymbol{u}^{n+1}$，没有完全满足位置相等条件。

② 采用一阶精度预测值 $\boldsymbol{u}^{n+1,p}$ 作为流体方程边界条件，即使双时间法的内迭代达到收敛，得到的流体载荷 $\boldsymbol{F}_{\text{air}}^{n+1/2,p}$ 精度较低，在此基础外插值气动力 $\boldsymbol{F}_{\text{air}}^{n+1}$ 和计算 $\boldsymbol{u}^{n+1}$，精度难以证明。

按照这种界面算法，尽管流体和固体相互传递的能量守恒性达到二阶精度，但是传递的参数本身的精度不明确。

第三类是同时修改速度和面积算法。为了解决半隐格，其中通量积分既有 S_i^{n+1}，也有 S_i^n 遇到的难题，根据如下几何守恒关系式，即

$$\frac{V^{n+1}-V^n}{\Delta t}=\sum_{i=1}^{nf}(\boldsymbol{u}_{gi}\cdot\boldsymbol{n}_i)S_i^{n+1/2}$$

求得的网格速度为

$$\boldsymbol{u}_{gi}\cdot\boldsymbol{n}_i=\frac{\Delta V_i}{\Delta t S_i^{n+1/2}} \tag{6.42}$$

文献[1]通过算例和理论分析，论证了“几何守恒律不是流固耦合过程带来新的约束条件，不过是两个时刻体积增量与面积运动形成体积不等而产生的误差”。基于这种机理认识看待以上这三种几何守恒律算法，无非是采用修正右端项(积分通量)中面积或网格运动的办法来满足几何相等。既然可以修改面积或网格运动，也可以修正体积。基于这样的思路，本书建立了新几何守恒律算法，不妨称其为第四类算法。

第四类是体积算法。通量计算中面积全部采用实际物理值，即 n 时刻通量用 S_i^n，$n+1$ 通量用 S_i^{n+1}，同过修正体积来满足几何守恒。这类算法具体处理有多种选择。

对于上面给出的 Runge-Kutta 显格式，可以修正 V^{n+1}，也可以修正 V^n。

① 从 n 推进到 $n+1$ 时刻计算中出现 V^{n+1} 全部使用 V' 代替，即

$$V'=V^n+\Delta t\sum_{i=1}^{3}\boldsymbol{x}_{ci}\cdot\boldsymbol{n}_iS_i^n \tag{6.43.1}$$

② 从 n 推进到 $n+1$ 时刻过程中，出现 V^n 的地方采用 V'' 代替，即

$$V''=V^{n+1}-\Delta t\sum_{i=1}^{3}\boldsymbol{x}_{ci}\cdot\boldsymbol{n}_iS_i^n \tag{6.43.2}$$

不管那种修正 V^n 和 V^{n+1} 采用对应时刻空间坐标值计算，不存在误差积累。

对于上面的时间二阶隐格式，有三种修正方法。

① 采用 V' 代替 V^{n+1} 进行计算，即

$$V'=\frac{1}{3}\left(4V^{n+1}-V^{n-1}+2\Delta t\sum_{i=1}^{3}\boldsymbol{x}_{ci}\cdot\boldsymbol{n}_iS_i^{n+1}\right) \tag{6.44.1}$$

② 也采用 V'' 代替 V^n 进行计算，即

$$V''=\frac{1}{4}\left(3V^{n+1}+V^{n-1}-2\Delta t\sum_{i=1}^{3}\boldsymbol{x}_{ci}\cdot\boldsymbol{n}_iS_i^{n+1}\right) \tag{6.44.2}$$

③ 还可以采用 V''' 代替 V^{n-1} 进行计算，即

$$V'''=4V^n-3V^{n+1}+2\Delta t\sum_{i=1}^{3}\boldsymbol{x}_{ci}\cdot\boldsymbol{n}_iS_i^{n+1} \tag{6.44.3}$$

第四类算法除了物理意义明确、应用简便、计算量小等优势，更为重要的是它的网格变形速度根据 n 时刻和 $n+1$ 时刻面积中心位置的位移计算，在流固界面满足位置条件，可以构建高精度界面算法。

参考文献

[1] 刘君，白晓征，郭正. 非结构动网格计算方法-及其在包含运动界面的流场模拟中的应用. 长沙：国防科技大学出版社，2008.

[2] 刘瑜. 量热完全气体/化学非平衡气体流动 ALE 有限体积计算方法研究. 长沙：国防科技大学博士学位论文，2013.

第 7 章　网格间信息传递方法

在流固耦合的数值模拟方法研究中，常会遇到不同网格之间的信息传递问题，根据网格之间尺度可分为两类。

第一类尺度相近。例如，嵌套网格在完成边界搜寻和“挖洞”以后需要进行子块之间的信息交换；笛卡儿网格在边界附近增减网格以后新网格也需要赋值才可以继续时间推进；变形动网格技术结合重构策略才能应用于流场内运动物体出现相对大位移情况，在重构区域也需要通过旧网格上的流动信息产生新网格流动参数。这类问题的两套网格的尺度相近，一般情况下均为流体内部网格，主要是给出新网格的内部或边界点上流动参数，使得计算继续进行。

第二类尺度相差较大。例如，在采用统一模型模拟爆炸冲击波与建筑物相互作用的流场时，为了捕捉装药内部爆轰波阵面需要毫米量级以下的网格，为实现冲击波在空气中传播过程的三维模拟，现有计算机条件最细也只能采用厘米量级的网格，装药完成能量释放后需要把细密网格的流场信息传递到较粗网格上，这种情况下两套网格均为流体网格，基于网格求解的控制方程和变量相同。再如，前面提到的气动弹性计算中，在流固界面上流体网格和固体网格的尺度也有较大差异，同时求解的方程也不同，需要传递的变量也不同。

目前主要采用插值来解决网格之间信息传递需求。插值与流场计算方法无关，其原理是在假设物理量空间分布满足给定类型的函数模型集，根据已知网格（简称旧网格）位置上的流动参数确定函数具体表达式，把需要信息的网格（简称新网格）位置代入获得物理量。在文献[1]中，从波动方程的线性简化模型出发，把插值得到的值代入差分格式的修正方程，从理论上可以证明：插值运算引起差分格式的相容性变化，带来新的误差，从而影响格式精度；计算过程中不同网格间采用二阶精度插值方法进行流场信息传递，导致空间二阶精度差分格式的精度降低。

插值函数很难准确描述流场内激波这样的间断，采用插值方法必然引入误差，文献[1]中研究插值对一维非定常激波管和二维定常激波反射数值模拟结果的影响，在两套网格之间采用线性插值会抹平激波，采用 ENO 插值引起非物理波动。实际应用中插值算法有时会对计算结果产生严重影响，文献[1]给出数值模拟隐身飞机内置弹舱门开启动态过程的实例，每次网格重构后采用线性插值，引起气动力非物理波动。因此，为了保证网格尺度相近的两套网格上的激波分辨率相近，在信息传递过程中应当尽可能满足流体控制方程计算格式的相容性条件。

如果网格尺度相差较大，即使满足相容性条件，实现了相同的精度，两套网格本身的格式误差也存在量级的差异，因此信息传递过程中强调保证格式精度不是关键。这类问题中经常遇到流场参数相差很大的情况，例如近爆点附近冲击波前后密度和压力等物理量相差大约 3 个量级，尽管细网格的尺度很小，但所包含的物理量对粗网格的流场参数依然有明显的影响，在这种情况下准确描述那些部分落入粗网格内部的细网格的影响才是问题的关键。

7.1　网格间高精度信息传递方法简介

如图 7.1(a)所示的非结构网格，实线表示 O 为中心点的旧网格，虚线表示 P 和 Q 为中心点的新网格。信息传递要解决的问题是在 O 处流动参数已知条件下确定 P 和 Q 上的流动参数。

从动力学系统辨识学角度看[2]，这一过程就是在 n 时刻旧网格流场(观测数据和先验信息)基础上，采用插值等数学方法(辨识算法)，获得新网格上与真实值误差尽可能小(辨识准则)的流动参数。

在信号处理和控制理论中，对于不随时间变化的系统进行参数辨识，理论上贝叶斯条件均值估计是采用方差作为辨识准则的最优估计，应用中发现获得先验知识需要大量的信息，成本昂贵。考虑状态随时间变化的系统称为时变系统，通过获取得包含有随机噪声的、直到 n 时刻的观测数据估计 n 时刻的状态值叫做滤波，常采用 Kalman 滤波算法。Kalman 滤波算法采用 n 时刻以前的状态值结合 n 时刻的状态方程给出状态预报，这些信息作为先验知识，很巧妙地解决了贝叶斯条件均值估计遇到的难题。采用 Kalman 滤波算法得到的状态估计值精度高，常被称为最优滤波。

从信息理论的角度定性分析不同网格之间的信息传递问题。常见的插值方法，由于不涉及时间变量，类似于时不变系统的参数辨识，即用 n 时刻 O 点及其相邻的旧网格中心点参数来预测 n 时刻 P 和 Q 点处的参数，在同一时间层内利用空间关联完成信息传递，没有考虑前后时刻流动参数之间的关联性。受 Kalman 滤波算法的启发，本书利用流场参数随时间变化规律满足离散方程这一约束条件，提出基于动网格技术的信息传递新算法。下面介绍这种方法的基本思想。

对于图 7.1(a)所示的信息传递问题，在以 O 为中心点的旧网格基础上求解流体动力学方程，从 n 时刻推进到 $n+1$ 时刻时间步长为 Δt，同时采用动网格技术移动 O 点到 P 点，得到该处流场参数；同样也是从 n 时刻网格和流场出发时间推进 Δt 过程中把 O 点移动到 Q 点，也可以得到 $n+1$ 时刻 Q。尽管位置不同的 P 和 Q 点均来自于 O 点，但是从 n 时刻流场出发推进步长 Δt 相等，因此在 $n+1$ 时刻它们存储的流动参数物理时间相同。这种信息传递算法基于时间关联建立的，在空间方向没有限制，如果有更多需要参数的新网格点，重复以上计算则可。这一步不涉及新网格,因此在图 7.1(b)中没有新网格。P 和 Q 点所在的空间位置正好是新网格的中心点,因此从 $n+1$ 时刻以后的流场计算采用新网格(虚线),废除旧网格(实线),如图 7.1(c)表示。前面章节已经证明,对于二阶精度有限体积法离散格式,中心点处的流场参数等于控制体的平均值,$n+1$ 时刻 P 和 Q 点对于旧网格具有二阶精度,对于新网格也具有二阶精度,信息传递过程精度维持不变。

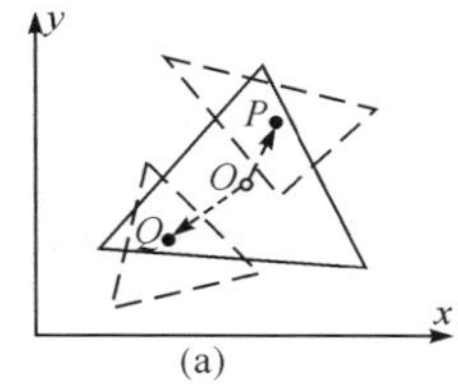

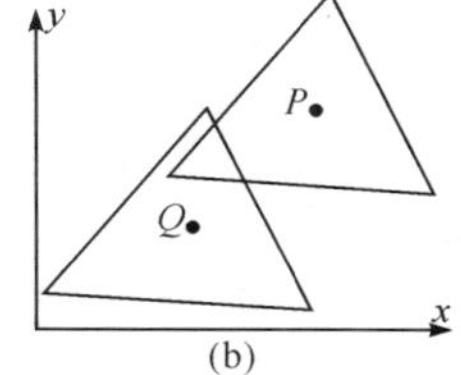

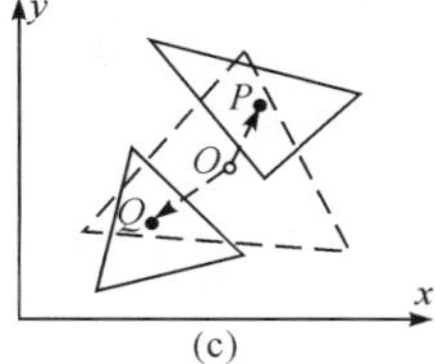

图 7.1 信息传递原理演示

动网格方法通过求解流动方程得到的新网格点上的物理值,不存在相容性问题,与常见的插值方法比较,合理利用离散方程作为约束,通过时空转换获得空间信息,理论上对于二阶精度离散格式在信息传递过程没有引入误差,也可以称为二阶精度条件下的最优信息传递方法。

7.2 移动网格方法的应用难点及其改进算法

文献[1]采用刚性网格进行流场信息传递,为便于区别下面的改进算法,把这种方法称为移动网格方法,应用中发现存在如下问题。

采用时间显式格式计算流体方程,移动网格方法也受到流动方程求解稳定性限制,根据传递信息的所有网格稳定性条件确定局部区域内统一的最小时间步长 $\Delta t_{\min}$,才能保证 $n+1$ 时刻流场同步性。从前面章节稳定性分析建立的表达式看,最小时间经常出现在最小网格处,对于移动距离较大的局部网格在 $\Delta t_{\min}$ 时间内无法实现一步到位。文献[1]通过建模分析,得出结论:采用时间显式格式计算流体方程结合刚性动网格平移策略进行信息传递,二维的三角形在 2 步之内可以实现,三维四面体也许需要 3 步。时间方向多步推进涉及相邻网格的随动,引出穿越边界问题。如图 7.2 所示,在 n 时刻全部流场已知的条件下,根据 O 点相邻网格中心点上流动参数可以重构 O 点所在三角形的三条边界分布构造流通量面积分,就可以得到 O 点 $n+1$ 时刻流场。从前面给出的有限体积方法离散表达式可以看出,尽管需要相邻 3 个网格(图中标示为①的三角形)的流动信息,时间推进过程中仅仅涉及与 O 点所在三角形共享的边界的刚性运动。因此,采用一步推进时,相邻网格是否运动不影响信息传递过程。如果稳定性要求 O 点时间推进两步,计算 $n+2$ 时刻 O 点物理量需要相邻网格 $n+1$ 时刻流场信息,显然 O 点信息获取涉及

3 个标示为①三角形的流场计算。按照文献[1]中提出的刚性移动网格方法，从 n 时刻时间推进 $\Delta t_{\min}$，图中标示为①的三角形所有边界均参与刚性运动，这时就可能会发生网格穿越物体边界的非物理过程。如果 O 点时间推进三步，图中标示为②的三角形所有边界也要参与运动，发生穿越的可能性更大。

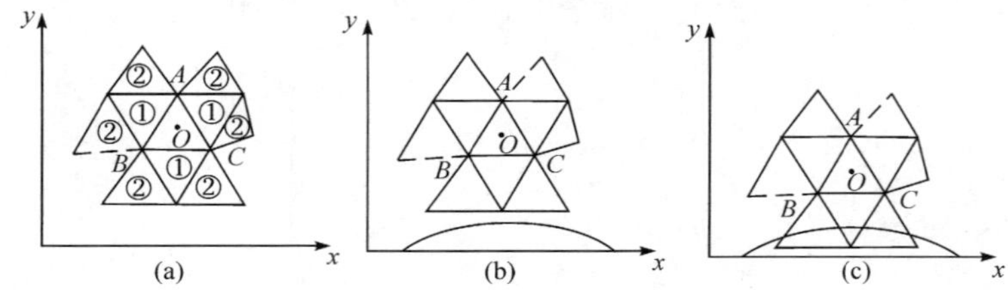

图 7.2　多步刚性移动网格的问题

为了避免发生这样的现象，文献[1] 在处理包含运动物体的多体分离流场计算时，将物体壁面附近若干层网格刚化，即随物体刚性移动，没有网格变形，也不参与网格重构过程，因此也不需要新旧网格间的信息传递。不论从网格生成原理还是适应流动参数变化剧烈程度，大部分网格布局策略是从物面开始网格尺度越来越大，实际应用中发现，尽管这种处理方法预先设置 2 层(二维)或 3 层(三维)刚性网格在大部分情况下可以解决穿越现象，但依然难以完全消除。理论上可以通过增加刚性网格层数来解决，但是在分离物体距离较近的情况下，这些区域本身就没有多少层网格，特别是物体从接触到分离的极限情况，初始虚拟网格经常只有 1 或 2 层。为了解决物体边界附近网格的信息传递，提出如下改进方法，为了有所区别，称之为变形网格方法。

变形网格方法与移动网格方法的基本思想相同，都是在旧网格基础上采用动网格技术将存储物理量的格心点移动至新网格的格心点位置，通过求解流体控制方程来避免插值引入额外误差，实现新旧网格间的高精度信息传递。不同的是，变形网格方法在移动网格的同时，结合网格变形来解决移动网格方法在物体壁面附近无法刚性平移的难题，从而使得动网格信息传递方法的应用更为有效。变形网格信息传递方法的关键技术是根据新网格的格心位置来确定旧网格的变形规律。下面以二维三角形网格为例进行说明。

移动网格方法的寻点规则是按照新网格(虚线)的格心落在哪个旧网格(实线)内就选择移动哪个旧网格，因为旧网格的品质较差，经常发生如图 7.3(a)所示的情况，即新网格的格心 P 点位于旧网格的结点附近，它距离相邻网格的格心位置 E 点比旧网格的 O 点更近，显然移动 E 点所在的旧网格更合理和高效(尤其在 O 点到 P 点需要 2 步、E 点到 P 点需要 1 步的情况下)。

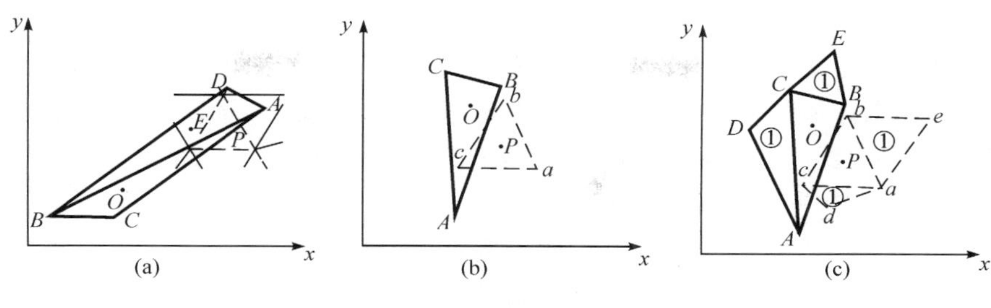

图 7.3　寻点准则

为提高效率和适应网格变形策略需要，改进了寻点规则：在确定新网格的格心 P 点所在旧网格△ABC 以后，判断 P 点靠近旧网格的那个顶点，如 A 点，然后以 A 点为标示，在数据链表中寻找离 P 点最近的旧网格的格心，如 E 点，得到需要移动或变形的旧网格。

如果新旧网格远离物面，网格按照最小运动距离进行变形。信息传递可以采用移动网格方法，也可以采用如下的变形网格方法：首先，确定新旧网格距离最近的对应点，如图 7.3(b)所示旧网格 B 点和新网格 b 点，在流场计算过程中，采用平移、旋转、变形相结合的网格技术使得旧网格△ABC 变成△abc。在文献[1]中，通过稳定性理论已经证明，对于二维情况下的三角形网格，最多刚性平移 2 步就可以实现新旧网格之间的信息传递，在改进寻点规则和允许网格变形以后，旧网格运动距离不会更大，因此更易于满足稳定性条件。但是，也不能排除 1 步难以完全到位的情况，旧网格在 O 点运动到 P 点的第 1 步计算中需要相邻网格参与。对于需要 2 步时间推进才能实现信息传递的网格，采用相似变形策略来确定相邻网格运动和变形，如图 7.3(c) 所示，在已知边长 AC 和 ac 比例关系以后，根据标示为①的三角形△ACD 和△acd 相似很容易得到 d 点，从而获得第 2 步需要的相邻网格信息。

下面讨论新旧网格是物面点的情况，这也是变形网格方法要解决的问题。根据物面附近三角形网格涉及物面点数可以分为 4 种情况。

① 新旧网格有 1 个共同物面点，其余点为内点。如图 7.4(a)所示，旧网格△ABC 的 A 点和新网格△abc 的 a 点是物面共同点。根据 A 点的数据链表找到距离 P 点(新网格的格心)最近的旧网格的格心 O 点，采用旋转和变形相结合的网格技术使得旧网格△ABC 变成△abc。如果稳定性要求多步，那么按照前面说的相似原则牵动相邻旧网格，因为新网格的 c 点或 b 点不是物面点，所以不会发生穿越现象。

② 新旧网格有 2 个共同物面点，其余点为内点。如图 7.4(b)所示，这种情况下新旧网格的第 3 点，即 C 点和 c 点相对应，不需要通过数据链表查找，直接采用旋转和变形相结合的网格技术使△ABC 格心 O 点变为△abc 格心 P 点。需要牵

动相邻旧网格，方法同上，c 点不是物面点，不会发生穿越现象。

③ 新网格有 3 个物面点，其中 2 个和旧网格共用。如图 7.4(c)所示，c 点为物面点，C 点是内点。几何守恒律消除了网格运动引起的非物理效应，AC 边的运动可以是任意的。采用显式有限体积法计算流体方程，得到 AC 积分面上的流动 n 时刻参数以后推进到下一时刻，计算控制体$\triangle ABC$ 流动参数和相邻网格不存在相互影响，AC 积分面不涉及边界条件，因此在 $\Delta t_{\min}$时间内采用 C 点运动到 c 点的变形网格完全可行。对于多步推进情况，如果相邻旧网格的结点全部为内点，采取相似原则牵连运动，如果相邻旧网格包含有物面点，如图$\triangle ACc$，沿着 Cc 边按比例缩小确定相邻旧网格的变形。

④ 旧网格有 3 个物面点，其中 2 个和新网格共用。如图 7.4(d)所示，C 点为物面点，c 点是内点。选择存在内点的相邻网格，如$\triangle ADE$，通过上面介绍的方法采用旋转和变形相结合的网格技术变为$\triangle abc$，即 D 点落到 b 点、E 点落到 c 点。

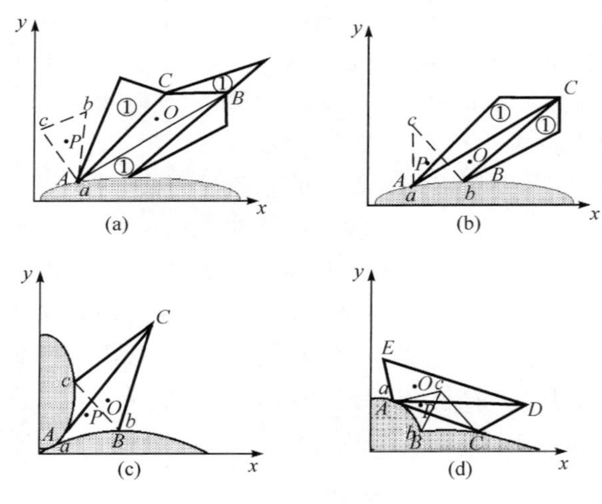

图 7.4 变形网格方法

值得说明的是，上面的论述中为了方便，把 n 时刻的旧网格$\triangle ABC$ 和 $n+1$ 时刻的新网格$\triangle abc$ 在物面表示为“共同点”，实际上在 $\Delta t_{\min}$时间内物面运动，它们的空间也在变化。

变形网格方法可以解决边界附近网格穿越现象。除此之外，根据实际应用情况还可以采用如下改进措施。

① 限制新旧网格的格心之间的距离。采用插值进行新旧网格之间流场信息传递会引入误差，进而降低计算精度，因此研究适应性强的网格变形算法，减少网格重构次数，对于保证计算精度具有重要作用。采用动网格方法以后，信息传递过程不损失流场的计算精度，网格重构次数对计算结果的影响不再那么敏感，因此通

过提高网格质量评价标准，旧网格在发生大变形之前就被局部重构，其格心距离新网格的格心较近，容易实现一步到位。尽管局部重构涉及的网格相对于整个计算区域非常少，但是网格重构以后需要整理数据结构，对计算效率影响不容忽视，尤其在并行计算时更为严重。

② 局部隐式算法。按照是否可以一步到位把重构区域的网格分类，首先处理可以一步到位的网格，这些网格上 n 时刻和 $n+1$ 时刻的流场已知，作为其他网格的边界，局部采用隐式算法来去除稳定性对网格移动的限制。由于不能一步到位的网格的比例很小，即使隐式算法出现矩阵计算对效率也影响不大，但程序编写难度较大。

7.3　基于单元的守恒插值

如图 7.5 所示，守恒插值方法可分为基于面单元和基于体单元两类。采用结构网格的多块对接(multi-block patching)技术求解复杂外形流动问题时，需要插值方法实现网格块共用交接面上的流动信息的传递，但是实际应用中一般通过块与块之间交接区域网格点互相重合的网格策略来解决，很少用到基于面单元的通量守恒插值。为了进一步提高结构网格处理复杂外形的能力，提出多块重叠(multi-block overlapping)技术，由于属于不同块的网格点在重叠区域很少重合，需要基于体单元的插值方法解决流场信息传递。在网格尺度相差较大同时流场参数变化剧烈的情况下，例如从炸药起爆开始的爆炸流场模拟等应用，近爆点附近压力比高达 4～6 个量级，网格粗化过程中，保证流场信息传递的物理量守恒直接影响计算过程的稳定和数值解的精度，这时非常需要守恒插值方法。

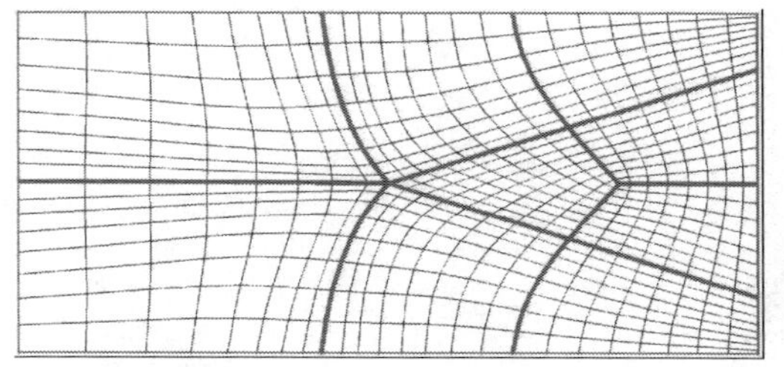
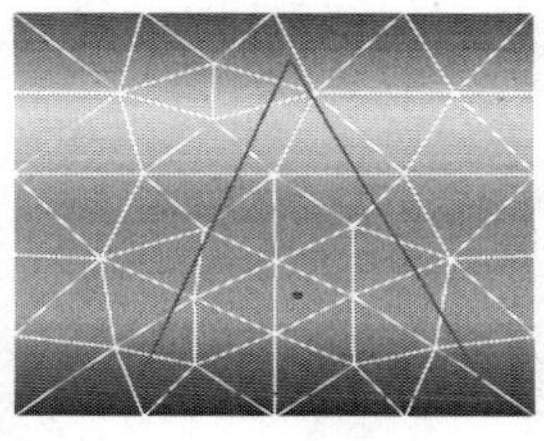

图 7.5　基于面单元和基于体单元的守恒插值

所谓守恒插值就是在插值过程中积分值保持不变。对于计算域 Ω，一种网格划分记为 $T^a=(T_1^a, T_2^a, \cdots, T_{N_a}^a)$，包含有 N_a 个网格单元的，满足整体性和不相交条件，即

$$\Omega=\bigcup_{i}^{N_a} T_i^a, \quad T_i^a \cap T_j^b=\varnothing, \quad i \neq j$$

已知每个网格单元内物理量 ϕ 的空间分布函数，即

$$\phi^a(\boldsymbol{x})=\phi_i^a(\boldsymbol{x}),\quad \boldsymbol{x}\in T_i^a$$

$T^b=(T_1^b,T_2^b,\cdots,T_{N_b}^b)$是计算域$\Omega$另一种网格划分，满足整体性和不相交条件，在 T^b 上通过指定形式的函数 $\phi^b(\boldsymbol{x})$来近似物理量 ϕ 的空间分布函数，如果对于计算域Ω的子区域D，满足如下条件，即

$$\int_D \phi^b(\boldsymbol{x})\mathrm{d}V=\int_D \phi^a(\boldsymbol{x})\mathrm{d}V,\quad \forall D\subset\Omega$$

则称 $\phi^b(\boldsymbol{x})$是 $\phi^a(\boldsymbol{x})$的守恒插值。如果要求任意子区域均满足以上要求，必然导致 $T^b\equiv T^a$ 和 $\phi^b(\boldsymbol{x})\equiv\phi^a(\boldsymbol{x})$，为此可以把子区域 D 限制为网格 T^b 中任意网格，即

$$\int_D \phi^b(\boldsymbol{x})\mathrm{d}V=\int_D \phi^b(\boldsymbol{x})\mathrm{d}V,\quad \forall D\subset\{T_i^b\mid i=1,2,\cdots,N_b\}$$

这就是一般意义上的守恒插值数学表达式。

根据网格划分整体性条件，T^a 和 T^b 之间存在如下体单元相交区域，即

$$D=T_i^b=\sum_{j=1}^{N_a}(T_i^b\cap T_j^a)=\sum_{j=1}^{N_a}V_{ij},\quad V_{ij}=T_i^b\cap T_j^a$$

基于体单元的守恒插值数学表达式进一步写为

$$\int_D \phi^b(\boldsymbol{x})\mathrm{d}V=\int_D \phi^a(\boldsymbol{x})\mathrm{d}V=\sum_{j=1}^{N_a}\int_{V_{ij}}\phi^a(\boldsymbol{x})\mathrm{d}V$$

这种方法对网格类型、结构没有限制性要求，插值过程中不会产生新的极值，因此适用范围很广，信息传递过程不易引起非物理振荡。根据有限体积法原理，需要的流场信息是 T_i^b 上物理量的平均值，不需要具体给出 $\phi^b(\boldsymbol{x})$表达式，因此具有明显优势。从以上数学表达式可以看出，如果已知网格 T^a 上的物理量分布 $\phi^a(\boldsymbol{x})$，确定相交区域 V_{ij} 便成为应用需要解决的关键问题。目前，基于计算图形学的超网格是比较成熟的算法。

所谓的超网格是由 T^a 和 T^b 所有结点以及它们边界交点构成的网格，如图 7.6 所示，每一个超网格就是 $V_{ij}=T_i^b\cap T_j^a$，具有如下特性。

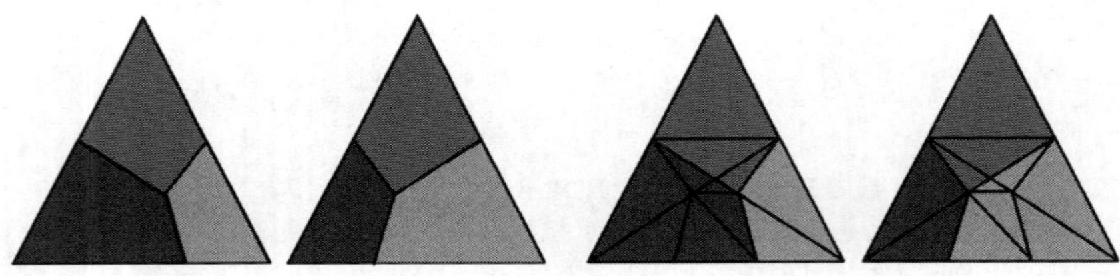

图 7.6　超网格所示图

① 每一个超网格不再和 T^a 或 T^b 任何网格相交，总可以在 T^a 中找到一个网格包含它或等于它，同时也可以在 T^b 找到一个网格包含它或等于它。

② 包含原始信息的 T^a 中每一个网格总可以明确表示为一个或多个超网格的集合，同样需要信息的 T^b 中每一个网格总可以明确表示为一个或多个超网格的集合。

这样一来，对于 T^b 任意网格 D 找到它所包含的超网格，其中的每一个超网格可以在 T^a 上找到具体位置，认为对应的物理量相等：$\phi^b(\boldsymbol{x})\equiv\phi^a(\boldsymbol{x})$，进行求和就得到 D 的物理量，从而实现从 T^a 到 T^b 的信息传递。由于在相交区域 V_{ij} 上物理量分布完全相等，因此传递过程物理量严格守恒。

超网格方法理论较为简单，但是应用中如何精确计算 V_{ij} 带来效率问题。下面介绍基于网格切割的快速查询算法。

首先讨论二维情况。如图 7.7 所示，A1A2A3 为目标三角形，B1B2B3 为切割三角形，依次使用切割三角形三条边 B1B2、B2B3、B3B1 切割目标三角形，每次切割后只保留三角形中与切割三角形同侧的部分，依次得到 CA3A2G、CDEA2G、CDEFB1 多边形，最后的多边形 CDEFB1 即为三角形 A1A2A3 和 B1B2B3 的交集，如果需要采用 Delaunay 三角化得到采用统一类型的三角形网格。

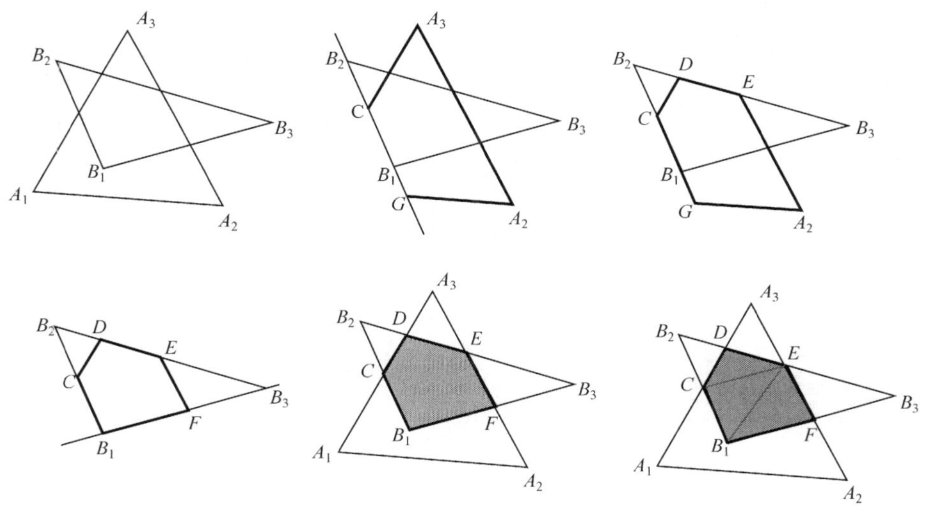

图 7.7　网格切割和相交区域形成过程

采用如下方法快速确定平面凸多边形。如图 7.8 所示，对于经过点 O 的切割直线，法向单位矢量为 $\boldsymbol{n}$，切割线将平面划分为两部分，$\boldsymbol{n}$ 所指的为正半平面，反方向的为负半平面。任意一点 P 到切割线距离为

$$d=\mathbf{OP}\cdot\boldsymbol{n}=(\boldsymbol{x}_P-\boldsymbol{x}_O)\cdot\boldsymbol{n}$$

正半平面的点到切割线距离为正数，负半平面的点到切割线距离为负数，距离为零表示该点位于切割线上。目标多边形顶点依次为 $N_1,N_2,\cdots,N_m$，任一点 N_i

到切割线的距离为 d_i。如果各顶点的距离全部非负或非正，没有切割，除此以外，凸多边形与切割线必然有两个交点。如果出现 $d_i \cdot d_{i+1}<0$，判定切割线与凸多边形的 N_iN_{i+1} 线段相交，根据 d_i 和 d_{i+1} 比例关系计算交点坐标，如 P_1 和 P_2，交点和所有距离非负的点构成新的凸多边形。切割三角形的所有边均处理完以后，就得到如图 7.8 所示的相交区域。

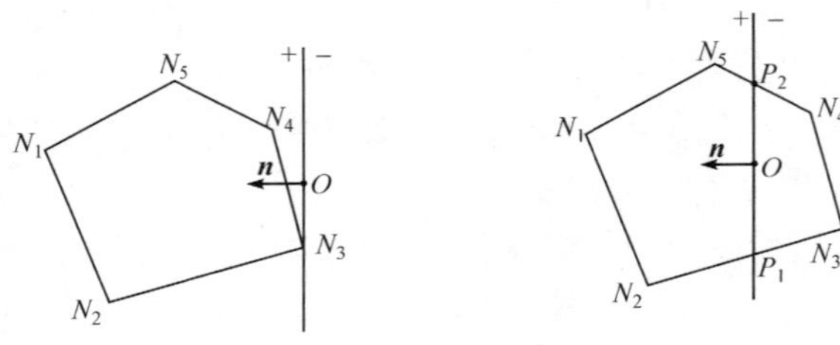

图 7.8　快速定点算法

常用的四棱锥(金字塔)、三棱柱、六面体等体网格的表面都具有四边形，网格生成过程中不能严格保证四个顶点位于同一平面内，体表面法向的不确定性给网格切割带来多解，为了消除歧义，在计算两个任意凸多面体的交集时，首先将凸多面体分解为多个四面体。如下图的四棱锥网格，引入四边形重心点 N_6，分解成 4 个四面体(图 7.9)。因此，对于空间三维情况，核心问题在于如何计算两个四面体的交集。

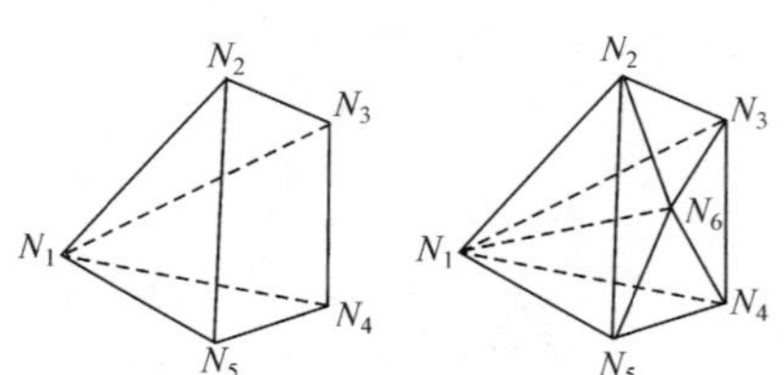

图 7.9　金字塔分解成 4 个四面体

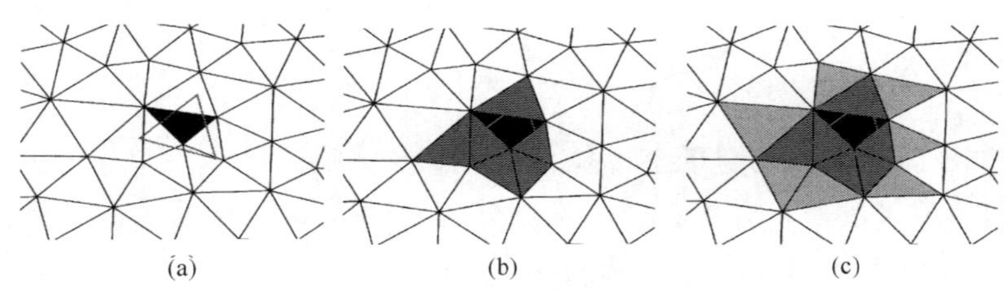

图 7.10　贡献单元的搜索算法

使用切割法计算两个四面体交集的原理和前面二维情况一样，依次使用切割四面体的四个表面去切割目标四面体，最终留下的多面体就是这两个四面体的交集。不同的是平面上两个多边形的交集也是多边形。三维时两个四面体的交集会形成十分复杂的形状，最多可能产生一个 12 顶点的 8 面体。为了便于理解求解过程，下面采用 Fortran 语言论述。

建立描述凸多面体的数据结构如下。

```
type convex_polyhedron
integer::nnode 顶点个数
integer::nface 表面个数
integer::mp 各个表面包含顶点数目的最大值
real::coor(3,nnode)顶点坐标数组
integer::lface(mp,nface)表面-顶点映射
end type convex_polyhedron
```

凸多面体的第 i 个顶点坐标为 coor(:,i)，构成第 j 个表面的各个顶点的编号依次为 lface(:,j)，顶点个数少于 mp 的位置上补 0。

当用一个平面 P 切割一个多面体 C 时，假设切割后形成的新多面体为 R，则相应的切割算法如下。

① 初始化多面体 R。

R%nnode=0

R%nface=0

R%mp=C%mp+1

② 根据 nnode 计算多面体 C 的各个顶点到切割平面 P 的距离 d_i。

③ 根据 nface 对多面体 C 的所有表面循环，对任一表面 F 进行判断。

IF 所有点到切割平面距离非负，将表面 F 及其所有顶点加入至多面体 R

ELSE IF 所有点到切割平面的距离非正，跳过

ELSE 计算与切割平面 P 两个交点 N_1 和 N_2，连线将平面分为 F+ 和 F−两部分，将 F+和两个交点加入多面体 R

切割四面体的四个表面均处理完，就得到它与目标四面体的交集。

为了提高基于超网格的守恒插值的定位效率，在进行插值前先通过如下搜索算法建立旧网格 T^a 和新网格 T^b 之间的局部关联。假设新网格 T_i^a 的尺度比旧网格 T_i^b 的大，把涉及的多个旧网格称为贡献单元。贡献单元的搜索算法如图 7.10 所示，首先采用四叉树(二维)或八叉树(三维)方法快速定位出新网格单元在旧网格中的位置，如图 7.10(a)中黑色区域是第 1 个贡献单元；然后，逐个搜索该贡献单元的相邻单元，如果相邻单元与新网格单元相交，则将该单元也加入贡献单元的列表，如图 7.10(b)中深灰色区域所示；当所有贡献单元的相邻单元都不与新网格单元相交时，搜索结束，如图 7.10(c)中浅灰色区域。

在得到超网格后，信息传递还需要完成两次定位：首先确定 V_{ij} 在旧网格 T_i^a

中的位置，得到内部物理量的均值，然后对于 T_i^b 包含的所有 V_{ij} 物理量进行求和得到新网格的物理量。

7.4　流固耦合界面信息传递

前面章节主要是不同流体网格之间的信息传递，在流固耦合计算中还需要解决界面上信息的传递，包括流体向结构传递的载荷和结构向流体传递的运动特性。大部分情况下流体计算网格和结构计算网格结点不重合，流体网格较密，结构网格较稀，因此涉及曲面插值问题。

结构计算需要结构点上的集中力，首先流体网格内压力乘以面积得到位于面中心的流体载荷 F_{ij}，然后寻找包含该点的三个结构点（一般按照距离最近原则寻找），如图 7.11 中的 1、2、3 点，把流体点投影三个结构点构成的平面内，标记为 4 点。按照如下方法计算 4 个三角形的面积，即

$$S_1=\begin{bmatrix} x_2 & y_2 & z_2 \\ x_3 & y_3 & z_3 \\ x_4 & y_4 & z_4 \end{bmatrix},\quad S_2=\begin{bmatrix} x_4 & y_4 & z_4 \\ x_3 & y_3 & z_3 \\ x_1 & y_1 & z_1 \end{bmatrix}$$

$$S_3=\begin{bmatrix} x_4 & y_4 & z_4 \\ x_1 & y_1 & z_1 \\ x_2 & y_2 & z_2 \end{bmatrix},\quad S_0=\begin{bmatrix} x_1 & y_1 & z_1 \\ x_2 & y_2 & z_2 \\ x_3 & y_3 & z_3 \end{bmatrix}$$

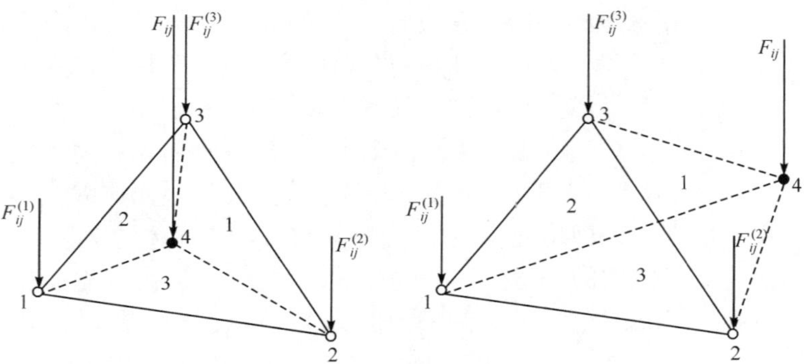

图 7.11　三角元面积加权法

考虑到空间曲面变化，为了避免发生投影点落在结构三角形外部的情况，要求面积分的值非负（为零表明流体载荷点和其中一个结构点重合）。如果面积分的值出现负号，例如 $S_1<0$，则在 1、2 点的外侧查找第三点，构成新的结构三角形，重新计算直到全部非负为止，可以得到流体载荷 F_{ij} 分解到三个结构点的力，即

$$F_{ij}^{(1)}=F_{ij}\frac{S_1}{S_0}=F_{ij}e_1,\quad F_{ij}^{(2)}=F_{ij}\frac{S_2}{S_0}=F_{ij}e_2,\quad F_{ij}^{(3)}=F_{ij}\frac{S_3}{S_0}=F_{ij}e_3$$

依次处理完所有流固界面上流体的网格，就得到流体载荷对结构的作用力。这种方法称为三角元面积加权法，得到的权系数(e_1，e_2，e_3)称为面积坐标，在常体积转换法(constant volume translation，CVT)也会用到。

常体积转换法是一种把结构点上变形传递到流体网格点的局部插值方法，其基本原理如下：三个结构点和一个流体网格点构成一个空间四面体，按照以上三角元面积权法得到在结构三角形的投影点和面积坐标，同时把这个空间四面体分解为三个空间四面体，分别计算体积。结构在流体载荷作用下发生变形，不管三个结构点如何改变，根据面积坐标可以确定投影点的相对位置。常体积转换法假设变形前后的四面体体积相等，求解三元一次方程得到流体网格点的新位置。由于该方法只与局部信息有关，因此计算过程不需要储存矩阵，计算量比较小。

对于结构变形传递到流体网格，另外一种常用的插值方法是前面章节介绍过的基于径向基函数的无限平板样条法。

参考文献

[1] 刘君，白晓征，郭正. 非结构动网格计算方法及其在包含运动界面的流场模拟中的应用. 长沙：国防科技大学出版社，2009.

第 8 章　化学非平衡流的有限体积法

对于复杂系统或者工程难题，首先明确研究问题中的关键因素，根据“突出主要矛盾、忽略次要矛盾”思想指导，按照科学基本原理进行分类，提出合理假设，充分利用各学科已经成熟的理论进行分析，逐步发展出针对这类科学问题或工程应用的新理论或新模型。在 CFD 领域，时间分裂法(strang’s splitting，有时又称时间分裂格式)就是简化复杂模型的有效方法，在早期应用有限差分法模拟实际工程问题时，为解决在计算机内存限制条件下实现大规模网格计算，曾广泛采用时间分裂法进行空间降维。文献[1]将其推广到非齐次偏微分方程，提出基于有限差分法的化学非平衡流动解耦算法。传统的时间分裂法从偏微分方程出发，因此只能用于有限差分法，用于有限体积法需要进行理论突破。

采用有限差分法计算化学非平衡流动，主要困难来自反应生成源项引起的刚性问题，对于有限体积法还增加了源项函数的积分问题。有限体积法根据控制体格心平均值在常数和线性化假设条件下重构流动变量空间分布，化学反应过程常用 Arrhenius 模型，源项是温度、组元密度等流体变量的指数型函数，代入重构的流动变量空间分布函数后，才能讨论源项积分算法的近似，直接采用点参数存在精度问题。实际上，采用增加控制体格心平均值计算源项本身就是影响精度的理论问题。

本节论述的化学非平衡流动的有限体积法是基于时间分裂法的解耦算法，能够证明具有时间和空间二阶精度。在前面第二章给出了化学非平衡流的控制方程，为保持内容完整，这里先介绍源项涉及的热力学参数和化学动力学模型。

8.1　热完全气体和化学动力学模型

根据气体微团粒子间相互作用力影响大小，可以把气体分为两大类型。

① 真实气体(real gas)，必须考虑分子间的作用力。

② 完全气体(perfect gas)，假定分子间没有作用力。

根据分子运动的微观理论，连续介质微团内的分子处于永恒的、无规则的热运动之中，宏观热现象的本质就是热运动的体现。在这种无规则运动中，气体分子会发生随机性碰撞，包括与容器壁面分子的碰撞，碰撞过程中进行能量交换，在碰撞足够多次数以后达到平衡，这时在宏观上具有相对稳定的特征，这种状态称为热力学平衡。系统处于热力学平衡状态，其热力学特性可以采用如压力、密度、温度、

熵、焓、内能等状态变量描述。对于完全气体，密度、温度和压力三个宏观统计量之间通过如下状态方程关联，即

$$p=\rho RT \tag{8.1}$$

采用国际单位制，压力单位 Pa，密度单位 kg/m^3，温度单位 K。气体常数为 $R=R_0/M$，$R_0=8.31434J/(mol \cdot K)$称为普适气体常数，$M$ 是气体摩尔质量；对于空气取 $M=0.029kg/mol$，得到空气的气体常数 $R=287J/(kg \cdot K)$。符合以上状态方程的气体就是完全气体，因此上式有时也被看做完全气体的数学定义。

经典热力学理论适用于静止封闭均匀系统，在应用到流体力学的流场气体微团时，还需要根据局部状态原理进行推广，即认为连续运动系统中局部状态变量的关系，就如同静止封闭均匀系统一样。根据这一原理，流场内气体微团的热力学状态变量之间的关系与运动特性不相关，在静止封闭均匀系统建立的状态方程(8.1)也适用于微团之间状态存在差异和相对运动的流场。此外，气体微团受到外界作用是连续的，在变化过程中每一瞬时状态变量之间的关系也符合封闭均匀系统的关系，即根据式(8.1)导出的状态变量的微分关系式对于存在变化的流场也成立。采用以上经典热力学理论描述流场，状态变量都是连续的，没有考虑流体力学中激波等数学间断。

对于单一组分构成的完全气体，根据定压比热和定容比热随温度变化的函数表达式，进一步可以分为量热完全气体和热完全气体。

① 量热完全气体(calorically perfect gas)：定压比热和定容比热为常数的气体。单位质量的量热完全气体的内能和焓是温度线性函数，即

$$e(T)=C_v \cdot T+e_0 \text{ 和 } h(T)=e(T)+RT+e_0 \tag{8.2}$$

② 热完全气体(thermally perfect gas)：定压比热和定容比热仅为温度函数的气体。为避免讨论积分常数的影响，采用单位质量气体微团的微分关系为

$$\mathrm{d}h=C_p(T)\mathrm{d}T \text{ 和 } \mathrm{d}e=C_v(T)\mathrm{d}T \tag{8.3}$$

在实际应用中，大多采用根据实验数据拟合出的经验公式计算定压比热，即

$$\frac{C_p}{R}=A+B \cdot T+C \cdot T^2+D \cdot T^3+E \cdot T^4 \tag{8.4}$$

其中，温度单位是 K；组分的无量纲不同得到的拟合系数 A、B、C、D、E 不同。已知定压比热以后，可以积分求出组分气体的焓，即

$$h(T)-h(0)=\int_0^T C_p(T)\mathrm{d}T \tag{8.5}$$

其中，积分常数 $h(0)$表示温度 $T=0$ 的焓值。

由于热完全气体的内能和焓仅仅是温度的函数，根据内能和焓的关系，定压比热、定容比热和气体常数之间依然存在如下关系，即

$$C_p(T)-C_v(T)=R \text{ 或 } C_p-C_v=R \tag{8.6}$$

求出定压比热 $C_p(T)$ 就可以得到定容比热 $C_v(T)$，进一步得到的内能为

$$e(T)-e(0)=\int_0^T C_v(T)\mathrm{d}T=\int_0^T [C_p(T)-R]\mathrm{d}T \tag{8.7}$$

可以推出在温度 $T=0$ 时，内能等于焓值 $e(0)=h(0)$。

如果流体微团包含有多个量热完全气体或热完全气体的组分，根据局部状态原理认为这些组分在微团内部充分混合完全均匀分布，组分扩散只发生在相邻流体微团之间。根据质量比数随时间和空间是否变化特性分为两类。

① 质量比数保持恒定，尽管包含多个组分，由于每个组分的焓和内能仅仅为温度的函数，因此也可以等效为单一组分的量热完全气体或热完全气体。例如，空气实际就是一种充分均匀混合气体的等效模型。

② 质量比数随时间和空间变化，称为化学反应完全气体混合体（chemically reacting mixture of perfect gases），下面简称混合气体，是化学非平衡流动研究的对象。

8.1.1　混合气体的焓、内能和熵

对于这种充分均匀混合气体，如果微团内仅仅包含 i 组分时，压力为 p_i，这时状态方程服从 $p_i=\rho_i R_i T$，根据 Dalton 分压定律混合气体的状态方程，即

$$p=\sum_i^n p_i=\sum_i^n R_i\rho_i T=\sum_i^n \frac{R_0\rho_i T}{M_i} \tag{8.8}$$

其中，气体常数为 $R_i=R_0/M_i$，M_i 为第 i 组分的摩尔质量。

根据质量守恒，流体微团的总密度 $\rho=\sum_i^n \rho_i$，质量比数定义为 $c_i=\rho_i/\rho$。在确定混合气体中质量比数的条件下，单位质量流体微团内能和焓为

$$e(T)=\sum_i^n c_i e_i(T)\ \text{和}\ h(T)=\sum_i^n c_i h_i(T) \tag{8.9}$$

不考虑流动特性的条件下，静止均匀封闭系统内混合气体质量比数的变化主要是由化学反应引起的，根据确定质量比数的方法，又把化学反应区分为非平衡化学反应和平衡化学反应。下面以空气为例，介绍平衡化学反应和非平衡化学反应概念。

假如保持某一容器中静止空气为常压，将温度从 300K 升高到 5000K，可以想象到，在经过足够长的时间以后容器内气体必然又会达到平衡状态，各组分的质量比数也不再随时间变化，保持某一稳定值，但是质量比数在 5000K 的平衡状态的值与原来在常温 300K 平衡状态的值不一样了，任意两个状态变量可以确定处于热力学平衡状态的系统，取温度和压力，质量比数可以写为 $c_i=f(p,T)$，假如在化学反应过程中每时每刻均认为系统处于平衡状态，质量比数仅仅是状态变量的函

数，就称为平衡化学反应。如果温度变化过程不容忽视，那么在达到平衡状态之前，空气中 O_2、N_2 等组分会发生离解反应，出现 O、N、NO 等新的组分，流体微团内部质量比数还是时间的函数，质量比数随时间的变化需要根据反应动力学模型计算得到，这就是非平衡化学反应。不管是平衡化学反应还是非平衡化学反应，混合气体的焓和内能不能仅由温度来决定，这是化学反应完全气体混合体的主要特点。

考虑流动以后，根据流动特征时间和化学反应特征时间分为平衡流和非平衡流，应用局部状态原理，平衡流认为局部是平衡化学反应，尽管流体微团的质量比数随空间和时间变化，但在流场当地 p 和 T 等状态参数确定以后，质量比数也确定了，对于非平衡流，即使流场当地 p 和 T 保持不变，质量比数也可能发生变化。

在第二章，通过引入等效摩尔质量、等效比热比和扣除生成焓的“纯”内能，对控制方程进行重新整理，在第七章有限体积法求解流动部分时，又把求解变量和方程分解为流体微团总体特性守恒变量 Q_1 和组分特性守恒变量 Q_2 两部分，其中 Q_1 采用量热完全气体的计算方法。从以上混合气体的热力学表达式可以看出，这些参数或函数仅在形式上与量热完全气体“等效”，存在本质差异。例如，量热完全气体的摩尔质量和比热比是常数，但在混合气体中它们是系统状态变量 p、T 和质量比数 c_i 的函数。在质量比数和各组分确定以后，可以根据定义求得流体微团定压比热，即

$$\begin{aligned}
C_p &= \left.\frac{\partial h}{\partial T}\right|_p \\
&= \frac{\partial}{\partial T}\Big[\sum_i^n c_i h_i(T)\Big] \\
&= \sum_{i=1}^n c_i C_{pi}(T) + \sum_{i=1}^n h_i(T)\frac{\partial c_i}{\partial T} \\
&= \sum_{i=1}^n c_i[C_{Vi}(T) + R_i] + \sum_{i=1}^n h_i(T)\frac{\partial c_i}{\partial T}
\end{aligned}$$

可以看出，混合气体的定压比热、定容比热和气体常数之间不再存在如式(8.5)所示的关系。在理论推导和构造计算方法时，经常采用冻结质量比数假设条件，这时流体微团总的冻结定压比热、冻结定容比热和等效气体常数之间，也可以写为和单组分热完全气体一样的形式，即

$$C_p(T) - C_v(T) = \bar{R} \tag{8.10}$$

焓和内能属于不可测量的状态函数，根据热力学第一定律，在等温、定压条件下进行化学反应，封闭系统向外界放出或吸收的反应热等于焓的变化，即

$$\delta q|_p = \Delta h = h_2 - h_1 \tag{8.11}$$

其中，h_2 是生成物质的焓；h_1 是参加反应物质的焓，规定吸热为正，放热为负。

在热化学领域规定一个大气压 $p_{\text{ref}}=1.0\text{atm}$、温度 $T_{\text{ref}}=298.15\text{K}$(所谓标准状态)下所有基本元素构成的物质，它们的焓等于 0。根据化学动力学理论中的 G. H. Hess 定律，不论化学反应是一步还是多步完成，反应热只与反应过程的初态和终态有关，利用这一特性，定义从基本元素合成某物质时反应热为该物质生成焓(enthalpy of formation)，这样通过测量标准状态下基本元素合成某物质时反应热可以确定该物质的生成焓。

单位摩尔化合物的生成焓定义为标准生成焓，采用符号 H_{ref}^0 表示，单位为 J/mol。常用化合物的标准生成焓可以查阅相关手册，例如，水蒸气的标准生成焓 $H_{\text{ref}}^0(H_2O)=-241830\text{J/mol}$，表示从 H 元素和 O 元素合成 H_2O 是放热反应。但是，不能根据水的生成焓得出化学反应过程：$2H_2+O_2 \longrightarrow 2H_2O$ 也是放热反应，因为在 H 元素合成 H_2 和 O 元素合成 O_2 时还有反应热。

采用符号 h_{ref}^0 表示单位质量标准生成焓。已知第 i 个组分的 $h_{i,\text{ref}}^0$ 以后，按照热完全气体定义式(8.3)，定压比热积分表示的焓和标准生成焓之间关系，即

$$h_i(T)=\int_{T_{\text{ref}}}^{T} C_{pi}(T)\mathrm{d}T+h_{i,\text{ref}}^0 \tag{8.12}$$

本书在构建新型解耦算法时，把流场内温度流动引起焓的变化和化学非平衡过程引起焓的变化进行解耦，前者通过求解 U_1 和 U_2 的偏微分方程获得，后者求解 U_3 的常微分方程得到。计算过程中并没有采用以上标准生成焓来表征，而是把焓分为从绝对温度 $T=0\text{K}$ 时的生成焓和可以采用等效比热比的“纯”内能两部分。根据式(8.5)，在已知定压比热拟合多项式条件下，可以得到第 i 个组分的焓，即

$$h_i(T)-h_i(0)=\left[A_iT+\frac{B_iT^2}{2}+\frac{C_iT^3}{3}+\frac{D_iT^4}{4}+\frac{E_iT^5}{5}\right]R_i \tag{8.13}$$

比较以上两个表达式，可以推导出组元在温度 $T=0\text{K}$ 的焓，简记为 h_i^0，即

$$h(0)=h_{i,\text{ref}}^0-\left[A_iT_{\text{ref}}+\frac{B_iT_{\text{ref}}^2}{2}+\frac{C_iT_{\text{ref}}^3}{3}+\frac{D_iT_{\text{ref}}^4}{4}+\frac{E_iT_{\text{ref}}^5}{5}\right]R_i=h_i^0 \tag{8.14}$$

应用中常采用 $F_i=h_i^0/R_i$，在给出定压比热拟合多项式系数 A、B、C、D、E 的同时，也给出参数 F 的具体数据。

扣除与温度相关的非标准生成焓 h_i^0 后，余下与温度有关的称为热焓 h_i^{T}，按照如下关系式计算，即

$$h_i^{\text{T}}=h_i(T)-h_i^0 \text{ 或 } h_i(T)=h_i^{\text{T}}+h_i^0 \tag{8.15}$$

热完全气体的定压比热、定容比热和气体常数之间有关系 $C_{pi}-C_{vi}=R_i$，已知定压比热可以求出定容比热，得到气体内能，也分为两部分，即

$$e_i(T)=h_i(T)-R_iT=(h_i^{\text{T}}-R_iT)+h_i^0=e_i^{\text{T}}+e_i^0 \tag{8.16}$$

其中，$e_i^0=h_i^0$。

在构成混合气体的组分和质量比数确定后，单位质量混合气体的焓和内能为

$$h=\sum_{i=1}^{n}c_i(h_i^{\mathrm{T}}+h_i^0)=\frac{\gamma}{\gamma-1}\frac{p}{\rho}+\sum_{i=1}^{n}c_ih_i^0 \tag{8.17}$$

$$e=\sum_{i=1}^{n}c_i(h_i^{\mathrm{T}}+h_i^0)-\sum_{i=1}^{n}c_iR_iT=h-\frac{p}{\rho}=\frac{1}{\gamma-1}\frac{p}{\rho}+\sum_{i=1}^{n}c_ih_i^0 \tag{8.18}$$

其中，γ 为流体微团的等效比热比，即

$$\gamma=\frac{p}{\sum_{i=1}^{n}\rho_ih_i^{\mathrm{T}}-p}+1 \tag{8.19}$$

热力学第一定律给出了系统外界做功和从外界吸收热量引起内能变化的关系式。考虑系统的两个状态 a 和 b，如果从状态 a 到状态 b 的过程是功转化为热，那么从状态 b 到状态 a 的变化过程就是热转化为功，两个过程都不违反热力学第一定律。但是，在自然条件下，前者是可以实现的，后者不一定可以实现。例如，压缩气体可以使其温度增高，但是在气体温度降低过程中不一定伴随体积膨胀现象。为了判断系统在任何没有外界干扰情况下的自发过程的可能性，提出热力学第二定律，引入新的热力学状态函数，即熵。热力学第二定律也称为熵增原理：系统自发不可逆过程，只能朝着熵增加的方向进行，如果绝热系统处于非平衡态，那么它在趋向于新平衡态的自发过程中，熵不断增大，系统达到平衡态时熵也达到最大值，根据这一原理可以预测系统的最终平衡状态。

由单一组分构成的封闭系统，第 i 个熵增可以表示为

$$\Delta s_i=s_{2i}-s_{1i}=\int_1^2\mathrm{d}s_i=\int_1^2\left[\frac{\mathrm{d}e_i}{T}+\frac{p_i}{T}\mathrm{d}\left(\frac{1}{\rho_i}\right)\right]=\int_1^2\left[\frac{\mathrm{d}h_i}{T}-\frac{1}{T\rho_i}\mathrm{d}p_i\right]$$

采用定容比热和密度可以表示为

$$\Delta s_i=\int_{T_1}^{T_2}C_{vi}(T)\frac{\mathrm{d}T}{T}+R_i\ln\frac{\rho_{1i}}{\rho_{2i}}$$

采用定压比热和压力可以表示为

$$\Delta s_i=\int_{T_1}^{T_2}C_{pi}(T)\frac{\mathrm{d}T}{T}-R_i\ln\frac{p_{2i}}{p_{1i}}$$

上式仅能计算两个状态之间的熵差，无法给出物质在特定状态下熵的具体数量。前面为了确定焓和内能积分表达其中出现的常数，引入生成焓定义，类似的也引入“规定熵”概念定义熵的参考基准点。根据“不可能使处于稳定平衡凝聚态物质的温度冷却到绝对 $T=0\mathrm{K}$”（Nernst 定理，又称为热力学第三定律），规定在 $T\to0$时所由物质的熵 $s_i\to0$。为便于应用，实际工程中把单位摩尔物质在标准状态下的熵值称为标准规定熵（standard conventional entropy），采用符号 S_{ref}^0表示。S_{ref}^0量纲与普适气体常数 R_0 相同，也为 J/(mol · K)。例如，水蒸气 $S_{\mathrm{ref}}^0(H_2O)=22.65R_0$，甲烷 $S_{\mathrm{ref}}^0(CH_4)=22.39R_0$。流体力学研究中习惯采用质量表示物质量，

单位质量标准规定熵记为 s^0_{ref}，单位为 J/(kg · K)。有了参考点，第 i 个组分任意状态下的熵值，即

$$s_i(T,p_i)=\int_{T_{\mathrm{ref}}}^{T}C_{pi}(T)\frac{\mathrm{d}T}{T}-R_i\ln p_i+s^0_{i,\mathrm{ref}} \tag{8.20}$$

从前面推导过程看，上式中 p_i 可以理解为任意压力与标准状态大气压的比值，单位为应为 atm。下面建立标准规定熵 $s^0_{i\mathrm{ref}}$和 $T=0\mathrm{K}$ 非标准生成熵 s^0_i 的关系。在压力保持不变 $p_i=1\mathrm{atm}$ 的情况下，定压比热多项式拟合函数代入上式，从 $T=0\mathrm{K}$ 积分，即

$$s_i^{p=1}(T)=\left[A_i\cdot\ln T+B_i\cdot T+\frac{C_i}{2}T^2+\frac{D_i}{3}T^3+\frac{E_i}{4}T^4+G_i\right]R_i \tag{8.21}$$

同样，按照式(8.21)计算的熵也分解为两部分 $s_i^{p=1}(T)=s_i^T+s_i^0$，因为在 $T_{\mathrm{ref}}=298.15\mathrm{K}$ 时，$s_i^{p=1}(T_{\mathrm{ref}})=s^0_{i\mathrm{ref}}$，可以得到如下关系，即

$$s_i^0=s^0_{i\mathrm{ref}}-s_i^{\mathrm{T}=298}=G_iR_i \tag{8.22}$$

其中，常数 $G_i=s_i^0/R_i$ 根据实验数据整理得到，随着定压比热拟合多项式系数给出。

把密度为 ρ_i 的 n 种组分在压力、温度不变的条件下混合以后，混合气体内能和焓就是组分内能和焓之和，混合过程本身不会引起系统内能和焓的增加。但是，混合过程使得系统进一步“混乱”，引起系统熵增，这一过程是不可逆的。因此，在把局部状态原理推广到多组分混合气体研究时，认为流体微团内部不存在组分之间的混合过程，是完全充分均匀混合的稳定系统。单位质量混合气体微团熵值等于各组分气体熵乘以该气体所占质量比数之和，即

$$s=\sum_{i=1}^{n}c_i\cdot s_i=\sum_{i=1}^{n}c_i\cdot s_i^{\mathrm{T}}+\sum_{i=1}^{n}c_i\cdot s_i^0 \tag{8.23}$$

标准状态大气压以外的压力条件下，第 i 个组分熵按照下式计算，即

$$s_i(T,p_i)=s_i^{p=1}(T)-R_i\ln p_i=s_i$$

应用中主要关心熵的变化量，因此在压力 $p_{\mathrm{ref}}=1.0\mathrm{atm}$ 状态下建立的关系式(8.23)也直接用于满足定压条件的其他状态。

8.1.2 化学动力学模型

若 n 个组分参与包含 J 个基元反应，链式反应第 j 个基元反应的化学反应式可以写为

$$\sum_{i=1}^{n}\nu_{ij}B_i\Leftrightarrow\sum_{i=1}^{n}\nu_{ij}^{*}B_i,\quad j=1,2,\cdots,J \tag{8.24}$$

其中，ν_{ij} 和 ν_{ij}^{*} 分别为 i 组分在反应 j 中反应物和生成物的化学计量系数。

在化学动力学领域，习惯把放热反应定义为正反应，在空气动力学研究非平衡

流动文献中没有具体规定，对于同一化学反应过程，不同文献可能给出反应方向相反的反应式，相应的化学计量系数也左右互换。

对于包含有第三体的反应式，有几个第三体就对应几个化学反应式。有些文献给出确定的第三体，如果没有给出明确的第三体，一般取混合气体中的所有组分。例如，若如下化学反应式是第16个基元反应，即

$$H+O+H_2 \Leftrightarrow HO+H_2$$

假如第三体为 H_2，对应的化学计量系数为

$$\nu_{H\cdot 16}=1,\quad \nu_{O\cdot 16}=1,\quad \nu_{H2\cdot 16}=1,\quad \nu^*_{HO\cdot 16}=1,\quad \nu^*{}_{H2\cdot 16}=1$$

第18个基元反应中

$$O+O+O \Leftrightarrow O_2+O \tag{8.25}$$

假如第三体为O，对应的化学计量系数为

$$\nu_{O\cdot 18}=3, \nu^*_{O2\cdot 18}=1, \nu^*_{O\cdot 18}=1$$

化学动力学理论习惯采用摩尔表示物质之量，摩尔浓度即单位体积内组分摩尔数，采用符号$[X]$表示 X 组分摩尔浓度，有时用形式 $X_i=\rho_i/M_i$ 表示 i 组分摩尔浓度，在国际标准单位制中，摩尔浓度单位是mol/m^3。下面采用$[X_i]_j$ 表示第 j 个基元反应中 i 组分摩尔浓度。

对于化学反应式通用形式，第 j 个反应中 i 组分的单位摩尔反应速率方程为

$$\frac{\mathrm{d}[X_i]_j}{\mathrm{d}t}=(\nu^*_{ij}-\nu_{ij})\{k_{fj}\prod_{i=1}^{n}X_i^{\nu_{ij}}-k_{bj}\prod_{i=1}^{n}X_i^{\nu^*_{ij}}\}C_j^M=M_i(\nu^*_{ij}-\nu_{ij})Q_j \tag{8.26}$$

其中，k_{fj} 分别称为正向反应和逆向反应速率系数；C_j^M 称为影响系数。

例1　对于 $H_2+O \Leftrightarrow HO+H$，组分OH的净生成速率

$$\frac{\mathrm{d}[OH]_3}{\mathrm{d}t}=\frac{\mathrm{d}[OH]_{f3}}{\mathrm{d}t}-\frac{\mathrm{d}[OH]_{b3}}{\mathrm{d}t}=k_{f3}[H_2]\cdot[O]-k_{b3}[OH]\cdot[H]$$

例2　对于存在第三体的反应 $H+O+H_2 \Leftrightarrow HO+H_2$，组分OH生成速率

$$\frac{\mathrm{d}[OH]_{16}^{H2}}{\mathrm{d}t}=k_{f16}[H]\cdot[O]\cdot[H_2]-k_{b16}[OH]\cdot[H_2] \tag{8.27}$$

例3　对于特殊的第三体反应 $O+O+O \Leftrightarrow O_2+O$，组分O生成速率

$$\frac{\mathrm{d}[O]_{18}^{O}}{\mathrm{d}t}=-2\{k_{f18}[O]^2\cdot[O]-k_{b18}[O_2]\cdot[O]\}$$

例4　理论上存在几个第三体就对应几个化学反应式，实际应用中常通过影响系数在统一的反应速率系数基础上进行修正，上例中第三体变为 H_2O，给出影响系数为6，即在 k_{f18} 和 k_{b18} 的基础上计算组分O生成速率

$$\frac{\mathrm{d}[O]_{18}^{H2O}}{\mathrm{d}t}=-12\{k_{f18}[O]^2\cdot[H_2O]-k_{b18}[O_2]\cdot[H_2O]\}$$

流体方程中习惯采用单位质量反应速率，即

$$\left.\frac{\mathrm{d}\rho_i}{\mathrm{d}t}\right|_j = M_i \frac{\mathrm{d}[X_i]_j}{\mathrm{d}t} = M_i(\nu_{ij}^* - \nu_{ij})Q_j \tag{8.28}$$

考虑所有化学反应中 i 组分总的质量生成率的通用表达式，即

$$\sigma_i = \frac{\mathrm{d}\rho_i}{\mathrm{d}t} = M_i \sum_{j=1}^{J} (\nu_{ij}^* - \nu_{ij})Q_j \tag{8.29}$$

8.1.3　化学反应的速率系数和平衡常数

化学反应动力学理论中，正向反应和逆向反应的反应速率系数 k_{fj} 和 k_{bj} 可以统一表示为如下 Arrhenius 形式，即

$$k_j = A_j T^{B_j} \exp\left(-\frac{E_j}{R_0 T}\right), \quad j=1,2,\cdots,J \tag{8.30}$$

其中，A_j、B_j、E_j 为常数；化学领域把 $A_j \cdot T^{B_j}$ 称为频率因子；把 E_j 称为活化能，可以根据经典分子碰撞理论得到，但是计算出的结果经常与实验测定相差几个量级，因此一般采用理论计算指导下的实验数据，可以查阅相关文献得到。

反应速率系数单位比较复杂，除了与摩尔浓度有关外，还与化学反应式有关。对于化学反应式(8.26)，正向反应和逆向反应的反应速率系数单位均为 $\mathrm{m}^3/(\mathrm{s}\cdot\mathrm{mol})$；对于化学反应式(8.27)，逆向反应速率系数单位也为 $\mathrm{m}^3/(\mathrm{s}\cdot\mathrm{mol})$，但是正向反应速率系数单位为 $\mathrm{m}^6/(\mathrm{s}\cdot\mathrm{mol}^2)$。在计算流体力学中，习惯采用无量纲化的参数和方程，需要特别注意化学反应式两侧化学计量系数 $\sum_{i=1}^{n}\nu_{ij}$ 与 $\sum_{i=1}^{n}\nu_{ij}^*$ 不等情况，这时正向反应速率系数 k_{fj} 和逆向反应速率系数 k_{bj} 无量纲的物理参考量不同(许多文献中反应速率系数的单位经常采用 cgs 单位体系，即为 cal、mol、cm 和 s 的组合；逆向反应速率系数中常数完全不同于正向反应速率中系数的常数，一个化学反应式中 A_{fj}、B_{fj}、E_{fj} 与相应的 A_{bj}、B_{bj}、E_{bj} 不相等；有些文献活化能的数据除了气体常数，有的没有)。

有些计算非平衡流动的文献仅给出正向反应的反应速率系数 k_{fj}，逆向反应的反应速率系数 k_{bj} 需要根据反应平衡常数来计算。应用热力学第二定律判断封闭系统内部自发化学反应过程的趋势，按照熵增原理最终达到平衡时熵不再变化，因此也可以计算平衡常数。在应用中，为了区别系统吸收外部热量引起的熵增和系统内部化学非平衡反应引起的熵增，引入新的状态函数。如果在定压、定温条件下发生化学反应，那么系统从外部吸收的热量全部用于焓增加 $\delta q|_p = \mathrm{d}h$，且热力学第二定律可以表示为

$$T\mathrm{d}s - \mathrm{d}h = \mathrm{d}(Ts - h) \geqslant 0$$

定义一个新状态变量为

$$g = h - Ts = e + \frac{p}{\rho} - Ts \tag{8.31}$$

称为单位质量的 Gibbs 自由能(Gibbs free energy)，有时又称自由焓(free enthalpy)。根据前面热完全气体的焓和熵的函数表达式，按照上式计算 Gibbs 自由能，为使用方便，化学手册中常给出标准状态下单位摩尔的标准 Gibbs 自由能，即

$$G_{\text{ref}}^{p=1}=H_{\text{ref}}^{0}-T_{\text{ref}}S_{\text{ref}}^{0}$$

本书采用解耦算法时，焓和熵采用压力 $p_{\text{ref}}=1.0\text{atm}$ 状态下、从温度 $T=0\text{K}$ 开始的积分表达式，出现了积分常数 h_i^0 和 s_i^0。根据焓和熵的表达式，可以得到

$$g_i^{p=1}(T)=\left[A_i(1-\ln T)T-\frac{B_i}{2}\cdot T^2-\frac{C_i}{6}T^3-\frac{D_i}{12}T^4-\frac{E_i}{20}T^5+F_i-G_i\cdot T\right]R_i$$

如果把单位质量 i 组分的 Gibbs 自由能，也可以分解为两部分，即

$$g_i^{p=1}(T)=g_i^{\text{T}}+g_i^0=(h_i^{\text{T}}+Ts_i^{\text{T}})+(h_i^0+Ts_i^0) \tag{8.32}$$

可以看出，后一部分中 $g_i^0=h_i^0-Ts_i^0=(F_i-G_i\cdot T)R_i$，也与温度相关。

单位质量完全充分均匀混合气体微团的在其他压力条件下的 Gibbs 自由能按照下式计算，即

$$g_i(T,p)=g_i^{p=1}(T)+TR_i\ln p_i=g_i$$

混合气体微团的 Gibbs 自由能等于各组分气体 Gibbs 自由能乘以该气体所占质量比之和，即

$$g=\sum_{i=1}^{n}c_ig_i \tag{8.33}$$

采用 Gibbs 自由能描述热力学第二定律为

$$\text{d}g\leqslant 0 \tag{8.34}$$

表明封闭系统在定温、定压的条件下发生化学反应时，Gibbs 自由能不断减小，达到平衡状态时，Gibbs 自由能最小，这就是 Gibbs 最小自由能原理。

单位质量混合气体的 Gibbs 自由能是温度、压力和质量比数的函数，可以写成如下全微分形式，即

$$\text{d}g=\left.\frac{\partial g}{\partial p}\right|_{T,c_i}\text{d}p+\left.\frac{\partial g}{\partial T}\right|_{p,c_i}\text{d}T+\sum_{i=1}^{n}\left.\frac{\partial g}{\partial c_i}\right|_{p,T,\sum\limits_{j\neq i}^{n}c_j}\text{d}c_i \tag{8.35}$$

如果化学反应达到平衡，Gibbs 自由能保持不变化：$\text{d}g\equiv 0$，因此上式各偏导数项为 0。对于绝热封闭系统，在定温、定压条件下发生的化学反应，反应前后密度不变 $\text{d}\rho=0$，质量比数 $c_i=\rho_i/\rho$，有 $\text{d}c_i=\text{d}\rho_i/\rho$，推出系统平衡时内部组分满足的关系式，即

$$\sum_{i=1}^{n}\left.\frac{\partial g}{\partial c_i}\right|_{p,T,\sum\limits_{j\neq i}^{n}c_j}\text{d}c_i=\sum_{i=1}^{n}g_i\text{d}c_i=\frac{1}{\rho}\sum_{i=1}^{n}g_i\text{d}\rho_i=0 \tag{8.36}$$

其中，$\text{d}\rho_i$ 是化学反应过程中组分 i 的单位质量变化，可用化学动力学模型计算，即

$$\text{d}\rho_i=\sigma_i\text{d}t=M_i\sum_{j=1}^{J}(\nu_{ij}^{*}-\nu_{ij})Q_j\text{d}t$$

代入式(8.36),可以得到

$$\frac{1}{\rho}\sum_{j=1}^{J}\Big[\sum_{i=1}^{n}g_iM_i(\nu_{ij}^{*}-\nu_{ij})\Big]Q_j\mathrm{d}t=-\frac{1}{\rho}\sum_{j=1}^{J}A_j\mathrm{d}N_j=0 \tag{8.37}$$

其中,$A_j=-\sum_{i=1}^{n}g_iM_i(\nu_{ij}^{*}-\nu_{ij})$ 称为第 j 反应的亲和力,是表征化学反应的热力学状态函数;$\mathrm{d}N_j=Q_j\mathrm{d}t$ 为单位体积内摩尔数的变化。

由于 $\mathrm{d}N_j\neq0$,因此上式成立的条件是所有反应的亲和力,即

$$A_j=-\sum_{i=1}^{n}g_iM_i(\nu_{ij}^{*}-\nu_{ij})=0,\quad j\in[1,J]$$

把单位质量 Gibbs 自由能计算式代入上式,可以得到

$$\sum_{i=1}^{n}(g_i^{p=1}+R_iT\ln p_i)M_i\nu_{ij}^{*}=\sum_{i=1}^{n}(g_i^{p=1}+R_iT\ln p_i)M_i\nu_{ij} \tag{8.38}$$

在压力 $p_{\mathrm{ref}}=1.0\mathrm{atm}$ 条件下,生成物和反应物的 Gibbs 自由能之差为

$$\Delta G_i^{p=1}=\sum_{i=1}^{n}g_i^{p=1}M_i\nu_{ij}^{*}-\sum_{i=1}^{n}g_i^{p=1}M_i\nu_{ij}$$

考虑到 $R_0=R_iM_i$,整理后得到第 j 反应的平衡常数 K_{jp} 为

$$K_{jp}(T)=\frac{\prod_{i}^{n}p_i^{\nu_{ij}^{*}}}{\prod_{i}^{n}p_i^{\nu_{ij}}}=\exp\Big(-\frac{\Delta G^{p=1}}{R_0T}\Big) \tag{8.39}$$

计算 K_{jp} 需要混合气体各组分的分压,又称为分压表示的平衡常数。回顾前面建立熵的计算公式中 $\ln p_i$ 的本质是组分压力和 $p_{\mathrm{ref}}=1.0\mathrm{atm}$ 的比值,因此上式中分压 p_i 的单位是大气压。对于两侧化学计量系数之和相等的反应式,例如反应式 $H_2+O\Leftrightarrow OH+H$,平衡常数 $K_{3p}=\dfrac{p_{\mathrm{OH}}\cdot p_{\mathrm{H}}}{p_{\mathrm{H2}}\cdot p_{\mathrm{O}}}$没有单位;对于两侧化学计量系数之和不相等的反应式,例如反应式 $H+H+M\Leftrightarrow H_2+M$,平衡常数 $K_{16p}=\dfrac{p_{\mathrm{H2}}}{p_{\mathrm{H}}^{2}}$的单位是1/atm。混合气体中第 i 个组分的分压可以表示为 $p_i=x_i\cdot p$,这里 x_i 称为摩尔比数,与摩尔浓度的关系为

$$x_i=\frac{X_i}{\sum_{i=1}^{n}X_i} \tag{8.40}$$

代入分压表示的平衡常数,写为

$$K_{jp}(T)=\left(\frac{p}{\sum_{i=1}^{n}X_i}\right)^{\sum_{i}^{n}(\nu_{ij}^{*}-\nu_{ij})}\cdot\frac{\prod_{i}^{n}X_i^{\nu_{ij}^{*}}}{\prod_{i}^{n}X_i^{\nu_{ij}}}$$

得到化学动力学研究中经常采用摩尔浓度表示的平衡常数，即

$$K_{jx}(T)=\frac{\prod_{i}^{n}X_i^{\nu_{ij}^*}}{\prod_{i}^{n}X_i^{\nu_{ij}}} \tag{8.41}$$

摩尔浓度表示的平衡常数与分压表示的平衡常数之间关系为

$$K_{jx}(T)=p^{-\sum_{i}^{n}(\nu_{ij}^*-\nu_{ij})}\left(\sum_{i=1}^{n}X_i\right)^{\sum_{i}^{n}(\nu_{ij}^*-\nu_{ij})}K_{jp}(T) \tag{8.42}$$

达到平衡状态反应速率等于 0，对于第 i 个组分的第 j 反应，有

$$\frac{\mathrm{d}[X_i]_j}{\mathrm{d}t}=(\nu_{ij}^*-\nu_{ij})\left\{k_{fj}\prod_{i=1}^{n}X_i^{\nu_{ij}}-k_{bj}\prod_{i=1}^{n}X_i^{\nu_{ij}^*}\right\}=0$$

推出平衡常数和反应速率系数的关系为

$$\frac{k_{fj}}{k_{bj}}=\frac{\prod_{i}^{n}X_i^{\nu_{ij}^*}}{\prod_{i}^{n}X_i^{\nu_{ij}}}=K_{jx}(T) \tag{8.43}$$

由于反应速率系数仅仅与温度有关，与质量比数无关，因此如果保持温度不变，那么反应速率系数在初期非平衡化学反应过程中，以及足够长时间达到平衡化学反应状态也不变化。利用平衡常数这一特性，在给出正向反应速率系数以后，就可以求出逆向反应速率系数。

对处于化学平衡的流动，如果从流体动力学方程出发求得气体微团任意两个热力学状态变量，如密度 ρ 和焓 h，根据气体状态方程、内能表达式，可以得到气体微团其余的热力学状态变量，压力 p、温度 T、熵 s、内能 e 等。然后，根据上面介绍的化学反应方程平衡常数 K_{jp} 建立分压之间的关系，又知总压为各组分 i 的分压 p_i 之和，补充化学元素的原子数目守恒方程，就可以求出任意 i 个组分的分压 p_i，从而确定组分的质量比数 c_i。

以上内容在文献[1]中有更为详尽的介绍。

8.2　解耦算法的理论基础

在讨论非平衡流动的刚性问题前，先介绍线性常微分方程组的数学定义，即

$$\frac{\mathrm{d}U}{\mathrm{d}t}=DU \tag{8.44}$$

其中，$U\in R^{n\times 1}$。

假设系数矩阵 $D\in R^{n\times n}$ 非奇异，那么可以找到特征向量构成的矩阵 P 对矩阵 D 进行分解 $D=P^{-1}\Lambda_D P$，特征值 $\Lambda_D=\mathrm{diag}(\lambda_{D1},\lambda_{D2},\cdots,\lambda_{Dn})$。如果矩阵条件数为

$$P(D)=\left[\frac{|\lambda_{D\max}|}{|\lambda_{D\min}|}\right]^{\frac{1}{2}}\gg 1$$

就称矩阵 D 为病态的，这时对应的常微分方程组称为刚性的，在进行数值计算时会引起刚性问题。假设以上述常微分方程常系数，引入符号 $W=PU$，上式变为 n 个独立的常系数微分方程，即

$$\frac{\mathrm{d}w_i}{\mathrm{d}t}=\lambda_{Di}w_i,\quad i\in[1,n]$$

在给定初始条件以后，对应的理论解为

$$w_i(t)=w_i(0)\exp[\lambda_i t]$$

如果这一线性系统是稳定的，那么要求特征值 $\lambda_{Di}\leqslant 0$ 才能保证随着时间 $t\rightarrow\infty$ 状态不会发散。将衰减到初始时刻 $1/e$ 所花费的时间定义为时间常数：$t_{ci}=-1/\lambda_{Di}$，时间常数越小，衰减越快，据此比较系统达到稳定的快慢。

采用显式 Euler 方法数值求解，稳定性要求所取用的时间步长满足如下条件，即

$$\frac{\Delta t}{t_{\max}}\leqslant 2,\quad t_{\max}=\max\{|t_{ci}|,i=1,2,\cdots,n\}$$

尽管每个独立的方程可以采用不同的时间步长，但是整个系统的状态需要统一时间。如果常微分方程组是刚性的，意味着按照时间常数最小(最大特征值)、衰减最快的时间步长来计算，系统达到稳定是按照衰减最慢的时间常数判断，因此需要十分巨大的求解步数才能达到稳态解。

8.2.1　非平衡流动的刚性问题

描述 H_2 和 O_2 生成 H_2O 的化学动力学机理需要采用很多个基元反应，考虑其中一个逆向反应 $H_2+O\leftarrow OH+H$，引出中间产物 O、OH 和 H，对于组分 OH 的变化有

$$\frac{\mathrm{d}[\mathrm{OH}]_b}{\mathrm{d}t}=-k_b[\mathrm{H}]\cdot[\mathrm{OH}]$$

求出其时间常数为 $t_c=\dfrac{1}{k_b[\mathrm{H}]}$，受组分 H 摩尔浓度和逆反应速率系数 k_b。

研究 H_2 和空气的化学非平衡过程，化学动力学模型有较为简单的 7 组分 8 个反应(包括 H、O、H_2O、OH、H_2、0_2、N_2 组分，1980 年由 Schexnayder-Evans 提出)，还有相对复杂的 13 组分 32 反应(包括 H、O、H_2O、OH、H_2、O_2、N_2、H_2O_2、HO_2、HNO 、N 、NO 、NO_2 组分，1988 年 Jachimowski 等提出)，这些模型中所有组分变化过程构成一个常微分方程组。各个基元反应速率系数是温度的指数函数，在反应过程中各个组分的浓度变化也有快慢，基元反应的时间常数对温度和组分

浓度非常敏感，有些基元反应已经达到稳态解，另外一些基元反应还刚开始，导致包含多个基元反应的化学反应动力学模型方程组有较强的刚性。化学反应在描述流场的偏微分方程中体现为源项，通过下面定性分析可以看出，流动使得刚性进一步增强。

考虑模型方程，即

$$\frac{\partial w_i}{\partial t}+a_i\frac{\partial w_i}{\partial x}=\lambda_{Di}w_i \tag{8.45}$$

对空间导数在编号为 k 的位置进行差分离散以后，整理成如下半离散方程，即

$$\frac{\partial w_i(k)}{\partial t}=(\lambda_{Di}-a_i)\cdot w_i(k)+f[w_i(k-1),w_i(k+1),\cdots] \tag{8.46}$$

如果$|\lambda_{Di}|\ll|a_i|$，条件数和稳定性主要取决于对流项系数矩阵 A 的特征值，如果$|\lambda_{Di}|\gg|a_i|$条件数主要取决于化学反应动力学矩阵 D 的特征值，这两种情况可以采用冻结流和平衡流模型进行处理，前者认为化学反应对流动影响可以忽略，后者根据当地的热力学状态参数按照不考虑中间基元反应的平衡反应模型处理。如果 λ_{Di} 和 a_i 同量级，正负号组合以后方程总的特征值，可能出现为 0 的情况，强化了条件数 $P(D+A)>P(D)$，流动使得刚性变得比同样条件下静止流体更加严重，对稳定性影响更为严酷，导致非平衡流动计算困难。

关于冻结流、平衡流和非平衡流的严格定义参见文献[1]。

8.2.2　传统的解耦算法

解耦算法的理论基础是时间分裂法，考虑如下非齐次偏微分模型方程，即

$$\frac{\partial u}{\partial t}+a\frac{\partial u}{\partial x}=f(t) \tag{8.47}$$

在计算离散空间时可以分解为如下波动方程和常微分方程的求解，即

$$\begin{cases}\dfrac{\partial u}{\partial t}+a\dfrac{\partial u}{\partial x}=0\\[2mm]\dfrac{\partial u}{\partial t}=f\end{cases} \tag{8.48}$$

如果波动方程的时间二阶精度离散算子记为 $L_x=\left(1-\Delta t\cdot L_x^{\mathrm{I}}+\dfrac{\Delta t^2}{2}L_x^{\mathrm{II}}\right)$，常微分方程时间二阶精度格式的形式为 $u^{n+1}=[1+L_f(\Delta t)]u^n$，不管算子 L_f 具体形式，时间二阶精度离散基础依然为

$$L_f(\Delta t)\cdot u^n = \Delta t\cdot f^n+\frac{\Delta t^2}{2}\left(\frac{\partial f}{\partial t}\right)^n+O(\Delta t^3) \tag{8.49}$$

采用时间分裂格式进行计算，就是依次完成波动方程和常微分方程两个方程求解，得到下一时刻的值为

$$
\begin{aligned}
u_i^{n+1} &= L_x(\Delta t)[1+L_f(\Delta t)]u_i^n \\
&= L_x(\Delta t)u_i^n + L_x(\Delta t)L_f(\Delta t)u_i^n \\
&= \left(1-\Delta t\left(1+\Delta t\frac{\partial f}{\partial u}\right)\cdot L_x^{\mathrm{I}} + \frac{\Delta t^2}{2}L_x^{\mathrm{II}}\right)u_i^n + \Delta t\cdot f_i^n\left(1+\frac{\Delta t}{2}\frac{\partial f}{\partial u}\right) + O(\Delta t^3)
\end{aligned}
$$

对上式在离散点进行 Taylor 级数展开，与原始问题(8.47)进行比较，按照差分格式精度定义可以证明具有时间二阶和空间二阶精度。

下面以一维非平衡流动的 Euler 方程为例介绍解耦算法的耦合过程，即

$$
\frac{\partial U}{\partial t}+\frac{\partial F}{\partial x}=S(U) \tag{8.50}
$$

流体运动方程求解全部变量，即

$$
U_1=(\rho,\rho u,E^a,\rho_1,\cdots,\rho_{n-1})^{\mathrm{T}} \tag{8.51}
$$

由于源项 $S(U)$的前 3 项为 0，因此反应动力学方程求解部分变量，即

$$
U_2=(\rho_1,\rho_2,\cdots,\rho_{n-1})^{\mathrm{T}} \tag{8.52}
$$

即使 $S(U)=0$，求解变量 U_1 中包括 U_2，表示在流体微团随体运动过程中，没有发生化学反应也可以存在组分分布不均匀引起内部组分变化。把 $u=0$ 代入控制方程式(8.50)就得到 U_2 的方程，说明 U_2 的化学反应和静止环境下是一样的，实际上体现了局部平衡原理。分析 U_2 没有考虑 U_1 中前 3 项对应的反应机理，密度$\partial\rho/\partial t=0$ 除了质量不变的同时还要求体积不变，这种条件下发生的是等容反应，动量$\partial(\rho u)/\partial t=0$ 说明化学反应不改变流体微团的运动特性，在$\partial E^a/\partial t=0$ 体现了能量守恒特性，由于流体微团总能量为

$$
E^a=\frac{1}{2}\rho u^2+\sum_{i=1}^{n}\rho_i e_i(T) \tag{8.53}
$$

可以推导出

$$
\sum_{i=1}^{n}\rho_i e_i(T)=0 \tag{8.54}
$$

采用时间分裂算法，流动和化学反应的耦合过程为，计算流动方程得到 U_1，利用其中的状态参数(ρ^{n+1},p',T')作为初始条件计算源项方程，得到新的组分 U_2 以后，迭代上式求出温度 T^{n+1}，通过状态方程改变压力 p^{n+1}，进而影响流动特性。

解耦算法的思想在采用 CFD 研究非平衡流动最初阶段就进行过尝试，当时流体运动方程和反应动力学方程采用时间显式算法。由于化学反应特征时间比流体运动特征时间小，尤其在流场参数剧烈变化的区域，两者相差几个数量级，流场时间方向推进一步后需要等待反应动力学方程推进成千上万步，与不考虑反应的量热完全气体方程求解过程相比，计算需要时间成量级增加，难以达到工程应用要求。后来有人采用流体方程和反应方程全部时间隐式算法，或者流体方程时间显式算法、反应方程隐式算法，也没有成功。因此，国内外模拟非平衡流的大部分文

献采用耦合算法，常见的主要是点隐法，以上面一维模型方程为例介绍点隐法。

从前面章节推导可知，源项 $S(U)$很少是线性的，首先进行线性化处理，即

$$S_i^{n+1}=S_i^n+D_i^n\cdot(U_i^{n+1}-U_i^n)+O(\Delta U^2) \tag{8.55}$$

假设化学反应动力学模型涉及 n 个组分，那么求解变量维数 $U\in R^{(n+2)\times 1}$，线性化矩阵的维数 $D=\dfrac{\partial S}{\partial U}\in R^{(n+2)\times(n+2)}$。可以证明，即使流动方程采用时间二阶精度的格式，由于点隐法没有考虑源项和对流项的交叉导数，总的计算精度也达不到二阶。

在 CFD 领域，隐式差分格式涉及空间相邻点的矩阵计算，如果采用常见的 LU 格式求解，需要处理 i 和 $i\pm1$ 共 3 点矩阵计算。在这种情况下，对流项的线性化矩阵和源项线性化的矩阵综合在一起处理使得问题变得非常复杂，如果流体运动方程采用显式算法，从以上计算式可以看出仅仅用到当地 i 点矩阵，因此称为点隐格式。由于以上线性化过程只有一阶时间精度，因此方程中时间偏微分采用增加计算量的高阶格式也达不到高精度效果，不妨采用一阶显式格式，空间导数差分格式采用算子形式表示离散方程为

$$U_i^{n+1}=U_i^n-L_x\cdot\Delta t+\Delta t\cdot[S_i^n+D_i^n\cdot(U_i^{n+1}-U_i^n)]$$

整理以后得到

$$U_i^{n+1}=U_i^n-(1-\Delta t\cdot D_i^n)^{-1}\cdot \mathrm{RHS}_i^n$$

采用这种点隐格式克服了化学反应动力学引起的刚性问题，非时间步长只要满足差分格式的稳定性条件就行，从 20 世纪 80 年代提出以来在非平衡流动模拟研究中发挥了非常重要的推动作用。但是，在应用过程中也发现存在如下不足。

① 源项线性化矩阵与化学反应动力学模型密切相关，不同化学反应动力学模型需要重新推导线性化矩阵和修改计算程序源代码，给软件工程化带来很大不便。

② 源项线性化矩阵求逆运算使得计算效率随着组分数的增加迅速降低，国外文献研究表明计算工作量随求解变量个数的二次方增加。

③ 对于非定常流动，只有一阶时间精度。

8.2.3　新型的解耦算法

在文献[2]中分析传统的解耦算法时发现，直接采用式(8.54)来描述能量守恒特性较为简略，没有很好体现化学反应过程中化学能转化为压力能的机理，同时认为采用温度作为耦合参数不能直接影响动量方程，应该考虑压力耦合。因此，提出上一节的新思想，首先把热完全气体的内能或焓中能够释放的化学能和温度作为参数的状态能分解开，即 $e_i(T)=e_i^{\mathrm{T}}+e_i^0$ 或 $h_i(T)=h_i^{\mathrm{T}}+h_i^0$，代入$\partial E^a/\partial t=0$，可以推导出

$$\frac{\partial}{\partial t}\Big[\sum_{i=1}^{n}\rho_i e_i(T)\Big]=\frac{\partial}{\partial t}\Big[\sum_{i=1}^{n}\rho_i e_i^T\Big]+\frac{\partial}{\partial t}\Big[\sum_{i=1}^{n}\rho_i e_i^0\Big] \tag{8.56}$$

对于流体微团“状态能”，可以引入新的符号，即

$$E=\frac{1}{2}\rho u^2+\sum_{i=1}^{n}\rho_i e_i^{\mathrm{T}}=E^a-\sum_{i=1}^{n}\rho_i e_i^0 \tag{8.57}$$

代入到原始问题的方程(8.50)中，流体能量方程出现非 0 源项，考虑到$\partial\rho_i/\partial t=\sigma_i$，对应的源项 $S(E)=-\sum_{i=1}^{n}\sigma_i h_i^0$，这样一来求解变量 U_2 也变为

$$U_2=(E,\rho_1,\cdots,\rho_{n-1})^{\mathrm{T}} \tag{8.58}$$

在计算反应动力学过程中也给出化学能对“状态能”的改变量。得到新时刻“状态能”E^{n+1}和组分 ρ_i^{n+1} 等价于确定 $\sum_{i=1}^{n}\rho_i e_i^{\mathrm{T}}=\sum_{i=1}^{n}\rho_i h_i^{\mathrm{T}}-p=C$，可以采用前面传统解耦算法通过迭代求解得到温度，但是为了直接把压力作为耦合参数，引入流体微团的等效比热比 γ 把状态方程嵌入迭代过程，即

$$\rho e^{\mathrm{T}}=\sum_{i=1}^{n}\rho_i e_i^{\mathrm{T}}=\frac{p}{\gamma-1} \tag{8.59}$$

$$\gamma=\frac{p}{\sum_{i=1}^{n}\rho_i h_i^{\mathrm{T}}-p}+1\ 和\ p=\sum_{i}^{n}R_i\rho_i T \tag{8.60}$$

前面已经给出根据定压比热拟合多项式系数积分得到的“状态焓”h_i^{T}，构造一个迭代函数，即

$$f(T)=\sum_{i=1}^{n}c_iR_i\left(A_iT+\frac{B_iT^2}{2}+\frac{C_iT^3}{3}+\frac{D_iT^4}{4}+\frac{E_iT^5}{5}\right)-\sum_{i=1}^{n}c_iR_iT-C$$

由于导数 $f'(T)>0$，为单调增函数，保证 $f(T)=0$ 在$(0,\infty)$区间内解的唯一性，根据这一性质，可以在计算前确定一个具有物理意义的温度范围，如果超出这个区间，表明计算失败。非线性方程的求解算法有很多种，早期采用最简单的二分法，可靠性高，但是收敛较慢，后来改用综合二分法、切线法和逆二次插值方法的 Zero-in 算法，实践表明具有较高的计算效率。

引入等效比热比 γ 的另一个明显的优势是可以进一步把求解变量 U_1 分为两部分，即

$$U_1'=(\rho,\rho u,E)^{\mathrm{T}}\ 和\ U_1''=(\rho_1,\rho_2,\cdots,\rho_{n-1})^{\mathrm{T}} \tag{8.61}$$

变量 U_1'的方程形式和量热完全气体的控制方程完全一致，根据这一特点，只需将原有基于量热完全气体假设的程序中的比热比由常量改造为变量，流体声速采用等效比热比计算即可实现。对于无黏流动，变量 U_1''每个组分的方程形式与流体微团质量守恒方程完全一致，在流体微团密度、速度和压力变化时质量分数沿流线不变，描述的实际上是冻结流，继续拓展局部状态原理，认为每个组分的变化服从总体规律，因此采用计算 ρ 的方法计算每个组分密度 ρ_i。

新型解耦算法与前面传统解耦算法相比，具有的如下特点。

① 引入“状态能”对描述化学非平衡流的控制方程组进行了变换，对变换后的化学非平衡流控制方程进行时间分裂，得到的流动控制方程组描述的是多组分冻结流动，得到的化学反应动力学方程组描述等容反应过程中化学能转化为压力能，具有很清晰物理意义。

② 引入了等效比热比，在形式上描述流动部分的控制方程和量热完全气体流动的控制方程是一致的，因此可以直接在求解量热完全气体流动的算法上进行很小的改造，就能得到计算冻结流动控制方程的算法。最早流动方程求解算子采用 NND2M 时空二阶差分格式，后来推广到基于二阶精度显式 Runge-Kutta 方法和双时间隐式算法的高精度差分格式(MUSCL、WENO 等)。

③ 可以直接采用现有的计算等容爆炸化学反应的程序来计算描述化学反应部分的控制方程，不需做任何修改。早期常微分方程求解算子采用梯形公式，目前扩展到变系数常微分方程求解算法(VODE)和 α-QSS 拟稳态逼近方法。

④ 流动部分和化学反应部分的求解是相互独立的，在已有的量热完全气体流动计算程序和等容爆炸计算程序的基础上，可以很快地将这两种程序结合并改造成化学非平衡流计算程序，因此程序具有很好的模块化特点。

由于这些特点，从 1993 年提出以来取得很好的应用效果，文献[3]对国内化学非平衡流动模拟现状进行调研，采用这种解耦算法国内首次模拟出激波在氢氧混合气体中诱导振荡燃烧现象，国内首次微机上完成 13 组分 32 氢氧反应机理描述的激波诱导燃烧现象和 19 组分 65 甲烷反应机理描述的三维燃烧流场。2008 年以来新型解耦算法及其多种改进算法在超燃冲压发动机相关基础研究中应用取得成功。前面这些应用基于有限差分法，这种基于时间分裂法的新型解耦算法在推广到有限体积法时遇到了如下的精度问题。

8.3　基于有限体积法的解耦算法

第二章推导出的采用 ALE 有限体积方法描述的非平衡流动控制方程为

$$\frac{\partial}{\partial t}\iiint_V Q\,\mathrm{d}\sigma+\iint_S\left[\boldsymbol{F}_c(Q,x_c)+\boldsymbol{F}_v(Q)\right]\cdot\boldsymbol{n}\,\mathrm{d}s=\iiint_V S\,\mathrm{d}\sigma \tag{8.62}$$

从本章第一节化学反应动力学方程可以看出，第 i 组分的源项，即

$$\iiint_V \sigma_i\,\mathrm{d}\sigma=\iiint_V M_i\sum_{j=1}^{J}\left\{(\nu_{ij}^*-\nu_{ij})\left[k_{fj}\prod_{i=1}^{n}\left(\frac{\rho_i}{M_i}\right)_i^{\nu_{ij}}-k_{bj}\prod_{i=1}^{n}\left(\frac{\rho_i}{M_i}\right)_i^{\nu_{ij}^*}\right]C_j^M\right\}\mathrm{d}\sigma$$

采用 Arrhenius 模型计算反应速率，表达式是流体变量 Q 的指数型函数，因此化学反应源项是关于时间和空间的具有强烈非线性的函数。有限体积法的基本原理是根据存储在控制体特定位置(格心或顶点)的物理量的平均值来重构空间分布函数，然后写出以上积分函数的表达式。如果采用常数分布函数 $\hat{Q}=Q_k$ 的重构流动

变量,那么源项在整个控制体的体积分可以表示为

$$\iiint_V \sigma_i \mathrm{d}\sigma = \sigma_i(\hat{Q}) \cdot V \tag{8.63}$$

如果 $\hat{Q}$ 采用线性分布重构,即

$$\hat{Q} = Q_k + (\nabla Q)\big|_k \cdot (\boldsymbol{r} - \boldsymbol{r}_k) \tag{8.64}$$

代入式(8.63)不再成立,很难给出准确的积分表达式,采用数值积分除了引入误差外还带来很大的计算量。对国内外有限体积法求解非平衡流动文献调研看,采用格心或顶点物理量计算出源项 σ_i 后作为常数直接提出积分号外,在此基础上进行点隐法涉及的对角线性化等解决刚性问题的处理。通过上述分析可以看出,这种简化处理存在空间精度降阶的问题。

如果采用解耦算法,流动偏微分方程不包含化学反应源项,因此不需要计算源项函数的体积分;源项函数只在化学反应的常微分方程中出现,与空间离散无关;如果偏微分方程和常微分方程采用时间二阶精度算法,决定整个化学非平衡流动计算空间精度的是流动方程的空间离散精度。基于这样的认识,结合有限体积法的原理,我们提出基于解耦算法的有限体积法,理论上具有时空二阶精度。

为便于分析,采用如下带有源项的二维线性模型方程,即

$$\frac{\partial u}{\partial t} + a\frac{\partial u}{\partial x} + b\frac{\partial u}{\partial y} = \frac{\partial u}{\partial t} + \frac{\partial f}{\partial x} + \frac{\partial g}{\partial y} = S \tag{8.65}$$

其中,系数 a 和 b 为常数;源项 $S=S(u)$ 是变量 u 的非线性函数。

采用时间分裂法可以将以上方程分裂为如下两个方程,即

$$\begin{cases} \dfrac{\partial u}{\partial t} + \dfrac{\partial f}{\partial x} + \dfrac{\partial g}{\partial x} = 0 \\ \dfrac{\partial u}{\partial t} = S \end{cases} \tag{8.66}$$

采用 L_{space} 表示流动的齐次偏微分方程求解算子、L_{react} 表示源项的常微分方程求解算子,总算子通过这两个算子交替迭代得到,可以写为

$$u_{ij}^{n+1} = \left[L_{\text{space}}\left(\frac{\Delta t}{2}\right) \cdot L_{\text{react}}(\Delta t) \cdot L_{\text{space}}\left(\frac{\Delta t}{2}\right)\right] u_{ij}^n \tag{8.67}$$

如果 L_{space} 和 L_{react} 采用时间二阶或以上精度的格式,以上时间分裂法的计算结果具有时间方向二阶精度。

时间分裂法本身对 L_{space} 和 L_{react} 两个算子的具体离散格式没有限制,只要算子运行前后是统一的时空变量则可。统一的时间推进步长 Δt 很容易,如果 L_{space} 采用有限差分法实现同一空间位置也没问题,但是如果采用有限体积法,不可能在 L_{space} 的整个控制体内满足 L_{space} 的空间统一,这会造成解耦算法应用于有限体积法的理论难题。

在前第三章对有限体积法的重构算法进行的分析中，高于二阶精度的算法很难构造和应用，目前二阶精度的算法主要采用梯度为常数的线性分布假设进行重构，格心位置上物理量与控制体内任意点的物理量的关系如式(8.64)所示，利用格心位置 $\vec{\boldsymbol{r}}_k=(x_k,y_k,z_k)$ 的几何定义，可以推导出线性重构得到的控制体内平均值正好等于格心位置的物理量，即

$$Q_k=\hat{Q}_k \tag{8.68}$$

根据这一结论，在 (x_k,y_k,z_k) 空间点上采用时间分裂法，可以实现时空变量的统一，把有限体积法 L_{space} 算子计算得到的控制体平均值用于计算 L_{space} 算子，按照式(8.67)进行计算具有时间和空间二阶精度。

验证算例在第九章介绍。

参考文献

[1] 刘君，周松柏，徐春光. 超声速流动中燃烧现象的数值模拟方法及应用. 长沙：国防科技大学出版社，2008.

[2] 刘君. 超音速完全气体和 H2/O2 燃烧非平衡气体的复杂喷流流场数值模拟. 绵阳：中国空气动力研究与发展中心博士学位论文，1993.

[3] 刘瑜. 量热完全气体/化学非平衡气体流动 ALE 有限体积计算方法研究. 长沙：国防科技大学博士学位论文，2013.

第 9 章　验证算例和部分工程应用实例

刘君带领的课题组从 1998 年开始从事非结构动网格技术及其应用研究，本书内容包含多名博士的研究成果。在研究过程中为验证算法的有效性，收集了一些有实验数据的文献结果，也构思了一些有理论解的模型，选择部分算例进行简单介绍，有助于那些想采用本书算法编写程序需要验证的读者和希望通过比较来评判算法精度的读者。书中的理论问题源自实际工程模型仿真时遇到的难题，为想了解算法适用性的读者选编了一些具有代表性的应用例子。

9.1　验 证 算 例

选择以下算例的主要考虑是可以有效地验证算法和程序。

9.1.1　有限体积法的求解器

采用激波湍流边界层相互干扰问题[5]验证有限体积方法的求解精度及对湍流的模拟能力。实验模型及计算网格如图 9.1 所示，超声速来流经过激波发生器后产生一道斜激波，斜激波受到下面平板的阻碍，形成反射激波。激波使得边界层内形成很大的逆压梯度，湍流边界层将发生分离，分离后的流体在来流的作用下在分离点不远处再附，因此形成了一个回流区。来流马赫数为 5.0，单位长度的雷诺数为为 36.7×10^6。图 9.2 给出了由 $k-\omega$ Wilcox 2006 和 SST 湍流模型计算的平板表面压力和摩阻系数分布并与实验进行了比较。两种湍流模式得到的平板压力分布总体上与实验符合较好，其中 $k-\omega$ SST 计算的压力升高的位置相对于实验提前了，而 $k-\omega$ Wilcox 2006 则与实验基本上是一致的。从摩阻系数分布曲线可以发现，SST 计算的分离点和再附点之间的长度要明显大于实验测量，而 $k-\omega$ Wilcox 2006 计算的分离点和再附点位置与实验符合较好。在再附点之后，摩阻系数迅速增加，SST 计算的摩阻系数明显低于实验值，而 $k-\omega$ Wilcox 2006 计算的摩阻系数虽然仍低于最大的实验测量得到的摩阻系数，但是 SST 相比有很大改善。Wilcox 指 SST 计算超声速激波边界层干扰存在一定的问题，本书的计算结果亦证实了这一点。图 9.3 分别给出了这两种湍流模式计算的不同站位的速度型分布，并与实验进行了比较，可见速度型的分布与实验符合得较好。

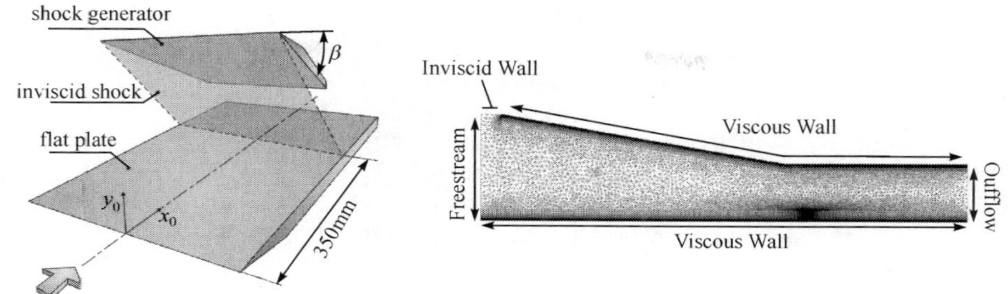

图 9.1 激波湍流边界层相互干扰实验模型及计算网格

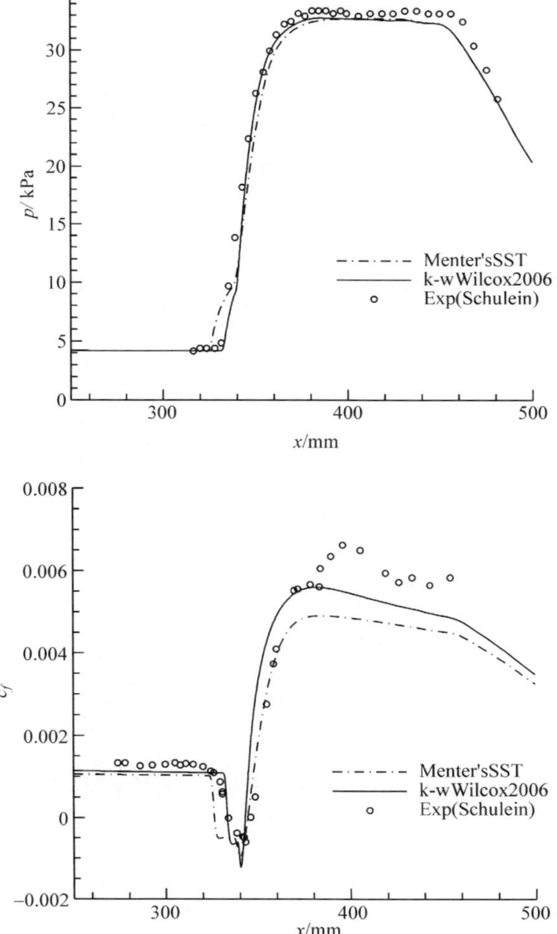

图 9.2 平板表面压力、摩阻系数与实验值的比较

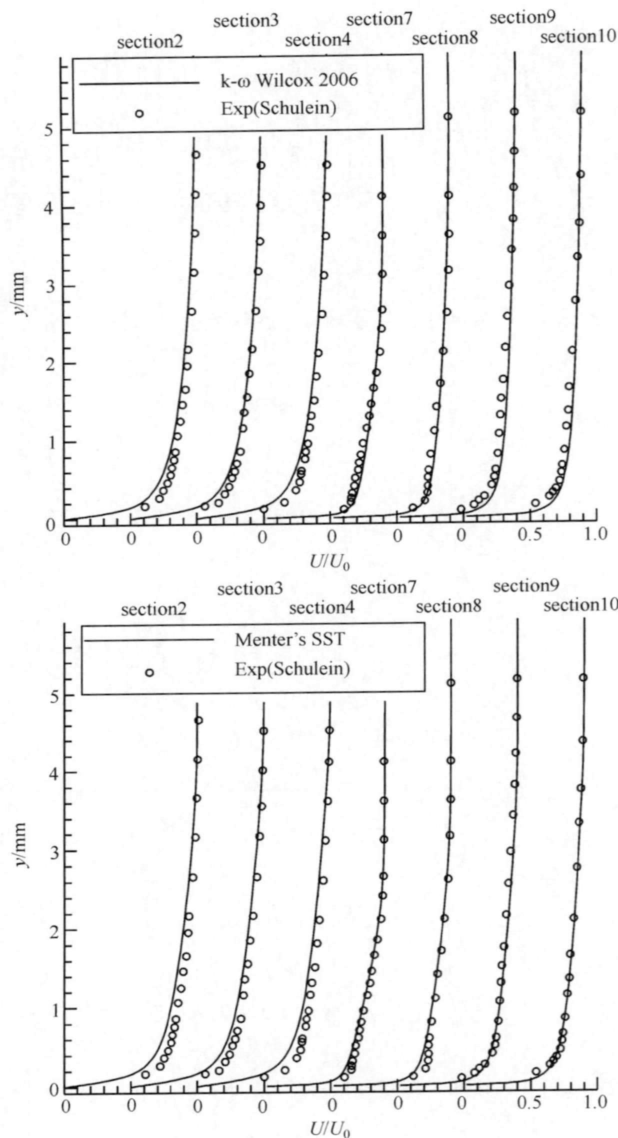

图 9.3　激波湍流边界层相互干扰不同站位的速度型分布

9.1.2　动网格技术

1. 鱼类游动过程的动网格生成[6]

鱼类经过了几亿年的进化，形成自身特有的游动方式。按照鱼类摆动方式的不同，一般可以将其推进模式分为鳗鲡模式、鲹科模式和月牙尾模式。网格生成是进行数值模拟的前提，由于鱼体的外形较为复杂、边界的柔性变形幅度大，尤其是鱼体机动过程出现的"C"或"S"形变形，对于网格的生成提出了更高的要求。本书分别用基于 Delaunay 图映射的动网格方法和弹簧近似方法生成了鱼类运动的"C"形和"S"形网格。由于鱼体的外形比较复杂，这里将二维鱼体外形简化为 NACA0012 翼型，鱼体质心运动规律利用简单的三角函数进行近似表示。

图 9.4 和图 9.5 分别为利用两种变形网格方法生成的鱼类"C"和"S"形变形情况下的动网格。由此可见，相比于弹簧近似方法，基于 Delaunay 图映射的动网格方法更能适应较大的变形，并且生成的网格保持了较好的质量。当然，当变形幅度进一步增大时，网格的质量也会随之下降，这时可以考虑对非几何边界点的位置进行修正，提高网格的变形能力。

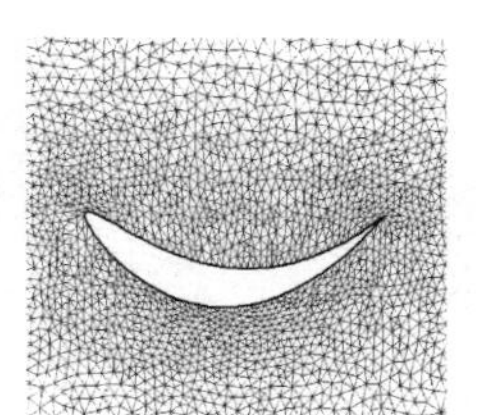
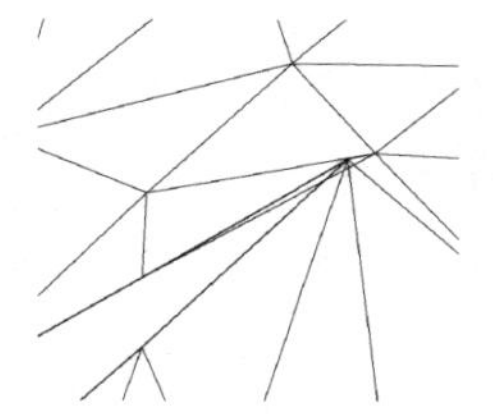

(a) 弹簧近似方法下凹C形网格

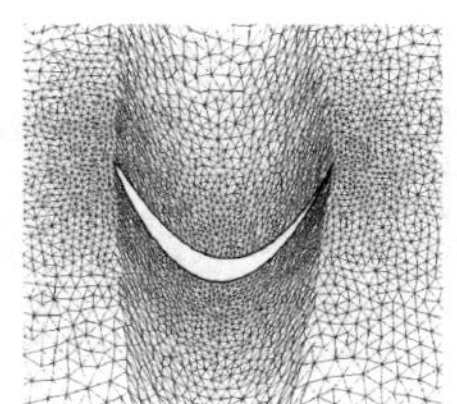
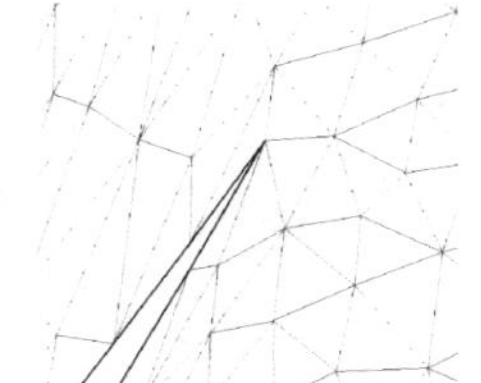

(b) Delaunay图法下凹C形网格

图 9.4　"C"形转弯情况的动网格

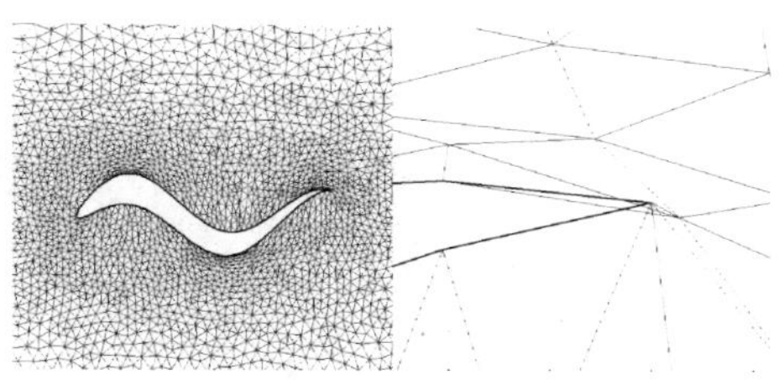

(a) 弹簧近似方法模拟S形游动的网格

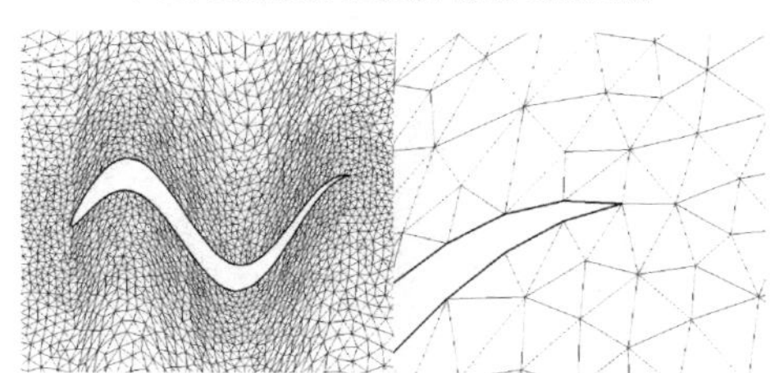

(b) Delaunay方法模拟S形游动的网格

图 9.5　鳗鲡模式"S"形动网格生成

2. ONERA M6 机翼弯曲[5]

这个算例通过人为给定的规律让 M6 机翼弯曲。机翼的翼根保持固定；在机翼翼尖，指定一个周期性的竖直方向的运动；从翼尖到翼根指定了二次变化的弯曲规律。

首先对机翼施加一个较大的弯曲变形，翼尖处的网格幅度为 1.0C。这里 C 为翼根的弦长。机翼翼尖向上运动到最大位移时的表面网格如图 9.6 所示。网格质量的平均值和最小值由图 9.7(a)给出，可以看出即便在最大位移处网格仍然保持较好的网格质量。随后计算了网格幅度为 0.4C 时较小的机翼弯曲位移情形，图 9.7(b)给出由半扭转弹簧法和 RBFs-MSA 混合算法得到的网格质量的最小值曲线。由混合算法计算得到的网格质量的最小值为 0.38，而弹簧法计算的则小于 0.1，可见混合方法得到的网格质量明显好于弹簧法。在 500 步之后，弹簧法得到的网格质量迅速变差，最终导致弹簧法变形失败。RBFs-MSA 混合算法则是始终稳定的，网格总是保持较好的质量。RBFs-MSA 方法平均每步计算的 CPU 时间为 3.34 秒，而弹簧方法每步需 21.23 秒，可见 RBFs-MSA 混合算法比弹簧法大约快 6 倍。

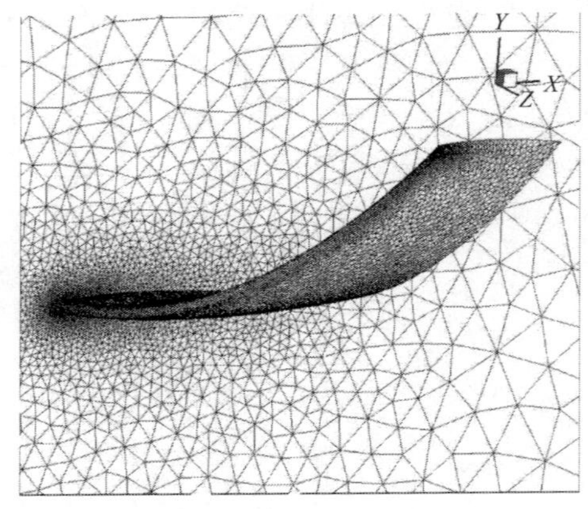

图 9.6　机翼弯曲最大时的网格

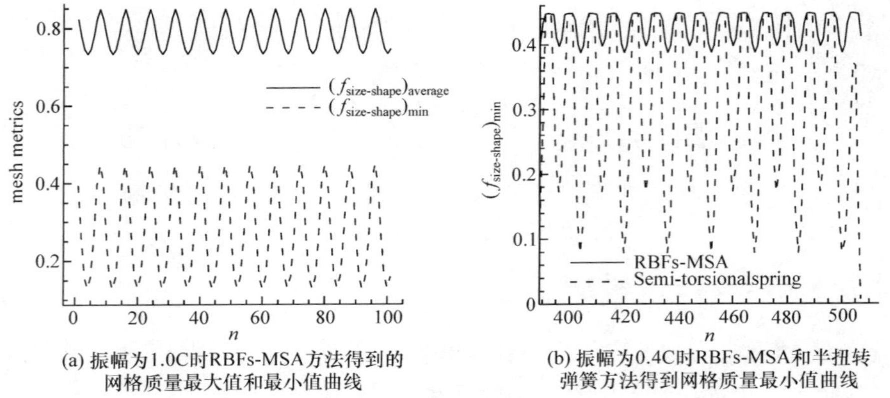

(a) 振幅为1.0C时RBFs-MSA方法得到的网格质量最大值和最小值曲线

(b) 振幅为0.4C时RBFs-MSA和半扭转弹簧方法得到网格质量最小值曲线

图 9.7　网格质量比较

9.1.3　几何守恒律[3]

在长为 4、宽为 1 的封闭矩形区域内充满均匀静止气体，上下两条边界的网格点在边界上做正弦规律的往复运动，从而带动整个流场的网格运动。网格运动的最大范围为±1，最大马赫数为 0.2，采用双精度浮点数(real * 8)编制程序，无量纲时间达到 31.5 时计算终止。图 9.8 中的第一幅图是初始时刻网格，第二幅图是运动了 1/4 周期的网格，此时上下壁面边界点均达到正的最大位移。

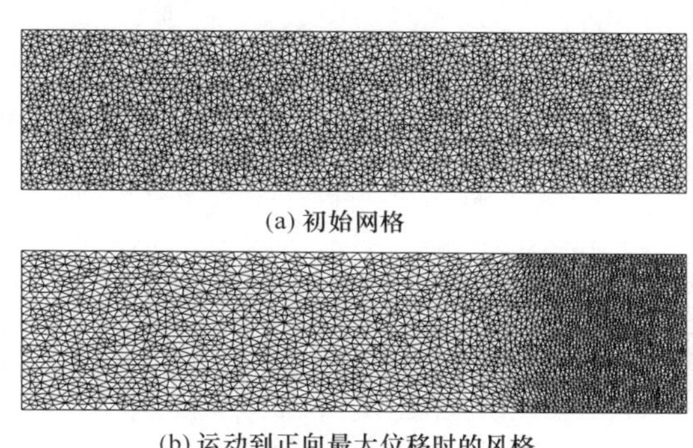

(a) 初始网格

(b) 运动到正向最大位移时的风格

图 9.8　不同时刻的计算网格

时间离散统一采用四步 Runge-Kutta 方法，共采用三种网格体积计算方法，方法 1 不满足离散几何守恒律，方法 2 采用修正面积算法式(6.36)，方法 3 采用式(6.43.1)计算网格体积。图 9.9(a)是方法 1 与方法 2 计算结果的比较，图中横坐标为时间，纵坐标代表观测点压力的相对误差，观测点初始时刻位于流场中心，之后随着网格一起运动。方法 1 不满足 GCL，得到的压力的最大误差为 1.8E-4；方法 2 的最大误差仅为 4.0E-11，由此可见 GCL 在减小计算误差方面的重要性。

图 9.9(b)和图 9.9(c)给出了网格最大马赫数为 0.8 时流场焓值的平均误差随时间的变化曲线，下面的曲线是边界点做周期性运动的位移曲线。采用方法 1 时，焓值的误差在整体上随时间迅速增大，且表现出与网格运动的强相关性：网格远离平衡位置时，误差增大；反之，误差减小。当网格运动到正的或负的最大位移，网格变形最严重时，误差也达到极大值；网格回到初始位置时，误差达到极小值。这种相关性说明计算误差主要是由网格变形造成的。在方法 2 中，计算误差比方法 1 下降了 7 个数量级以上，并且基本上呈现出随机的特性，与网格运动的相关性不大，这说明采用 GCL 后消除了由于网格运动而造成的那部分误差。与方法 2 相比，方法 3 的计算误差同样在计算机精度范围内，但具有形式简单的特点，容易向形式复杂的时间离散格式推广。

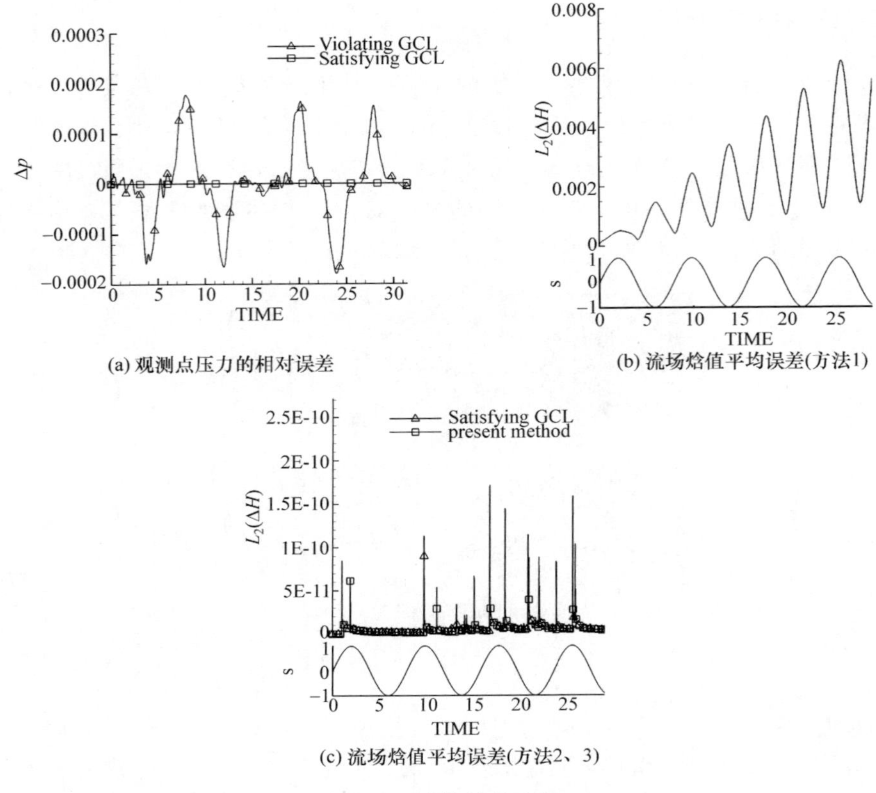

(a) 观测点压力的相对误差

(b) 流场焓值平均误差(方法1)

(c) 流场焓值平均误差(方法2、3)

图 9.9　计算结果比较

9.1.4　界面算法[4]

计算模型如图 9.10 所示，活塞左侧为均匀静止气体，右侧为真空，活塞在左右压差的作用下将向右运动。该算例中流体驱动活塞向右运动，活塞运动产生稀疏波影响流场发展，是典型的流场与刚体运动耦合问题，必须耦合求解，并且该算例有解析解，解析解的详细推导过程可见文献[3]。计算参数可见文献[4]，整个计算过程中活塞运动引起的膨胀波没有到达左侧壁面，因此左侧壁的边界条件不影响结果。计算采用三角形网格，共 1111 个网格点，2000 个网格单元，采用统一时间步长 0.0125。

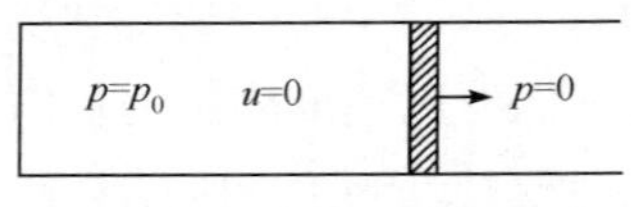

图 9.10　一维活塞计算模型

分别采用 5.3 节中介绍的 5 种界面算法计算该问题，图 9.11 给出了 5 种方法得到的活塞速度和位移，包括时间一阶的松耦合方法式(5.49)，高精度界面算法中的中心格式式(5.63)和式(5.65)、式(5.66)两种改进方法，以及紧耦合方法式(5.67)，这五种方法在图中依次用 RK-1、RK-2、RK-3、RK-4、BDF 表示。

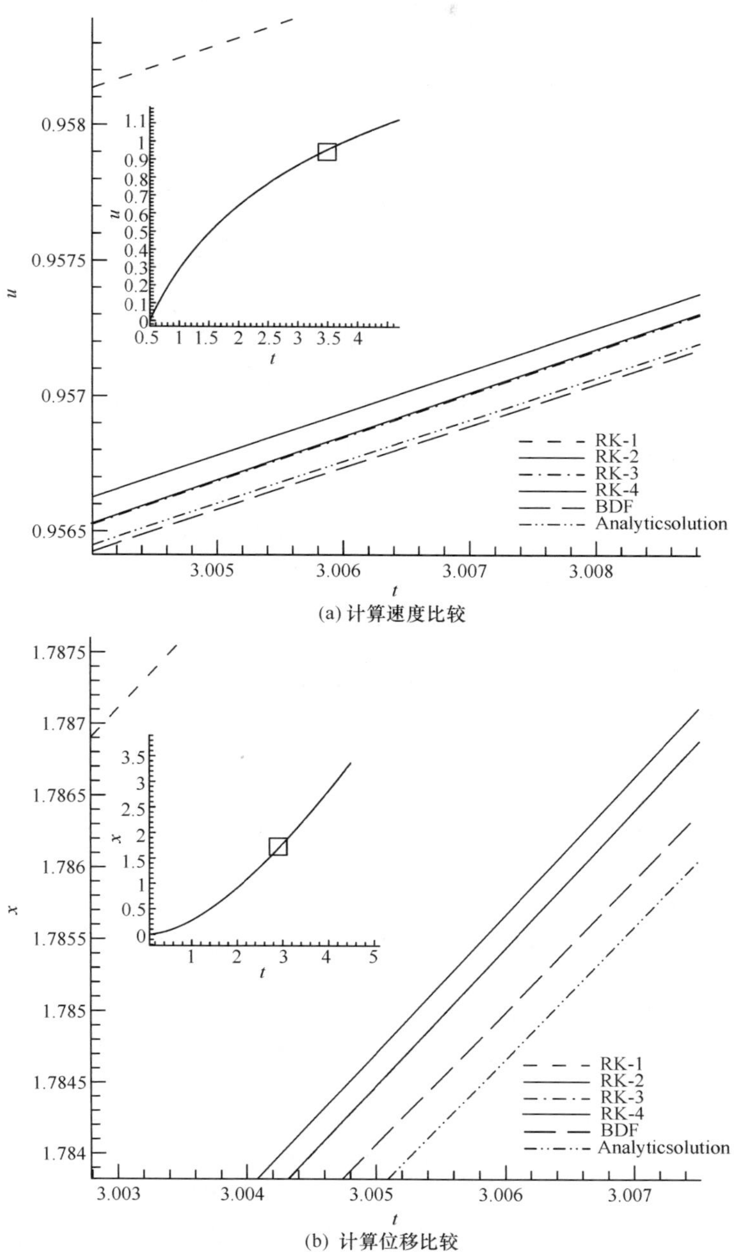

(a) 计算速度比较

(b) 计算位移比较

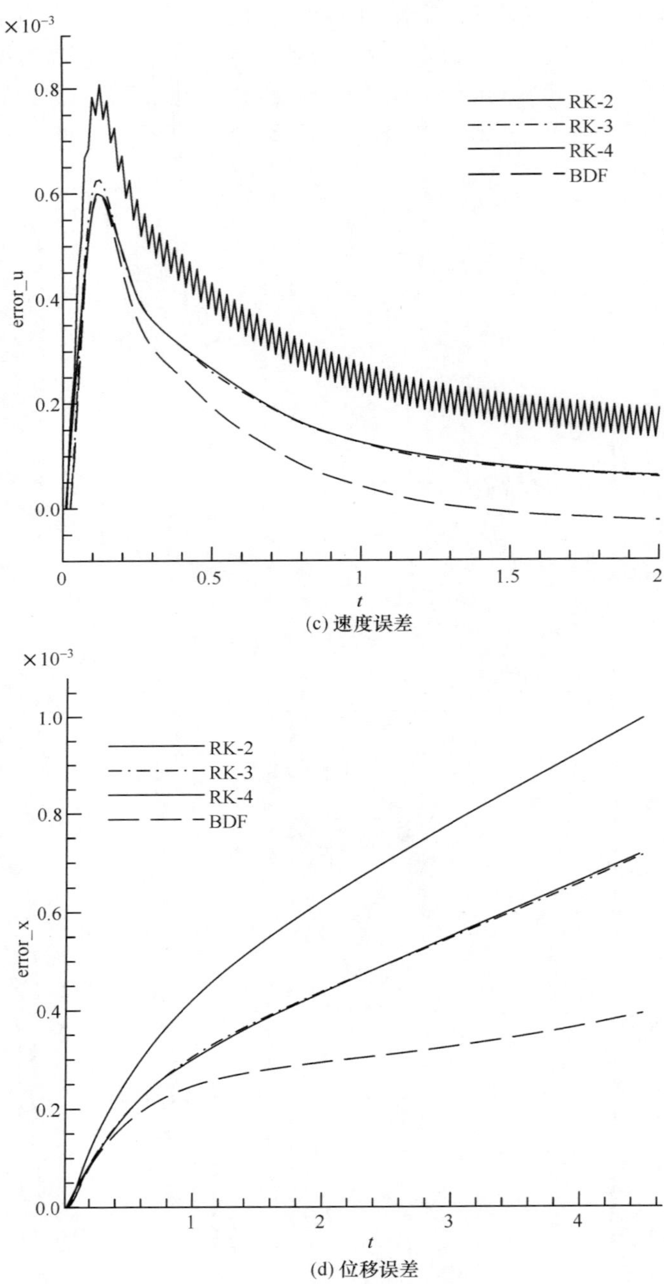

(c) 速度误差

(d) 位移误差

图 9.11 一维活塞问题计算结果比较

从图 9.11(a)和图 9.11(b)可以看出，结构运动学方程采用时间一阶格式(RK-1)，误差明显高于其他的二阶格式，后续比较时不再考虑这一算例。从图 9.11(c)和图 9.11(d)可以看出，采用修正二阶迎风格式(RK-3 和 RK-4)可以很好的抑制中心格式(RK-2)中存在的振荡，但是这 3 种格式误差基本在同一量级上，即 RK-2 的微小振荡不影响整体精度。本书提出的基于位移相等条件的新的松耦合算法(RK-2、RK-3 和 RK-4)的精度与紧耦合方法(BDF)相当。

9.1.5 信息传递

1. 移动网格插值方法验证算例——二维激波反射[2]

来流马赫数为 2.0，以平板前缘到入射激波与平板交点的距离为参考长度，斜激波与平板的夹角为 38.66°，计算区域的长和高分别为 2 和 1，初始条件按照 Rankine-Hugouiot 斜激波公式给定入射激波。入口边界激波的下方给定来流值，上方则给定波后值；上边界给定斜激波的波后值；出口边界则采用外推的方法；壁面处给定无穿透的滑移条件。

图 9.12 给出用于往复传值的两套计算网格。首先在细网格上得到定常初场，图 9.13(a)给出等压力线图，而后每计算 2 步传值到另一套网格，往复共传值 24 次以比较不同方法的传值效果。

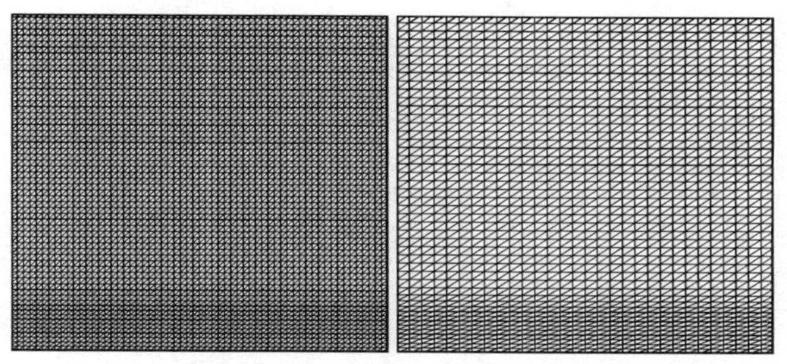

图 9.12　二维激波反射问题两套计算半网格

由图 9.13(b)、图 9.13(c)、图 9.13(d)可见，往复传值后线性插值带来很大的耗散，激波被严重抹平；采用 ENO 方法波后出现了明显的跳动，不但激波位置发生了偏移，而且激波形状也明显改变；采用移动网格方法准确地捕捉到了激波。图 9.14 给出不同位置 $y=0.2$ 和 $y=0.54$ 上的压力分布及局部放大图。由图可见，线性插值对间断的耗散很大，ENO 方法及移动网格法都能很好地捕捉间断，但 ENO 方法在波后出现了明显的非物理振荡。

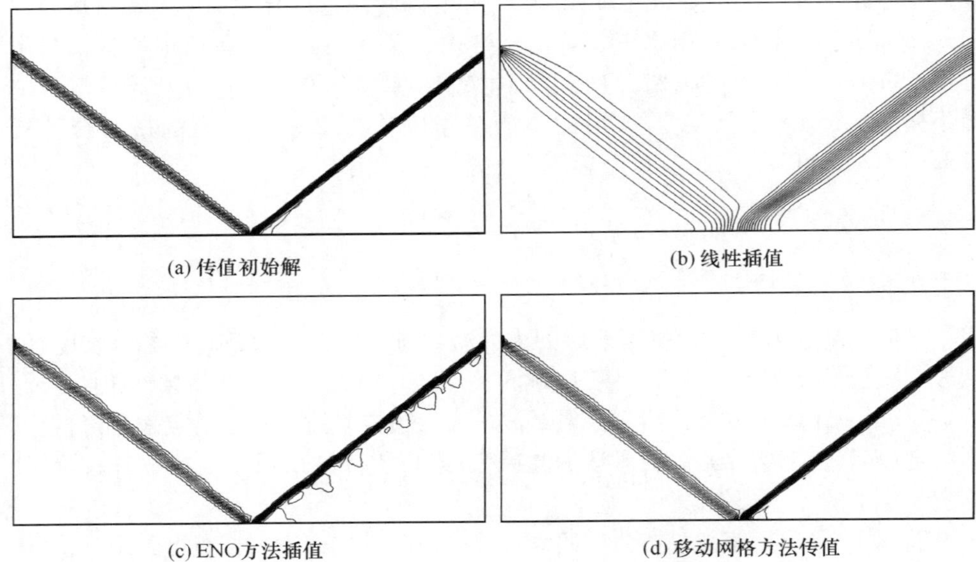

图 9.13　二维激波反射不同传值方法等压力线图

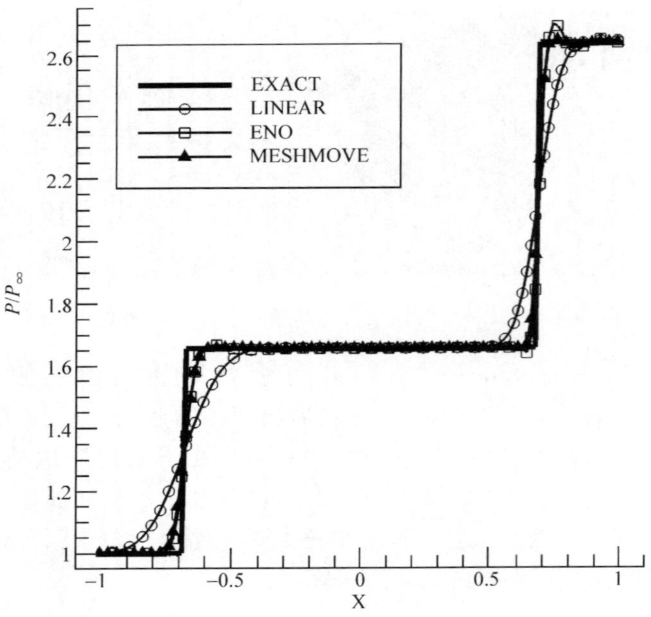

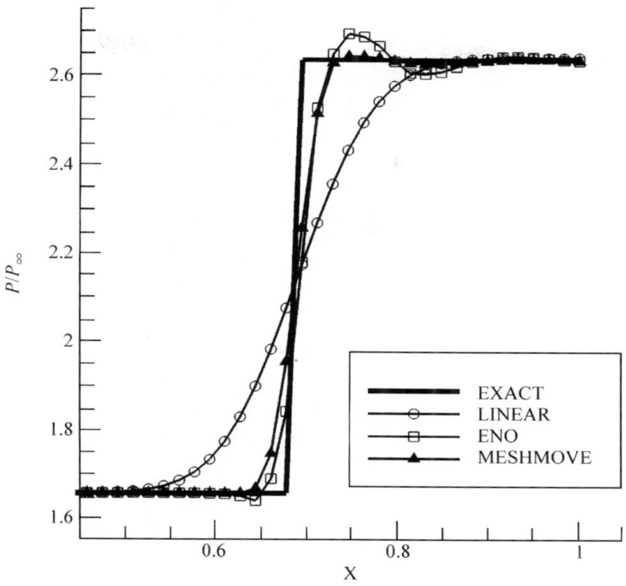

图 9.14 $y=0.54$ 压力分布及局部放大图

2. 守恒插值验证算例一[4]

考虑如下的测试函数，即 $\phi(x,y)=1+\sin(2\pi x)\sin(2\pi y)$。

计算区域为$[0,1]\times[0,1]$，计算网格为一组拓扑结构相同的非结构三角形网格，分别表示为 $M_0,M_1,\cdots,M_N$，其中 M_0 如图 9.15(a)所示。网格 M_n 中的第(i,j)个网格点的坐标由下式给出，即

$$x(\xi,\eta,t)=(1-\alpha(t))\xi+\alpha(t)\xi^2,\ y(\xi,\eta,t)=(1-\alpha(t))\eta+\alpha(t)\eta^2$$

$$\alpha(t)=0.5\sin(4\pi t),\quad \xi=(i-1)/(i_{\max}-1),\quad \eta=(j-1)/(j_{\max}-1),\quad t=n/T$$

$$i=1,2,\cdots,i_{\max},\quad j=1,2,\cdots,j_{\max},\quad n=0,1,\cdots,N$$

在测试过程中，网格 M_0 上给定测试函数的准确分布，然后依次插值到网格 $M_1,M_2,\cdots,M_N$ 上，共进行 N 次插值，最后比较网格 M_N 上的函数分布与准确值之间的误差。在本书计算中，取 $i_{\max}=j_{\max}=65$，$N=200$，$T=20$。

图 9.15(b)给出计算误差随插值次数的变化情况。在两种插值方法中，插值误差都随插值次数的增加而增大，但守恒型插值方法的误差始终较小，不到二阶插值误差的一半。图 9.15(c)为两种方法的物理量积分值比较，可以明显看出，守恒插值保证了计算域内物理量的守恒。

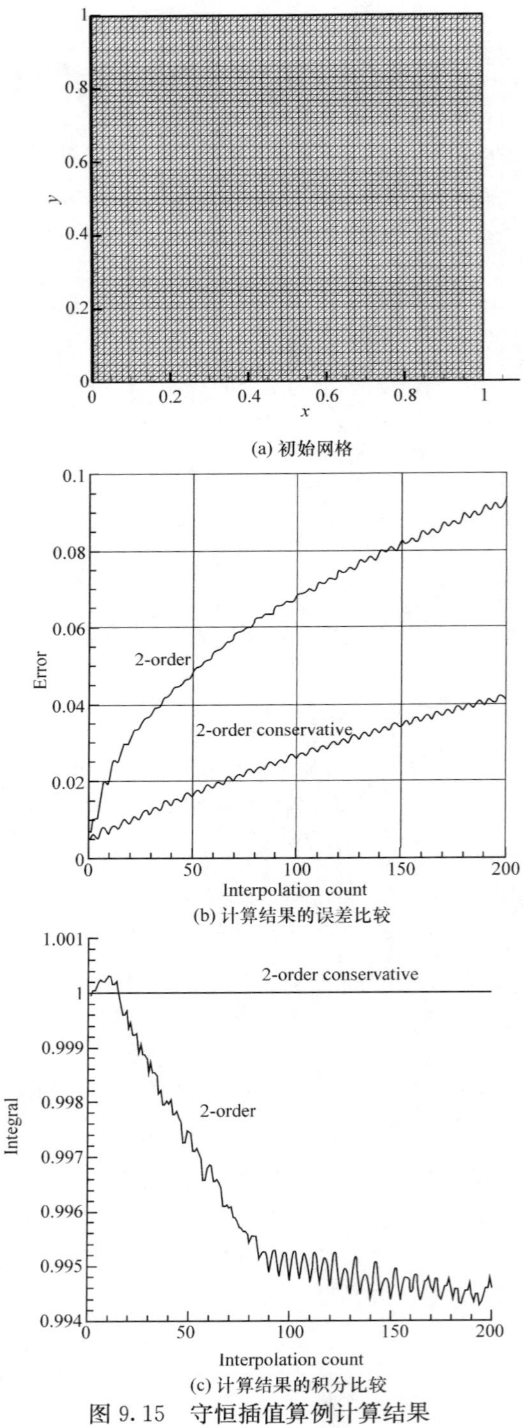

(a) 初始网格

(b) 计算结果的误差比较

(c) 计算结果的积分比较

图 9.15　守恒插值算例计算结果

3. 守恒插值验证算例二——容器内爆炸流场模拟算例[4]

为了进一步验证爆炸流场数值模拟算法在密闭空间内的计算精度,并对守恒插值技术进行验证,根据文献[7]中的实验模型,对容器内爆炸流场进行了数值模拟,并与文献[7]中的实验结果进行对比。

文献[7]中的实验模型如图 9.16(a),容器直径为 0.8m,长度为 0.8m,监测点 A、B、C 到爆点的距离均为 0.4m。为了提高计算效率,本书采用轴对称计算模型,炸药形状为球形,根据实验炸药量计算装药直径。计算网格总量约为 140 万,其中炸药区网格尺度为 0.007mm,网格单元为 128 万;非炸药区网格尺度为 1.1mm,网格总量约为 12 万。

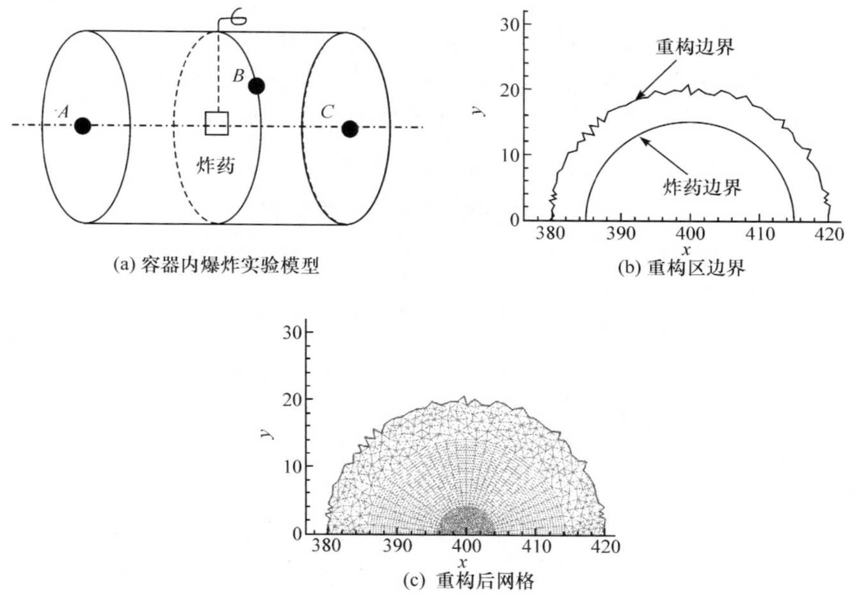

(a) 容器内爆炸实验模型
(b) 重构区边界
(c) 重构后网格

图 9.16　容器内爆炸流场计算结果

计算得到的超压峰值与实验和经验公式计算结果对比如表 9.1 所示,可以看出本书计算结果与经验公式计算结果符合较好,与实验值相比稍低,但仍在可接受误差范围内,表明本书计算结果是可信的,相关算法能够用于此类问题的计算。

表 9.1　本书计算结果与文献[7]结果对比

对比内容	封头超压/MPa	中环面超压/MPa	备注
本书计算结果	1.6	1.59	装药为 20gTNT
文献实验结果	1.86	1.69	
林俊德公式	1.66		
Baker 公式	1.21		
无限空中爆炸公式	1.64		

计算过程中在炸药爆轰快结束时，对爆炸区的网格进行重构处理，图 9.16(b)为重构区边界，重构前炸药区最小网格尺度为 0.007mm，网格量约为 120 万。图 9.16(c)为重构后的网格，网格最小尺度为 0.4mm，网格量约为 1200，可见重构前后网格量差两个量级。插值前后重构区内的守恒量对比如表 9.2，二阶线性插值后，重构区内能量损失约 10%，守恒插值方法在 5 位有效数字条件下误差为 0，实际计算中的误差基本是机器零，表明守恒插值方法能够精确保证插值前后守恒量的守恒性。

表 9.2　重构区插值前后守恒量对比

对比类别	质量/kg	能量/MJ	炸药质量/g	爆轰产物质量/g	能量误差
插值前	0.020131	0.075251	5.8303	14.276	/
二阶插值	0.018876	0.067823	4.6126	14.237	9.8%
守恒插值	0.020131	0.075251	5.8303	14.276	0

9.1.6　ALE 求解器

1. 快速俯仰翼型的动态失速[5]

对翼型动态失速的实验和数值计算大多是按照周期性的俯仰振荡规律进行的，且攻角的振荡幅度不大，一般是在中等攻角范围以下进行的。而在大攻角条件下流动会形成巨型分离区，对含有巨型分离区的非定常流动进行模拟到目前为止仍然是很困难的问题。本节针对 Visbal 等[8]快速俯仰翼型的动态失速问题进行数值模拟，该问题的俯仰角度很大，存在很大的流动分离区，可用来考核 ALE 形式的黏性非定常流计算方法与大变形条件下网格运动算法。

计算外形为 NACA0015 翼型，计算网格共 25 200 个四边形单元，翼型表面分布有 270 个节点，距物面的第一层网格单元的高度为 $0.00002c$，c 为弦长。网格运动采用 RBFs-MSA 方法，图 9.17 给出了初始网格及 120°攻角时的网格。考虑到雷诺数较小，并且在较大的俯仰速率下含能的加力运动会暂时在一定程度上抑制湍流效应，因此采用层流计算。

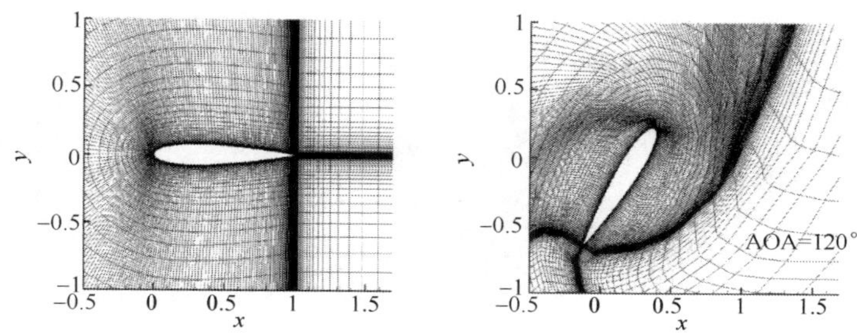

图 9.17　初始网格及俯仰 120°时的计算网格

首先计算了 Visbal 文中的 case11，俯仰运动参数设置为 $\Omega_0^+=0.6$，$t_0^+=1.0$，俯仰轴的位置 $b=0.25c$。图 9.18 给出了本书计算的气动力系数及与其他文献计算结果的对比，可以看出本书计算结果与文献计算结果符合很好，可以用来模拟这类非定常分离流动。图 9.19 给出了 RBFs-MSA 网格变形方法得到的涡量等值线图。当攻角较小时涡量在后缘产生，随后在靠近后缘附近的翼型上表面边界层分离，形成剪切涡。当攻角大于 30°后，前缘涡形成并不断增大。随后前缘涡与剪切涡发生作用，并最终合并形成大的分离区。

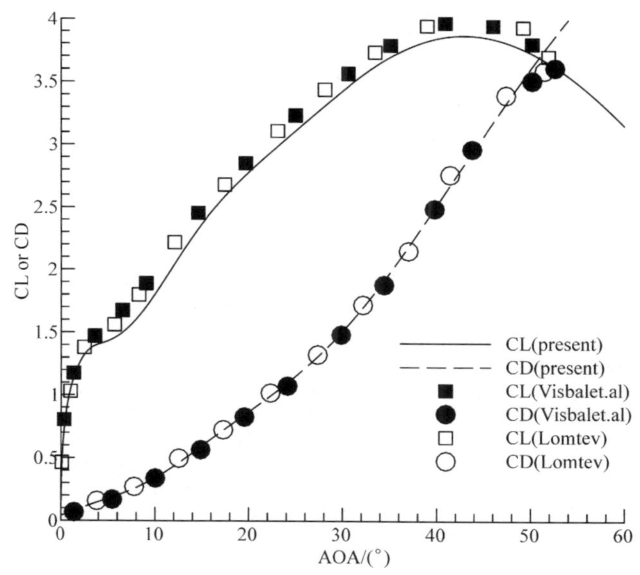

图 9.18　气动力系数曲线

图 9.20 给出了俯仰速率为 $\Omega_0^+=0.4$，$t_0^+=1.0$，俯仰轴的位置分别为 $b=0.0c$、$0.25c$、$0.5c$、$0.75c$ 时，翼型所受到的力矩系数随攻角的变化曲线。除了俯仰轴位于前缘时差别稍大外，其余的三种情形与 Visbal 的结果符合较好，再一次表

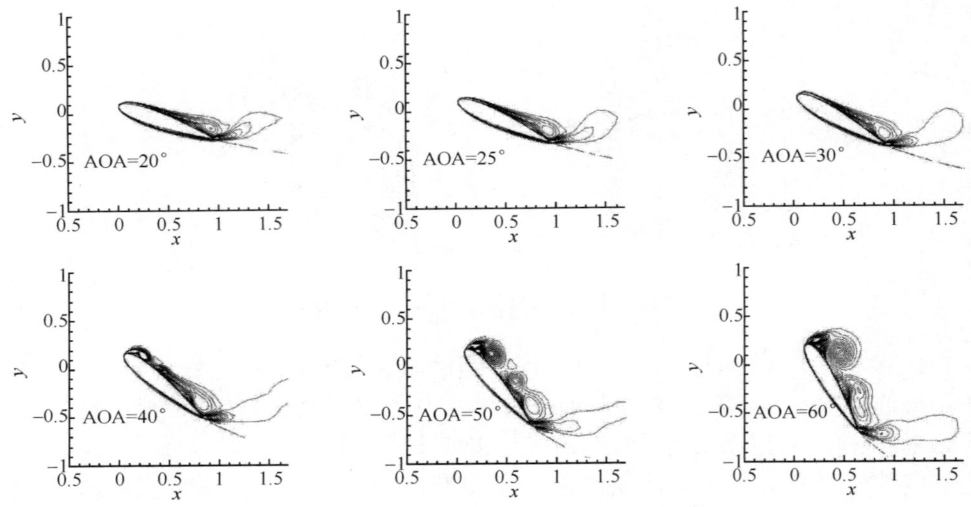

图 9.19　不同攻角下流场涡量等值线图

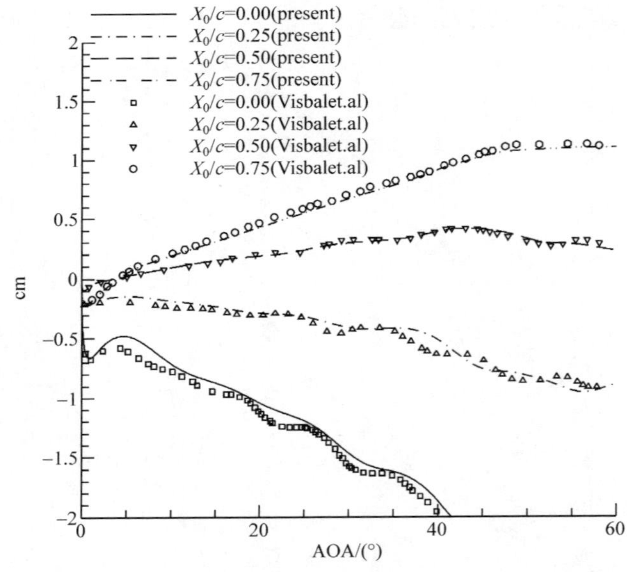

图 9.20　不同俯仰轴位置的俯仰力矩系数变化曲线

明本书所采用方法在计算这一类分离流动问题的准确性。对于俯仰轴位于 0.5c，0.75c 的情形，翼型所受的俯仰力矩为正，与翼型旋转的方向一致，这意味着翼型从流场中抽取能量。

2. 飞船返回舱配平迎角的动态确定[1]

再入飞行器的配平迎角是影响其飞行轨迹、控制性能和落点精度的重要因素,因此精確确定配平角是再入飞行器外形设计中的关键环节。配平迎角通常由实验测定,主要方法有测力法、自由飞方法和自由翻滚法。测力法是通过测定多个迎角下飞行器的气动力矩,找出对质心力矩为零的迎角即为配平角,由于在配平角附近力矩很小且变化平坦,难以准确测定,因此测力法误差较大。自由飞方法一般在弹道靶中进行,由于模型较小保证偏心距离的准确模拟也是很困难的。自由翻滚法是模型围绕重心处的支撑机构可以在小范围内作自由俯仰转动,达到稳定就是配平迎角,该方法依赖于精确的角度测量手段。

本书发展的自由振动法与自由翻滚法原理相同,利用非结构动网格技术,直接计算确定配平迎角。其基本思想是允许飞行器绕通过质心且垂直于对称面的轴自由转动,首先将飞行器固定在任意给定的初始迎角位置计算定常流场,然后释放飞行器令其在气动载荷下自由振动,最终衰减收敛到配平迎角。为加快衰减过程,可以人为设定飞行器的转动惯量和阻尼力矩。

计算对象选为带控制翼的类"联盟"飞船返回舱,图 9.21 是返回舱表面网格,整个计算网格具有 19 970 个网格点,104 868 个单元。来流马赫数 $M_{\infty}=4.0$,初始迎角选为 $\alpha_0=15°$。

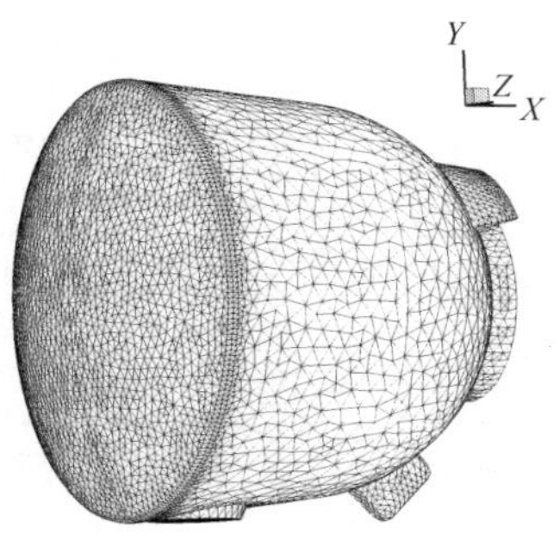

图 9.21 飞船返回舱表面网格

图 9.22 分别给出了初始迎角位置计算得到的压力等值线,以及振动衰减收敛到配平迎角位置时的压力等值线。图 9.23 给出了迎角的振动衰减历程,图中显示本书计算得到的配平迎角为 20.4°。采用不同的惯性参数计算得到的结果相同,说明数值方法具有较高的可靠性。表 9.3 是本书计算结果与实验结果的比较情况,可以看出本书计算落在两个实验值中间。引起计算和实验结果差异的原因,除了计算方法误差外,自由翻滚法实验中支杆伸入模型内部形成的空腔也会产生气动力干扰。

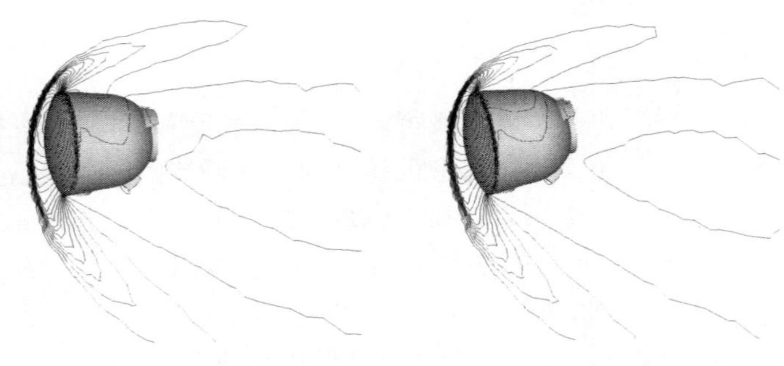

(a) 初始迎角位置　　(b) 配平迎角位置

图 9.22　压力等值线

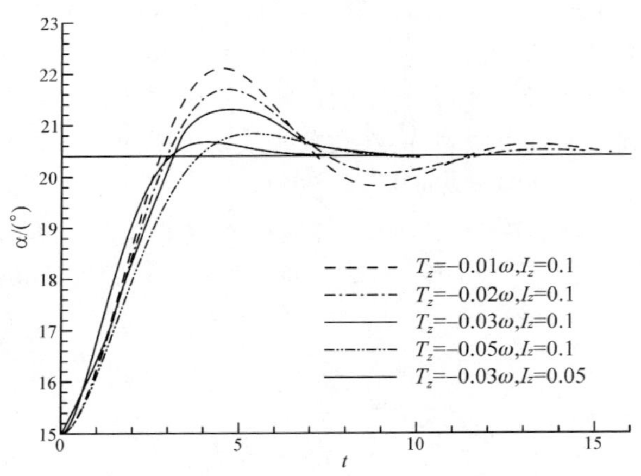

图 9.23　迎角的振动衰减历程

表 9.3　本书计算结果与实验结果的比较

	测力法	自由翻滚法	本书计算
α_T/(°)	21.70	18.75	20.40

3. 外挂物投放算例[4]

该算例是验证动边界绕流问题的一个标准模型，具有公开发表的实验设计参数和风洞实验测量数据，被很多文献用来验证多体分离问题计算的准确性。该实验算例的计算模型如图 9.24 所示，包括机翼、挂架和外挂物三部分，相关几何参数详见文献[4]。主要计算参数为，Ma＝1.2，攻角为 0，分离高度 11 600m。分离前外挂物速度为 0，作用在外挂物上的弹射力为常值，作用 0.054s 之后消失。计算网格共约 180 万四面体单元，其中外挂物表面由 20 250 个三角形单元组成。

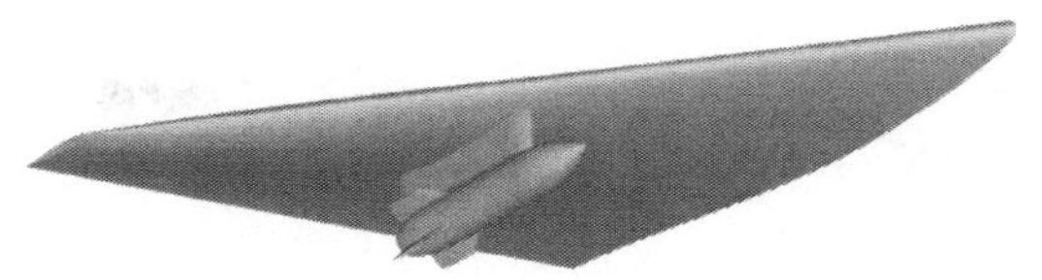

图 9.24 机翼下外挂物投放的模型

共计算了 0.8s,图 9.25 给出了外挂物的质心速度、转动角速度,其中质心速度与实验结果符合较好。对转动角速度而言,俯仰和偏航方向计算结果与实验值符合度较好,滚转方向存在一定差别。主要原因是,滚转方向转动惯量仅为其余两个方向的 1/18,在相同的气动力计算误差下,滚转角速度的计算误差更大。

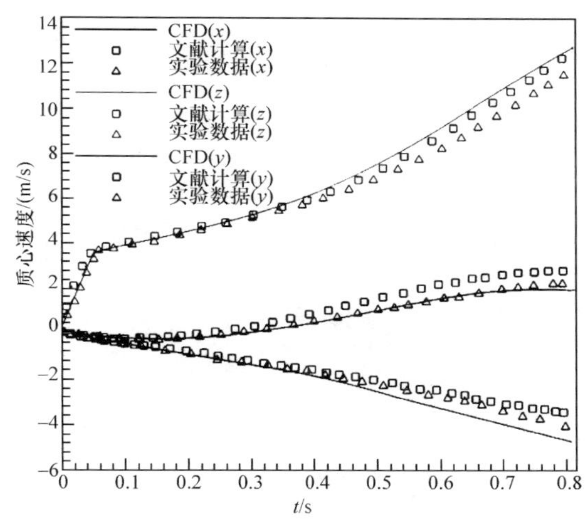

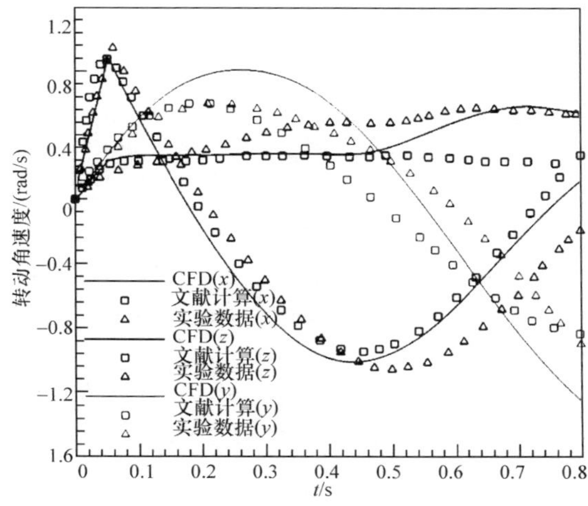

图 9.25 外挂物质心速度、转动角速度变化曲线

4. 机翼颤振算例

验证模型为 AGARD445.6 弱机翼模型，翼型为 NACA64A004，机翼根弦长 21.96 英寸，展长 30 英寸，前缘后掠角 45°，其各阶振动模态如图 9.26 所示。

机翼表面采用四边形网格，网格数为 31×31×2，对称面及外边界上均采用三角形网格。计算网格共 36 651 个单元，如图 9.27 所示。

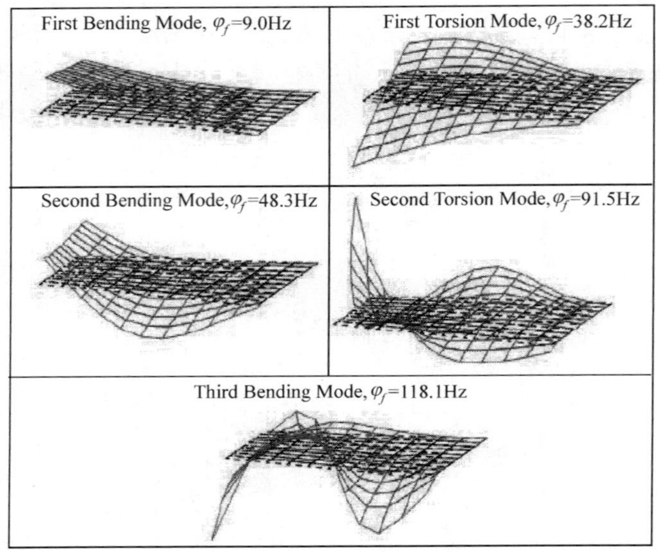

图 9.26　AGARD445.6 机翼的振动模态

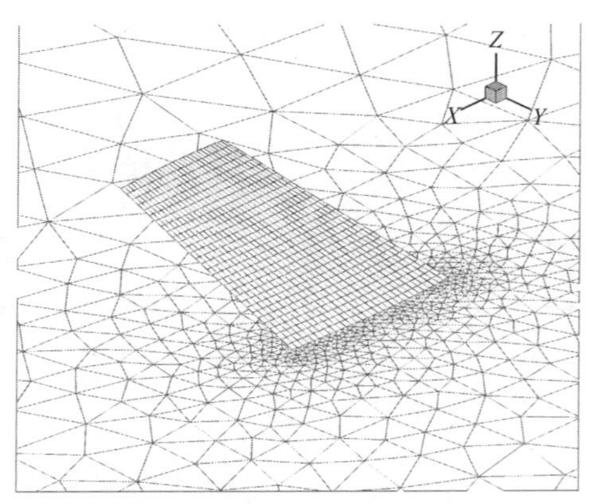

图 9.27　AGARD445.6 计算网格

共计算了 7 个马赫数，分别是 0.678，0.900，0.950，0.954，0.960，0.980，

1.072。首先计算各个马赫数下的定常流场，在定常流场的基础上，开展非定常颤振计算。计算的初始条件为，仅给定第一、第二模态的初始广义速度，所有模态的广义加速度、广义位移，以及其他三个模态的广义速度在零时刻均为零。

对每个马赫数，首先在试验结果给出的颤振动压附近，计算出颤振动压的粗略范围，然后逐渐增加算例缩小此范围，最终得到颤振动压的计算值。计算得到每个马赫数下的颤振动压后，将其与实验结果进行比较，如图 9.28 所示。可以看出，马赫数小于 0.98 时，颤振动压随马赫数增大而减小，马赫数大于 0.98 时，颤振动压随马赫数增大而迅速增大。计算得到的最小颤振动压出现在 $M=0.98$ 时，略高于实验中的 $M=0.954$，但最小颤振动压的值 60.76lb/ft^2 十分接近实验值 60.6 lb/ft^2。计算结果与实验结果的趋势一致，最小颤振动压也极为接近，这证明了所用数值方法的可靠性。

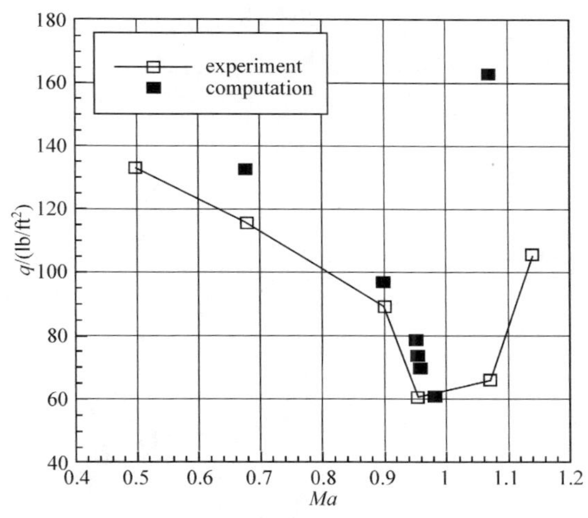

图 9.28　计算结果与实验值的比较

9.1.7　非平衡流的有限体积法[5]

本节通过对 Lehr 激波诱导燃烧的模拟，验证本书的有限体积方法对非平衡流的模拟精度。该问题基于 20 世纪 70 年代初 Lehr 采用弹道靶进行的 H_2/Air 预混气体中激波诱导燃烧的自由飞实验[9]，实验环境参数为温度 $T=286$K，压力 $p=42663$pa；H_2/Air 理想配比混合气体摩尔组分比例为 $H_2:O_2:N_2=2:1:3.76$。声速为 403m/s，可燃气体的理论爆轰速度 $D_{cj}=2055$m/s。根据实验观测，模型飞行速度 $V<D_{cj}$，弹头绕流场为脱体激波-预燃诱导区-燃烧阵面结构；飞行速度 $V>D_{cj}$，波后温度增高加剧反应，预燃诱导区变薄，可能使脱体激波与燃烧阵面基本重合，还出现激波后压力高于驻点值的 von Neumann spike 现象。这两种情况流动状态稳定，而当发射体模型飞行速度接近爆轰速度 $V \approx D_{cj}$ 时，出现了非常复杂的不稳定振荡燃烧现象，这被认为是检验非平衡流动模拟算法时间和空间精度的典型问题。

Lehr 在实验中发现，弹丸飞行马赫数为 4.18 时开始出现规则的振荡燃烧现象，随着弹丸速度的增加，流场的振荡频率逐渐增加，飞行马赫数达到 5.10 时，流场中的振荡又变得非常不明显。本书对 Lehr 实验观测到振荡燃烧的三个飞行马赫数 4.18、4.48 和 4.79 进行模拟。计算中化学动力学模型采用文献[10]中引用的 Jachimowski 反应机理(8 组分 19 反应)。采用轴对称模型计算，网格如图 9.29 所示，一种为四边形网格，单元数为 200×200，另一种为三角形网格，单元数为 60 000。

采用四边形网格，弹丸飞行马赫数为 4.48 时，计算得到的流场参数等值线如图 9.30所示。可以看到，清晰的振荡燃烧结构，振荡燃烧发生在激波和物体表面之间，从 OH 组元密度等值线知道化学反应发生在燃烧阵面以后，由于燃烧阵面的上下游温度和声速不同，扰动传播特性也有所变化。

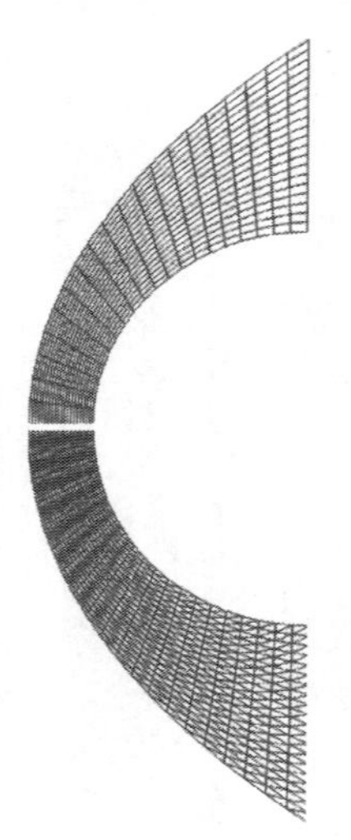

图 9.29 计算网格

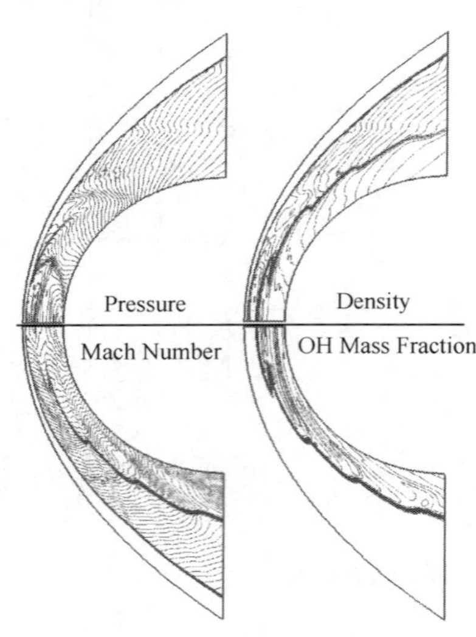

图 9.30 流场等值线(Ma=4.48)

驻点流线上密度随时间的变化如图 9.31 所示，显示出规则的振荡燃烧结构。其中，图 9.31(a)和图 9.31(b)分别是 Ma=4.79 时采用三角形网格和四边形网格计算得到结果，两者基本一致，且计算得到的振荡频率相同。图 9.31(c)和图 9.31(d)分别为 Ma=4.48 和 Ma=4.18 时驻点流线上密度随时间的变化。

振荡频率是综合反映流动特征的重要参数，表 9.4 给出了计算的振荡频率和实验数据的比较，两者相差较小，与文献[10]的计算结果也符合较好，表明本书所用方法具有较高的空间和时间精度。

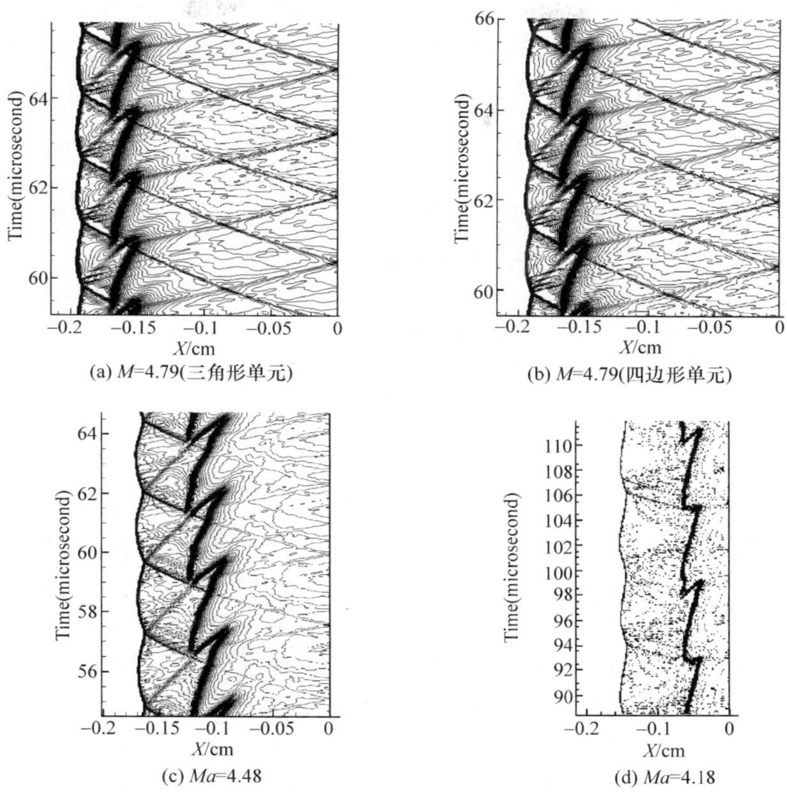

图 9.31 驻点线上密度等值线随时间变化

表 9.4 振荡频率比较/kHz

	Lehr 实验	本书计算	文献计算
Ma=4.79	712	694	701
Ma=4.48	425	414	431
Ma=4.18	145	164	163

9.2 应用实例

在本书前面介绍的有限体积法和动网格技术的基础上，集成计算结构力学、飞行力学、控制科学等学科的多种算法，针对航天、航空、兵器等工程和科研领域广泛存在的多体分离、机动飞行、气动弹性、爆炸冲击、阀门动特性等流固耦合问题，研制出多体分离问题分析仿真软件。软件可用于对含相对运动物体的流场进行细致模拟，包括火箭发动机热分离、火工品爆炸、接触脱离、非平衡流动、结构响应等动力学过程，速度范围涵盖亚（$Ma=0.7$）、跨、超和高超声速（$Ma=26$）。软件已在国内多个航空、航天及其他领域科研单位得到了应用，课题组先后完成如下工程项目。

① 隐身飞机内置弹舱开启过程和导弹弹射动态过程。

② 高超声速火箭的头罩分离、级间分离。

③ 高超声速弹头的子母弹抛撒。

④ 火箭地面发射过程中尾罩脱落轨迹仿真。

⑤ 飞机外挂物投放。

⑥ 阀门（安逸阀、减压器、电磁阀、缓冲器等）的动态性能分析。

⑦ 气动弹性分析（包括含缝隙的气动舵）。

⑧ 炸药起爆过程和冲击波对物体毁伤效应。

⑨ 水下爆炸。

⑩ 非平衡流动和火箭发动机内外流干扰。

9.2.1　冷分离

1. 整流罩分离过程数值模拟[2]

整流罩开瓣分离是抛撒整流罩中常用的方法，设计时预先将整流罩分为若干瓣，在飞行过程中利用抛撒机构或爆破冲击的方法将各瓣抛撒。稀薄气体中的抛罩已经不是问题，但随着高超声速及临近空间技术的兴起，越来越多的飞行器需要在稠密大气层内抛撒整流罩，此时飞行速度高、来流动压大，而整流罩迎风面积大、质量轻，整流罩分离后会与载机或飞行器产生严重相互干扰，甚至会发生碰撞，威胁飞行器的安全。因此，研究大气层内整流罩分离时的流场特性，预测整流罩分离后的运动轨迹，对合理设计分离方式，确保分离安全至关重要。

该整流罩分离采用侧面开瓣方式（如图 9.32），先用铰链机构将头罩开启至30°后抛射分离。飞行高度 25km，马赫数 6，攻角 0°，整流罩设计质心位于整流罩全长约 60％处。图 9.33 给出了整流罩过程中的分离力、分离速度、开启力矩及开启角速度的变化。随着整流罩的分离，当整流罩接近及穿越验证机头部激波时，受到验证机的干扰十分严重，尤其是力矩变化异常剧烈。由于整流罩的质心位置比较靠前，整流罩受到的力矩始终为负且波动较大，开启角速度迅速降低，结合分离轨迹图 9.34(a)可见，计算至 40ms 时整流罩开始向内旋转，至 90ms 整流罩已向内转动约 90°。这种向内翻转严重的姿态变化，会使整流罩分离速度降低甚至发生向飞行器方向的运动，因此认为该分离方案存在较大的风险。

为了确保分离安全，尝试采用“质心后移”的方法，以保证整流罩始终向外旋转，利用整流罩的不稳定性实现迅速打开。计算条件不变仅将质心调整至全长约

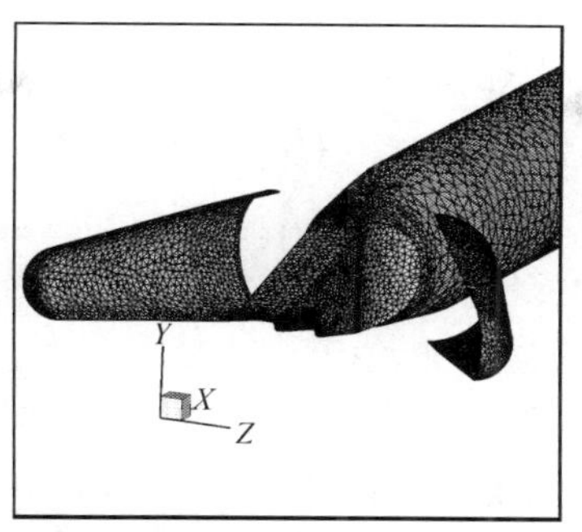

图 9.32　整流罩分离计算网格

71%处。得到的分离轨迹如图 9.34(b)所示，可见采用质心后移法整流罩能够顺利打开，分离姿态变化平稳，但由于整流罩稳定裕度不足，在验证机头部不对称流动的干扰下发生了横向滚动。

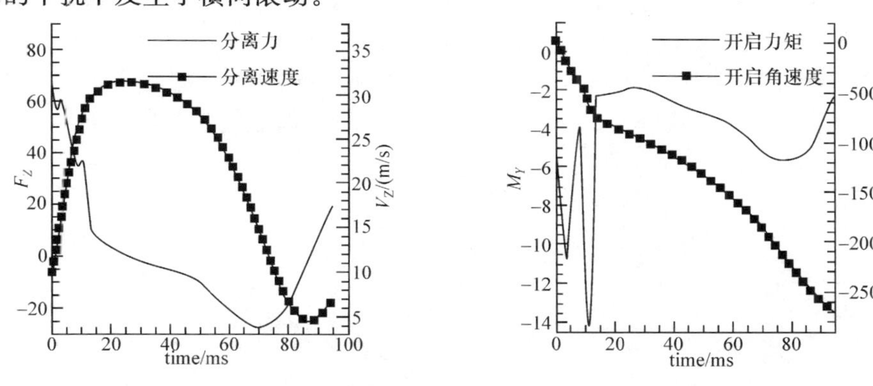

图 9.33　整流罩受力(力矩)及分离速度(角速度)变化

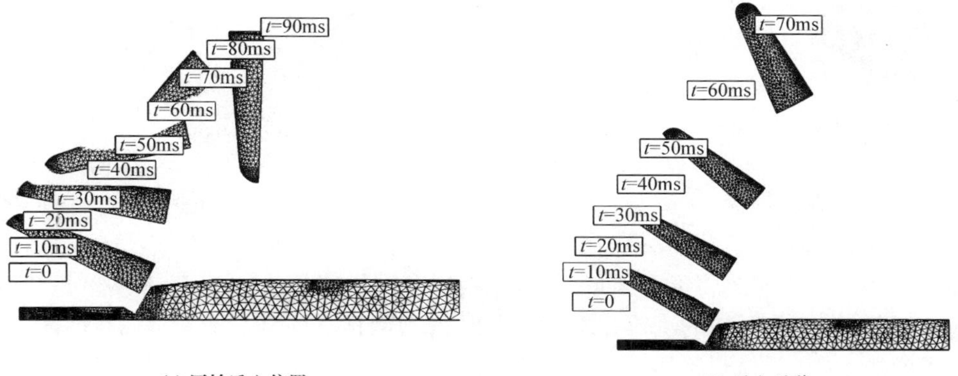

图 9.34　整流罩分离轨迹

2. 子母弹抛撒过程数值模拟[2]

子母弹以其攻击范围广、毁伤面积大被广泛地应用于攻击集群目标,如子母弹布雷、攻击敌集群装甲车辆、人员等。随着制导系统、控制系统、布撒方式的发展,精确末制导的子母弹能够更迅速、准确地攻击多个目标或对目标进行饱和攻击。子母弹抛撒方式可大致分为化学能抛撒、离心式抛撒、气动力抛撒三类。本书研究的是采用离心式抛撒的子母弹。离心式抛撒方式原理简单,将子弹在母弹中沿一定方式排布,当母弹飞行到预定点后,利用一定方式,如展开弧形尾翼等,使母弹旋转起来,当到达布撒点时打开舱盖,由离心力将子弹抛出舱外。

离心式抛撒方式的子母弹抛撒过程大致包括三个阶段,即战斗部起旋、子母弹切壳、子弹抛撒。通过控制飞行时序这三个阶段能够相对独立地进行研究。

计算外形如图 9.35 所示,子母弹包含四片壳片,壳片密封前后两个弹舱,弹舱内各排布两排子弹。壳片抛撒时由分离机构提供分离初速度及开启角速度。本书设计壳片分离速度为沿离心方向 12m/s,沿旋转切向 7m/s,壳片开启角速度 150°/s,根据上节结论,采用质心后移法,调整质心位置利用壳片的不稳定性实现分离。图 9.36 给出壳片分离轨迹,可见壳片姿态变化较平稳,抛撒能够实现。

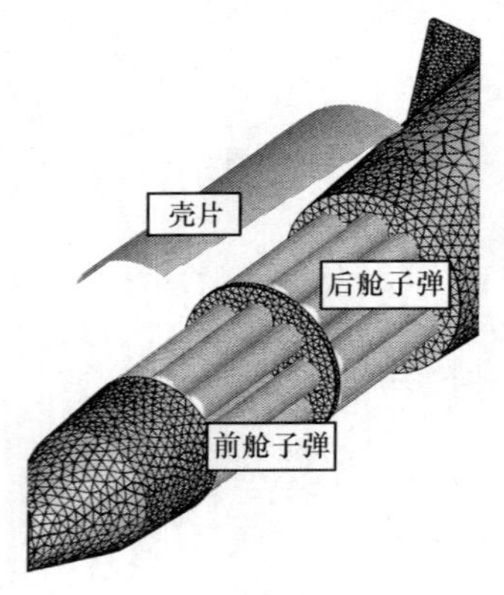

图 9.35 子母弹计算外形

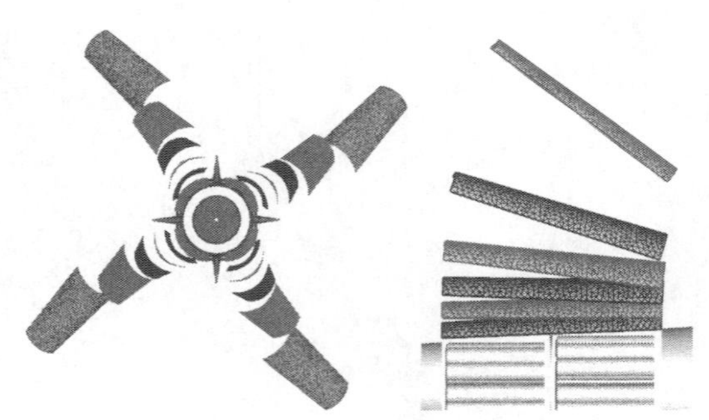

图 9.36 壳片分离轨迹

相对于壳片抛撒,子弹数目多,分离时位置接近,而且子弹质量一致,子弹间的相互干扰将十分严重,尤其是前舱子弹对后舱子弹流场的影响尤为突出。此外,子弹在抛撒后一定时刻将展开弧形弹翼,采用嵌套网格等方法,由于存在网格拓扑的变化,网格生成将比较的困难。本书的非结构动网格方法较好地模拟了前后舱两层子弹的抛撒、子弹开翼的过程。

图 9.37 为子弹开翼前后等压力云图,弹翼打开后,弧形翼附近形成较高的压力区域,一方面能够迫使子弹沿轴向旋转,另一方面由于其他子弹的干扰导致子弹

周向受力不平衡，子弹发生较明显的偏转，这对子弹的后期分离及制导控制提出了更高的要求。

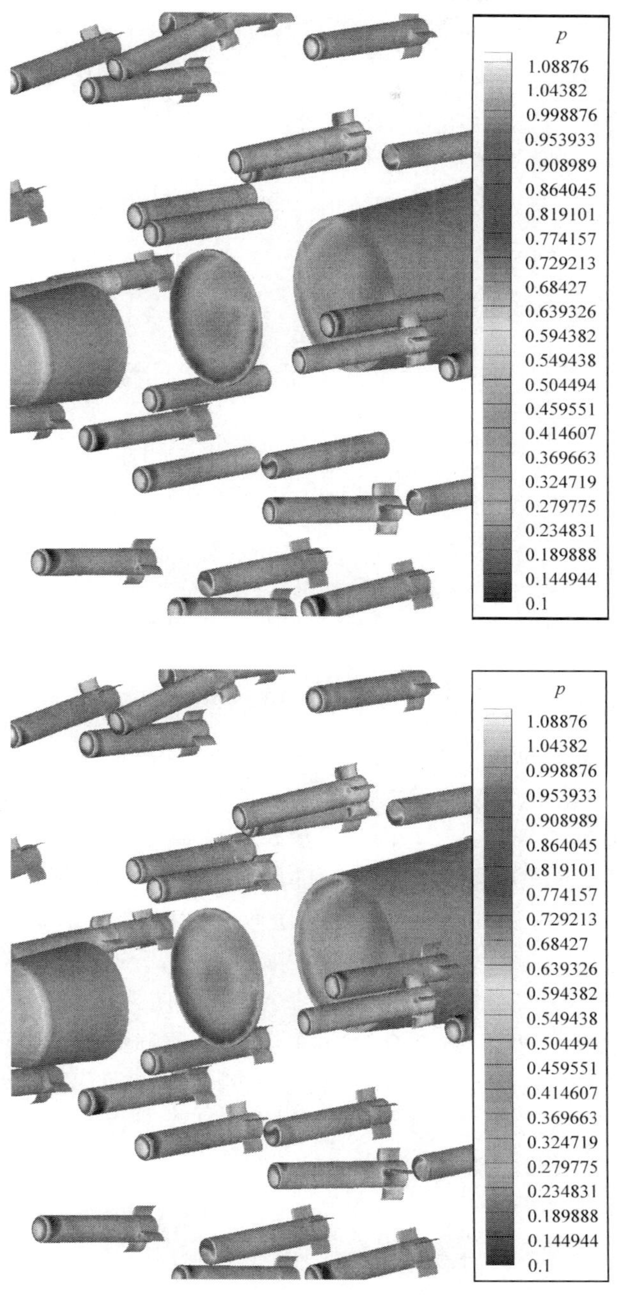

图 9.37　第二排子弹开翼前后流场比较

9.2.2 热分离

1. 保护罩分离过程数值模拟

稠密大气层内的高速飞行会引起飞行器表面的气动加热，严重时将损坏精密的光学及电子器件。因此，有必要在飞行器表面特定部位安装保护罩，并在光学器件工作前将保护罩抛离。本算例的计算外形如图 9.39 所示，保护罩与撑杆刚性连接，在火药驱动下，保护罩沿撑杆方向弹出，之后在气动力作用下实现分离。

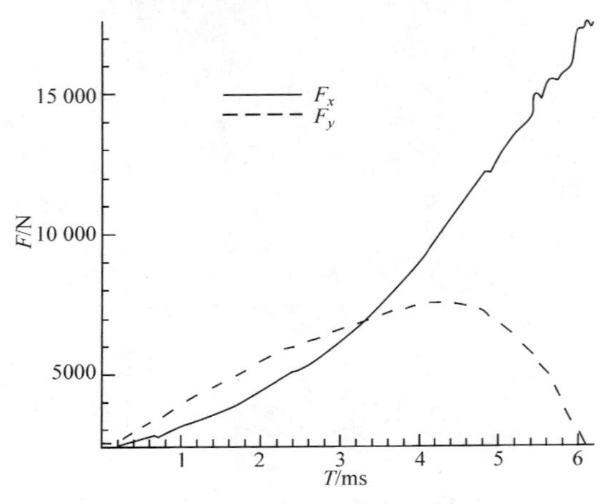

图 9.38 保护罩的气动力

在初始时刻，罩体迎风面处于自身产生的激波波后，表现为高压；背风面前端，由于气流绕过前端斜坡后膨胀，使得压力明显降低，表现为低压；罩体后端则由于受弹体激波的影响，表现为高压。由于保护罩质心基本位于罩体的中心位置，其后端受到的高压，将使罩体产生顺时针方向的旋转，不利于保护罩的分离。

图 9.38 为保护罩 X 和 Y 方向受力随时间的变化曲线，可以看出 X 方向受力随时间迅速增大，远远超过初始状态时保护罩的受力，分析可知，这是由于随着罩体的旋转，保护罩与来流夹角增大导致的。上述现象使得 X 方向的抛离速度迅速减小，在分离后仅 3 个毫秒，抛离速度即降为 0。Y 方向的受力表现为先增大，然后减小，这是由于随着保护罩前激波的增强，使得罩体迎风面受力增大，Y 方向受力也表现为增大，当保护罩进一步旋转后，尽管其所受合力增加，但在 Y 方向的分力随着罩体与 Y 轴夹角的减小而减小。

图 9.39 给出了保护罩不同时刻的分离位置。可以看出，翻转导致保护罩与弹体相撞，在该计算条件下无法实现保护罩的安全分离。

图 9.39　保护罩不同时刻位置

2. 高马赫数高动压飞行器级间分离过程数值模拟

飞行器飞行高度约为 30km，飞行速度约 14*Ma*，级间段安装分离发动机（推力曲线如图 9.40 所示），下面级尾部安装反推火箭。分离开始后，分离发动机与反推火箭同时开始工作，230ms 后反推火箭关机。飞行器表面网格如图 9.41 所示。

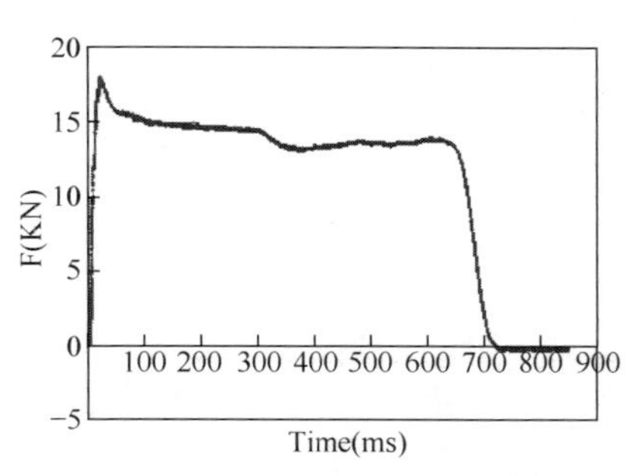

图 9.40　发动机推力曲线

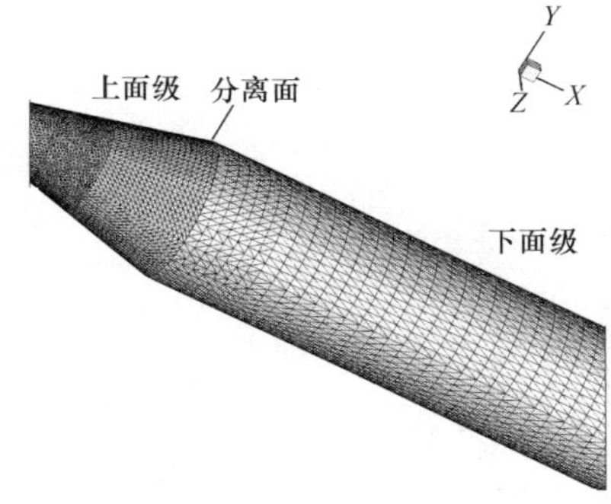

图 9.41　表面网格

图 9.42 给出了该分离过程的计算结果。从下面级沿 X 方向所受的合力看，分离开始后，分离发动机对级间段充压，引起下面级所受合力迅速增加，在约 13ms 达到最大值，之后迅速减小，在 100ms 之后趋于稳定，230ms 时反推火箭停止工作，下面级合力出现突跳。

比较 0°和 3°攻角条件下的下面级受力情况，150ms 之后，3°攻角条件飞行器下面级受力开始明显增大，到 230ms 时刻，两者差距达到最大。从下面级速度对比中可以看出，150ms 之后，3°攻角条件飞行器下面级速度明显大于 0°攻角时的速度。上述现象是由于有攻角情况下前后两级出现错位，下面级前端有较大面积直接受来流冲击，导致下面级受到的气动阻力增大，表现为分离力和分离速度增大。

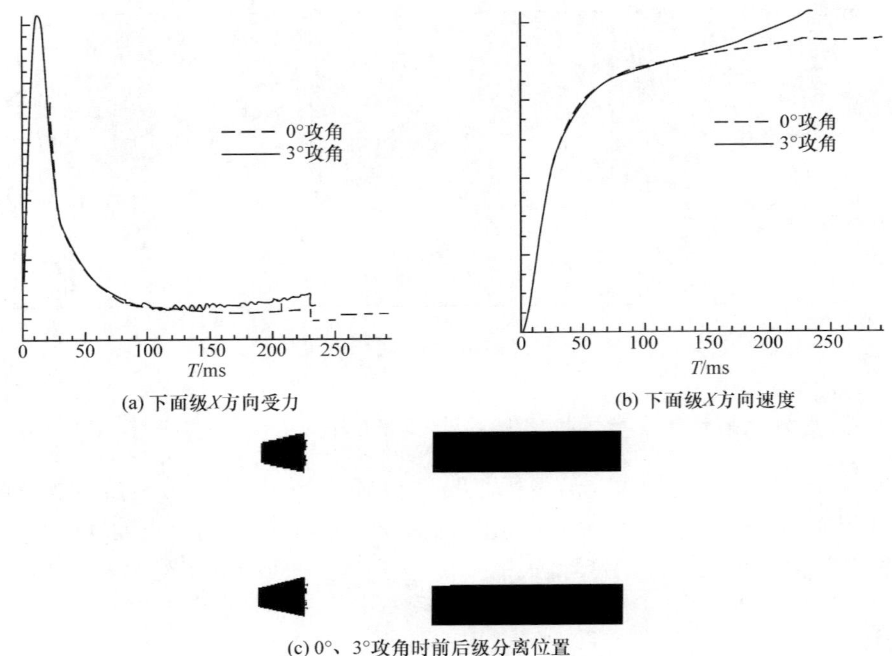

(a) 下面级X方向受力

(b) 下面级X方向速度

(c) 0°、3°攻角时前后级分离位置

图 9.42　高马赫数高动压飞行器级间分离过程计算结果

9.2.3　虚拟通气技术

1. 内嵌式助推器分离[3]

冲压发动机对飞行速度和高度有要求，在应用中大多采用火箭助推方式使其达到设计超声速飞行条件。为了减小飞行器的总长，可采用内嵌式助推器(图 9.43)，将助推器头部置于冲压发动机的燃烧室内。助推器分离时，助推器在完全分离之前仍需在燃烧室内运动一段距离，这对分离的可靠性、前体的姿态控制提出了很高的要求。尤其是有攻角飞行时，在俯仰力矩的作用下，助推器将发生偏转并可能与前体相碰，严重威胁到分离的安全性。

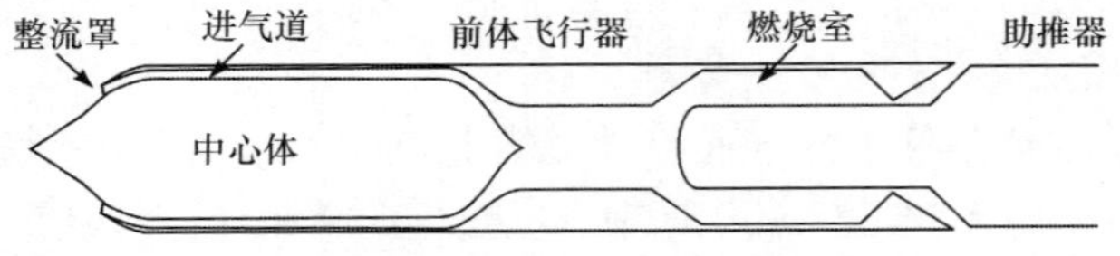

图 9.43　内嵌式助推器的所示图

为了保证分离顺利进行，需要采用约束机构限制分离沿轴向进行，如安装导轨、加装环状支撑机构、加装堵块支撑等，或者采用两次分离方案，将助推器切割为两部分，依次分离。图 9.44 依次显示了不同支撑方案的结构。此外，在助推加速阶段，为了避免气流在冲压发动机燃烧室内部的干扰问题和降低阻力，进气道口采用整流罩封堵，如图 9.43 所示。

助推器分离的过程是：首先打开整流罩，高速气流进入燃烧室滞止增压；经过适当延迟后，助推器解锁，靠燃烧室的高压将助推器推离前体；分离结束后，冲压发动机点火，开始正常工作。

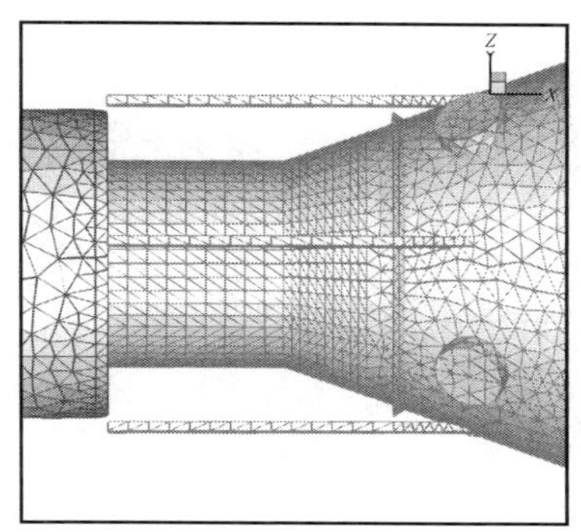

(a) 外部导轨

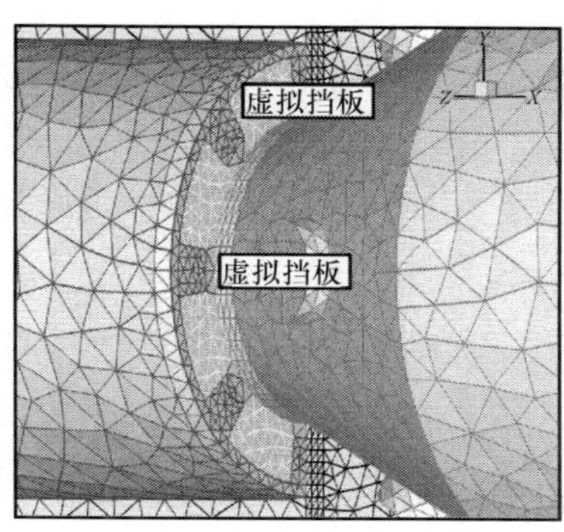

(b) 内部堵块

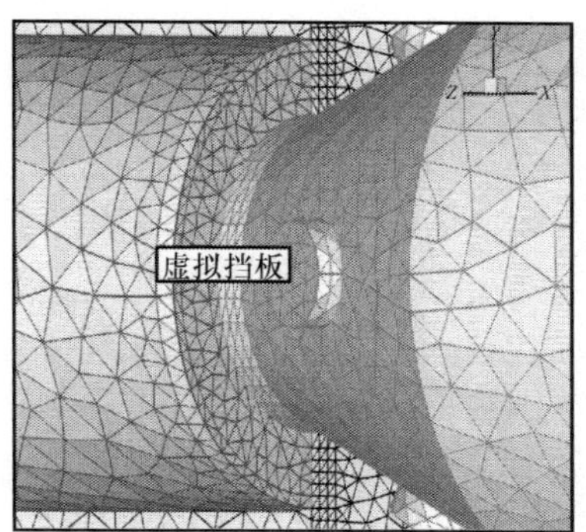

(c) 内部环

图 9.44　助推器与前体的联结方式

内嵌式助推器分离是一个复杂的多体非定常流动过程，数值模拟工作也面临着许多难题。

① 分离过程中助推器与前体飞行器的喉部极易相碰，边滑动边向后分离，为了准确预测分离轨迹，必须求解助推器与前体间的内力，这在一般的多体分离问题中是不需要的。

② 进气道的整流罩、燃烧室的下游出口都存在从关闭到开启的过程，二次分离方案还需对弹体进行切割，这都是典型的“接触-分离”问题。

对于第一个问题，本书引入多体动力学以求解助推器和前体的内力和相对运动。对第二个问题，本书采用虚拟网格通气技术予以处理，图 9.44 给出了部分虚拟挡板的位置。

图 9.45 和图 9.46 给出了几个典型状态的计算结果，其中 CASE2 为堵块支撑方案，CASE4 为导轨支撑方案，CASE5 为环状支撑方案，计算攻角均为 3°。可以看出，在分离前期，前体具有向前加速的趋势（速度为负），这是由于燃烧室内压力大于前体头部压力，前体受到压差产生的推力。相比较而言，导轨支撑加速最快，而堵块支撑出口泄流最大，因此加速最慢。在分离后期，由于前体发动机形成通流，因此前体开始减速。从气动载荷可以看出，分离过程中助推器所受法向力和俯仰力矩存在剧烈的振荡，尤其是在 100ms 附近，此时正是助推器头部通过前体喉道的时候，此时燃烧室内的流动异常复杂，不仅存在轴向的压力脉动，而且由于攻角的存在，法向的压力也不同，从而导致作用在助推器上的法向力变化剧烈。

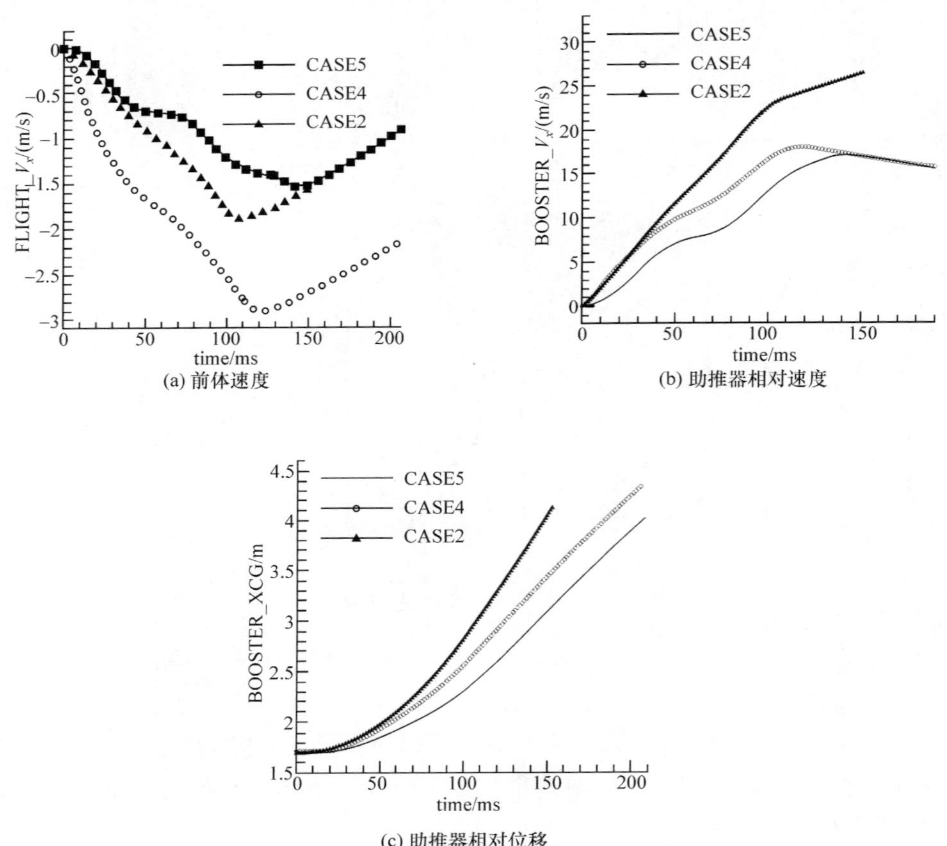

图 9.45　前体及助推器的速度、位移

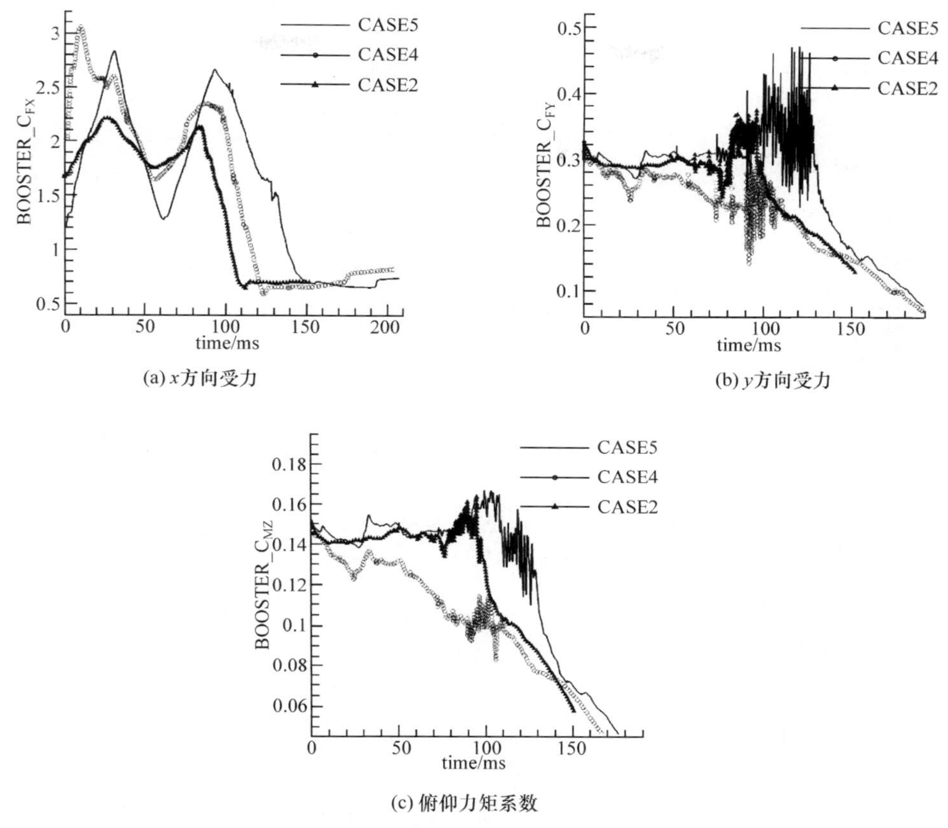

(a) x方向受力

(b) y方向受力

(c) 俯仰力矩系数

图 9.46　助推器的气动载荷

图 9.47 显示了计算终止时前体与助推器的相对位置，导轨支撑方案分离正常，助推器已经脱离前体一定的距离，可以判定分离成功，环状支撑、堵块支撑的结果与之相似。两次分离方案中前体与助推器间无约束机构，且飞行器攻角为 3°，由于法向力及俯仰力矩的作用，前体与助推器发生了碰撞，分离失败。

2. 爆炸冲击波与建筑物作用过程模拟[4]

冲击波在建筑物内传播及其与结构作用过程的模拟，目前主要有刚性壁面假设和流固耦合两种手段。刚性壁面假设方法，只能模拟冲击波在复杂空间环境中的传播与演化，不能模拟冲击波透过断裂结构传播的过程，与实际毁伤过程存在差异；流固耦合方法以著名的 LS-DYNA 软件为代表，耦合 CFD 和 CSD 程序，计算冲击波作用下结构的破坏和冲击波传播过程，是目前此类问题数值模拟的主要手段，但该方法处理起来非常复杂，国内未见具有类似功能的算法软件，同时 LS-DYNA 等商业软件数值模拟的详细处理模型、方法也缺乏完整的介绍。

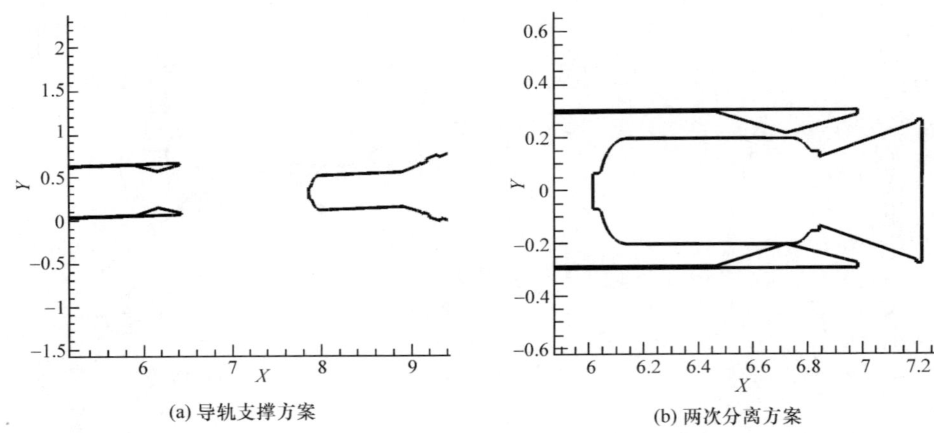

图 9.47　计算终止时前体与助推器的相对位置

当战斗部在房间内爆炸时，会造成房间结构破坏，结构破裂出现碎块，碎块在冲击波作用下运动，结构破损也会影响冲击波的传播，对上述冲击波与结构碎块的相互作用，一种方法是采用动网格跟踪碎块的运动，并实时计算碎块与冲击波的相互作用，该方法的物理概念明确、精度高，但在实际应用中对整栋楼进行数值模拟时，结构单元的破坏会产生成百上千，甚至上万的结构碎块，每个碎块独立运动，使得每时每刻都可能会出现局部网格变差的情况，就需要将计算程序停止，进行局部重构和插值，计算量巨大，计算效率很低。

针对该问题，我们基于虚拟通气技术提出一种简化计算模型，能够在计算网格不动的条件下模拟冲击波与结构的作用过程，该方法比刚性壁面假设更加真实，比CFD/CSD耦合计算效率更高，且具有一定的计算精度，能够在计算精度和计算效率间达到较好的平衡。下面对该方法进行简单介绍。

当战斗部在房间内爆炸时，如果冲击波超过了结构的破坏载荷，结构将破裂出现碎块，碎块将在冲击波作用下运动，墙壁结构的破损也将引起冲击波的泄压，其作用机理认识如下。

① 在碎块完全脱离墙体之前，碎块运动的稀疏波引起超压降低，减少碎块受到的冲量，如图 9.48(a)表示，尽管气体透过碎块与墙体之间的裂缝传播至墙体另一侧，但是流量非常小，碎块背面的压力与正面超压相比，可以忽略不计。

② 在碎块刚刚脱离墙体的时候，气体透过碎块与墙体之间的缝隙传播，由于缝隙面积小于洞口入口处面积，缝隙处气流速度达到声速，形成拥塞，这时冲击波既有绕射，也有反射，流动非常复杂，如图 9.48(b) 所示。

③ 在碎块脱离墙体较远以后，碎块和墙体之间缝隙形成的气流拥塞消失，爆炸点所在空间内部高压气体在洞口处形成拥塞，这时碎块的反射波不会影响到洞

口上游。

④ 由于碎块运动速度小于气体速度,大量气体绕过碎块,在绕过碎块后规整成球面波,球面波遇到墙体反射,此时碎块存在对第一道冲击波强度的影响很小,如图 9.48(c)所示。

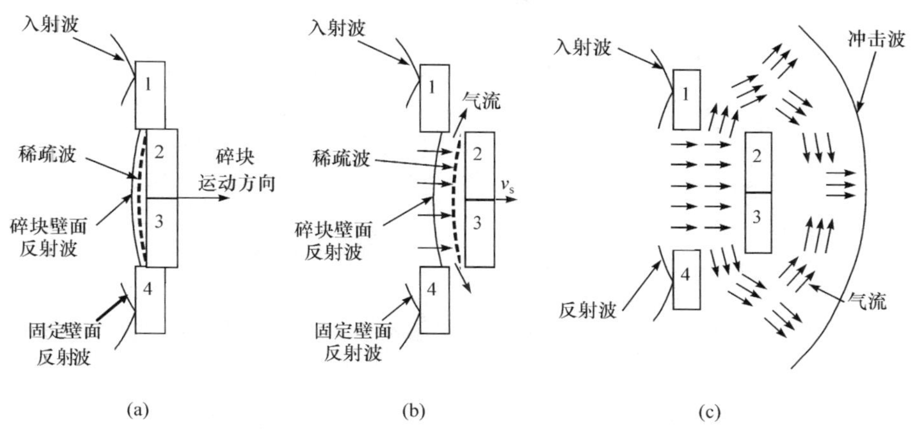

图 9.48 冲击波传播所示图

可将图 9.48 所示的冲击波与结构碎块作用过程提炼为以下三个主要的物理效应,即碎块运动会产生稀疏波效应;碎块刚脱离墙体后的拥塞效应;绕射波重新规整为平面波的效应。

从建立数学模型的角度来看,能够刻画以上机理的模型就可以模拟冲击波与结构碎块作用过程。其中,绕射波重新规整为平面波的过程中碎块的影响很小,因此重点是对稀疏波效应和拥塞效应的描述。

对运动稀疏波效应,如图 9.49 所示,假设结构单元 2 和 3 已经被破坏,在计算网格位置不变情况下,则根据第 3 章提出的流固界面耦合算法、流场物理量和结构单元质量等参数,可以计算得到结构单元 2 和 3 的运动速度,即流体控制方程中的网格的运动速度,将其反映在流体控制方程中,计算流场参数,即可模拟结构单元 2、3 运动引起的泄压过程。在该计算过程中,尽管结构单元 2 和 3 的网格位置没有变化,但其单元运动速度真实地反映在流体控制方程中,从而在一定程度上模拟了结构单元运动引起的泄压作用。

对碎块刚脱离墙体后的拥塞效应,采用虚拟通气技术模拟碎块脱离墙体后的拥塞效应:当碎块处于图 9.48(a)状态时,碎块 2 与碎块 3 的边界面为固壁条件,完全不通气;当碎块处于图 9.48(b)状态时,根据缝隙环带面积与结构在来流方向的法向投影面积比值,模拟缝隙对通气量的限制;当碎块处于图 9.48(c)状态时,

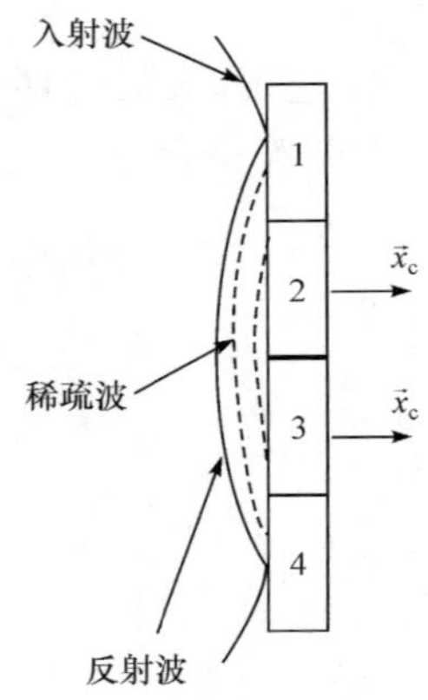

图 9.49 稀疏波效应模拟

碎块 2 与碎块 3 的边界面变为完全通气状态,此时结构碎块对绕射后形成的第一道冲击波强度影响很小。

为了对该方法的准确性进行验证,考虑如图 9.50(a)所示的计算模型,其中虚拟挡板处是预置的碎块位置。计算过程中,当冲击波到达洞口后,采用本书提出的计算模型,对冲击波的传播过程进行模拟,监测超压的变化,并与动网格跟踪碎块运动的方法进行对比,分析验证计算模型的准确性,详细计算参数见文献[4]。

图 9.50(b)和图 9.50(c)为同一压力监测点的压力变化情况,可以看出两种不同模型情况下得到的监测点压力峰值及规律均符合较好,表明本书提出的计算模型具有较高的准确度,能够用于此类问题的模拟。

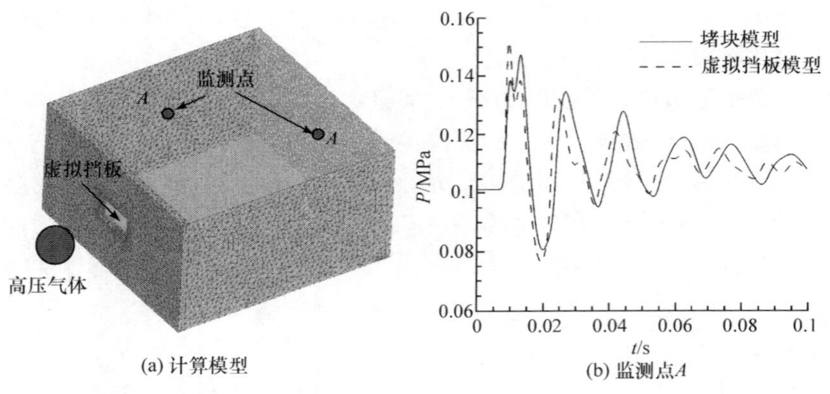

(a) 计算模型

(b) 监测点A

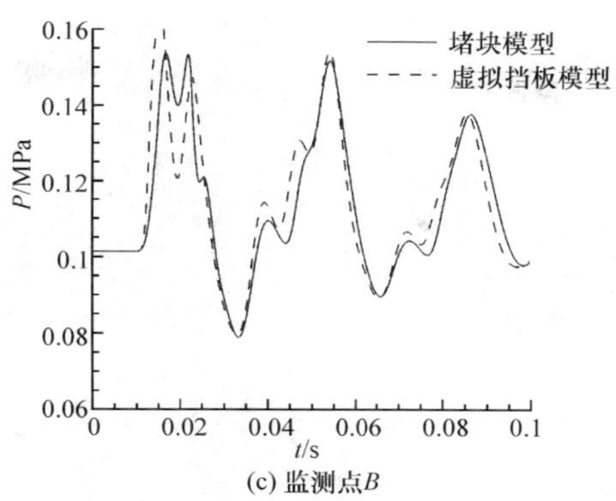

(c) 监测点B

图 9.50　爆炸冲击波与建筑物作用过程模拟

3. 隐身飞机弹舱开启过程模拟[2]

现代飞机的内置弹舱能有效的降低飞行阻力及雷达反射面积，但内置弹舱舱门开启后将形成空腔流动，从而诱发严重的激波/激波、激波/膨胀波相互干扰等复杂流动现象，产生剧烈的压力、速度等脉动，容易引起附近结构的疲劳、振动和舱内武器系统电子设备的损坏，因此对其开展研究具有较高的应用价值。

隐身飞机舱门开启过程中，弹舱逐步暴露于来流中，开启过程的非定常效应明显，在舱门从关闭到开缝的极短时间内，网格处理存在极大困难。本书利用非结构动网格技术结合虚拟网格通气技术解决“F-117”内置弹舱开启过程的动态仿真问题，实现从弹舱完全关闭到打开全过程的模拟。

首先在全机表面构建网格，将舱门从关闭位置预开启 6.27°形成微小开启间隙，在开启间隙构造虚拟网格通气面 1、2、3，如图 9.51 所示。计算开始时，认为舱门密闭，通气面 1、2、3 均为单向壁面条件，隔绝弹舱与外界流动。随着舱门的打开，按照舱门开启角度构造平面切割通气面，位于开启角度以内的为流通内部边界，气流可以通过进入弹舱，而位于开启角度以外的仍然为壁面条件，计算至弹舱开启 6.27°通气面完全打开，全部按照流动内部边界处理，而后采用非结构动网格技术完成开启过程。

舱内挂弹四个观测点位置及压力变化如图 9.52 所示。由压力变化曲线可见，在舱门开启过程中，弹舱内的气体产生很高的压力脉动，挂弹底部压力明显高于前部的压力并且变化更加剧烈。底部测点最高及最低峰值压比达到了 1.3，强烈的压力脉动会使挂弹受力变化剧烈并将产生高频脉动声压，这对挂架系统的可靠性提出了更高的要求。

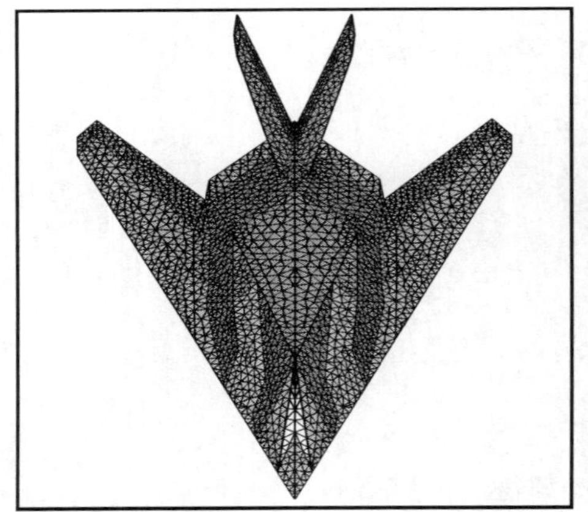

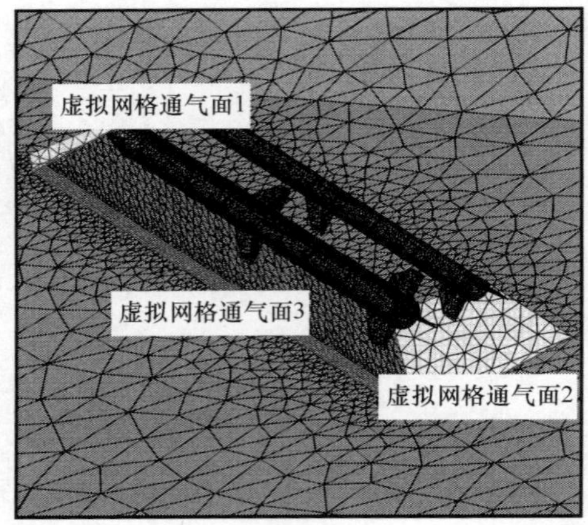

图 9.51　“F-117”表面网格及弹舱虚拟网格通气面布置

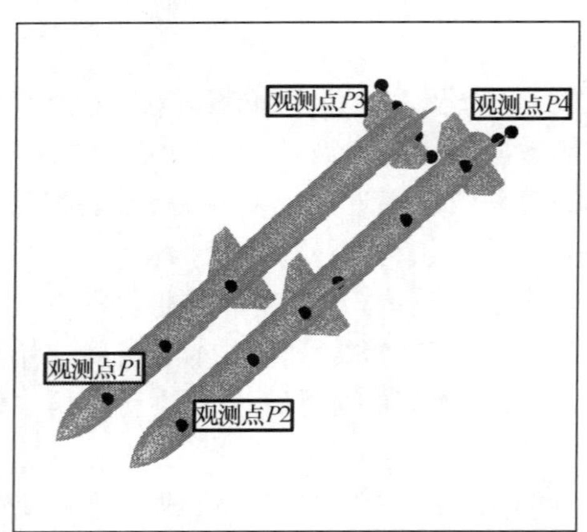

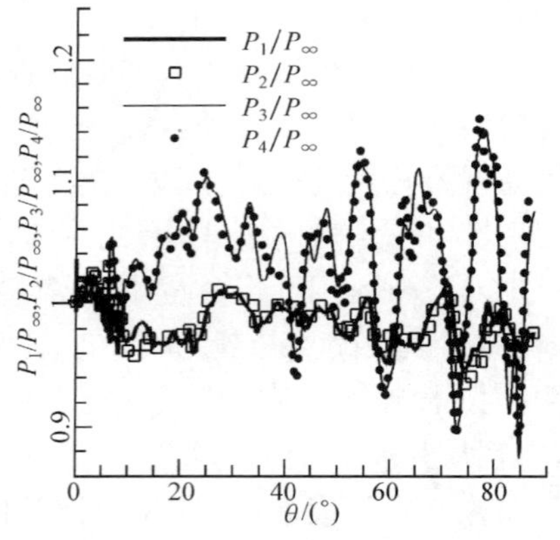

图 9.52　导弹表面观测点位置及压力变化

飞机阻力、侧力、滚转力矩及俯仰力矩随开启角度的变化如图 9.53 所示。可见舱门开启后飞机受力及力矩变化比较剧烈，舱内的压力振荡导致飞机受力及力矩呈现振荡过程并且幅值不断扩大，侧向力、滚转力矩及俯仰力矩的变化将直接影响到飞机的操控性能。

9.2.4　阀门动态特性

传统的阀门研制流程是先按照静态性能设计，产品试样出来后进行静态和动态试验，如果性能不满足要求，根据经验调整相应结构，重新生产、试验、改进，直到满足设计指标，这种不断反复使得研制周期长、成本高。为满足现代工业对阀门的高要求，近年来国内外采用计算流体力学对阀门动态特性进行仿真分析。目前，对

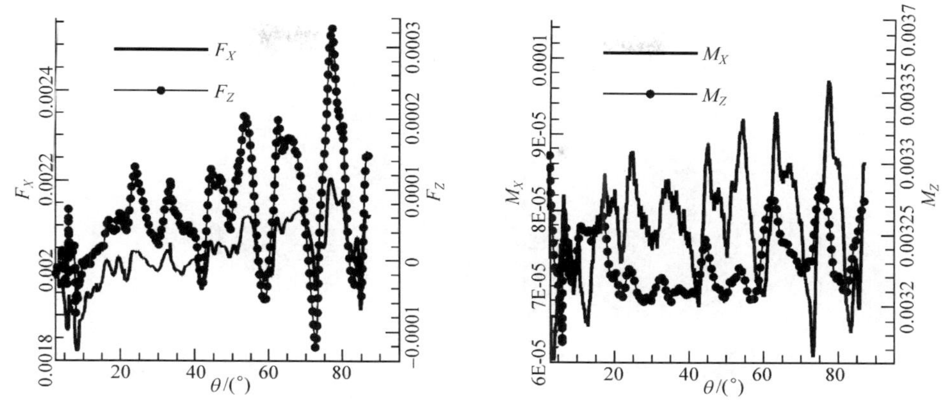

图 9.53 飞机阻力、侧向力、滚转力矩及俯仰力矩

液体阀门的研究相对比较充分[11]，但由于气体可压缩性强、声速低，开闭过程的细小缝隙常会形成激波、拥塞等超声速流动现象，不可压流动计算中常用的 SIPPLE 或 PISO 算法不再适用，而采用迎风型的激波捕捉格式进行气体阀门研究的工作还较为缺乏。

1. 减压器动态特性数值模拟

如图 9.54 所示，这是一种膜片式的减压阀，密封在膜片盒内的主弹簧 K1 使膜片 K2 向上变形，膜片推动阀芯 M02 向上位移，在阀芯和下限位 K5 之间形成缝隙，高压腔的气体流经该处进入低压腔，阀芯和阀座顶盖之间的有副弹簧 K3 和上限位 K6 控制其向上运动。如果低压腔的压力超过预定值，作用在膜片的气动力破坏 K1、K2 和 K3 之间弹簧力的平衡，推动膜片向下，带动阀芯使缝隙变窄，减少进入低压腔的气体流量，致使压力降低。阀芯设计为可以脱离膜片中心落座块，在特殊的高压载荷情况下，膜片向下位移大于下限位 K5，可使阀门完全关闭，即 M02 和 K5 贴合，流量为 0。为了避免膜片回弹过量，膜片盒内设置了下限位 K4。阀芯和阀座之间缝隙使得高压气体进入阀芯上方的空腔，影响阀芯受到的气动载荷，为此阀芯中间开孔与低压腔相通，上方的空腔常称为卸荷腔，尽管缝隙流量非常小，作用不容忽视。

为了模拟阀门完全关闭的情形，如图 9.54 所示，在阀芯和下限位 K5 之间缝隙设置虚拟挡板，模拟开度小于 0.4041mm 以后直到完全关闭状态的开度变化。对于阀芯和阀座之间的涨圈结构，在进口位置设置网格尺度大约为 0.5mm 的虚拟挡板模拟缝隙宽度为 0.009mm 的微小流量。高压气在进入高压腔之前经过了一个多孔网状结构的过滤器，有明显压降，根据前期实验数据也设置虚拟挡板。

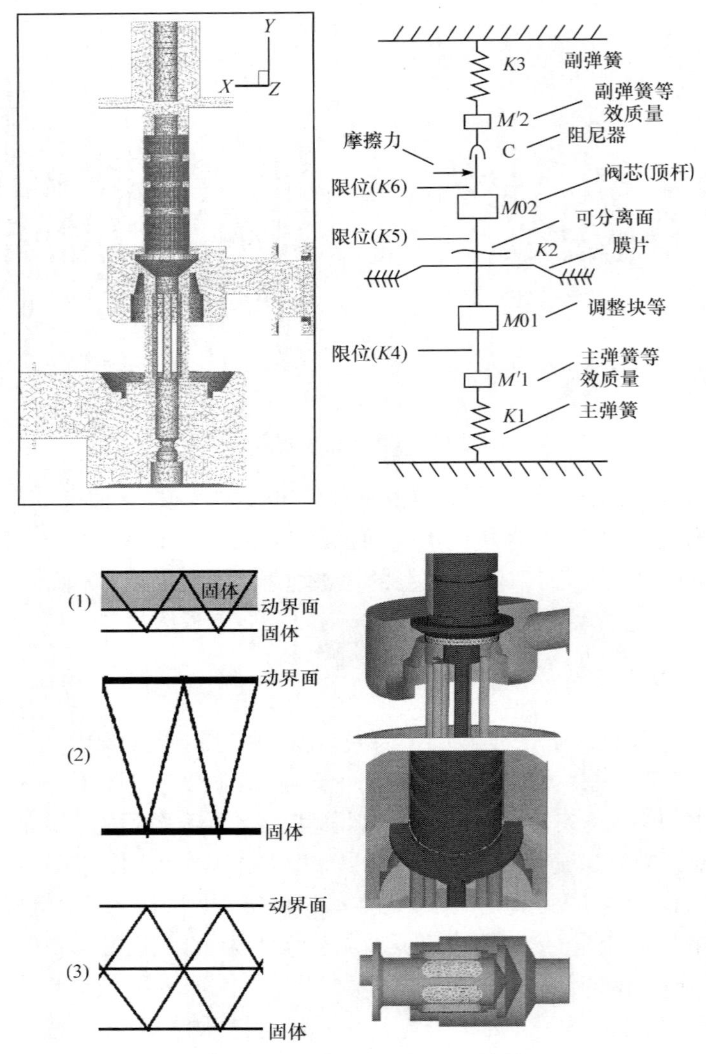

图 9.54　减压器结构及虚拟挡板所示图

减压器上游通过管路连接高压气源，下游管路中孔板限流器。工作介质为常温条件下的空气。上游总压分别取 21MPa、15MPa、8MPa 和 2MPa 进行计算，在出口处设置监测点得到压力随时间变化曲线如图 9.55，尽管上游压力从 21MPa 变为 8MPa，但是低压腔压力基本围绕按照静态性能设计的理论 1.7MPa 波动。上游压力 2MPa 基本接近减压器设计指标，高压腔与低压腔的压差很小，导致卸荷腔和低压腔的压差也很小，作用在阀芯的气动力不足以克服弹簧预紧力，结构保持初始全开状态，流场也存在稳定解，由于管路内的总压损失，表现为图 9.55 曲线监测点压力为 1.5MPa，只靠流动损失就实现了减压作用。上游压力 15MPa 的工况，低压腔的压力超过 7MPa，失去减压功能。

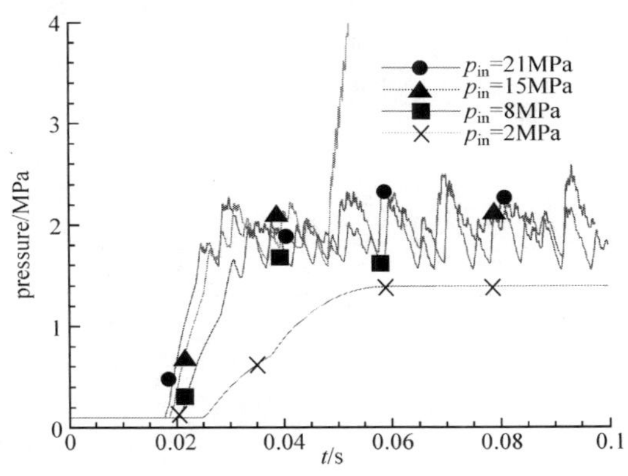

图 9.55　低压腔压力变化历程

图 9.56 是四种工况下阀芯与膜片的位移变化曲线，由于阀芯在图中 0 处有下限位(K5)，因此 0 是膜片脱离阀芯后的单独运动，0 以上即可以是阀芯单独运动也可以是包含膜片的重合运动。2MPa 工况阀芯与膜片重合在一起运动，位移稳定在初始状态。21MPa 和 8MPa 工况曲线变化规律相似，膜片脱离阀芯后向下运动，和下限位 K4 碰撞，反向运动，接触阀芯一起向上，在工况 8MPa 曲线清晰看出，阀芯脱离膜片后和下限位 K5 碰撞引起的高频小幅振动；两者差异表现为，进口压力高，膜片往复运动频率高，阀芯振幅均值较小。15MPa 的工况在 40ms 以后阀芯与膜片不再接触，阀芯在上下限位之间碰撞往复，膜片在下限位和小于 0 的位置高频振荡，低压腔的压力围绕 7.5MPa 振荡，没有发散，表明减压器还有一定稳压功能。

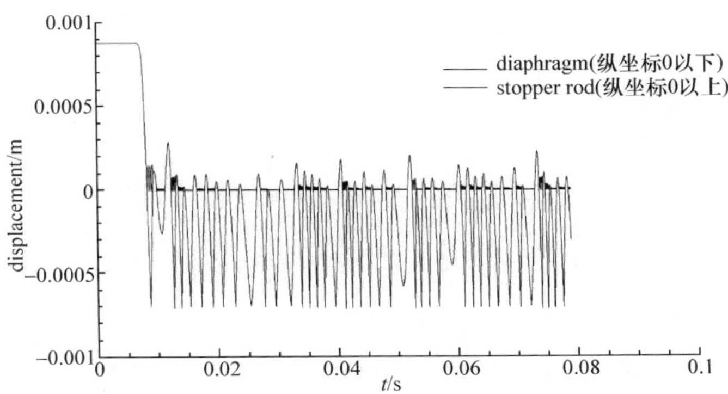

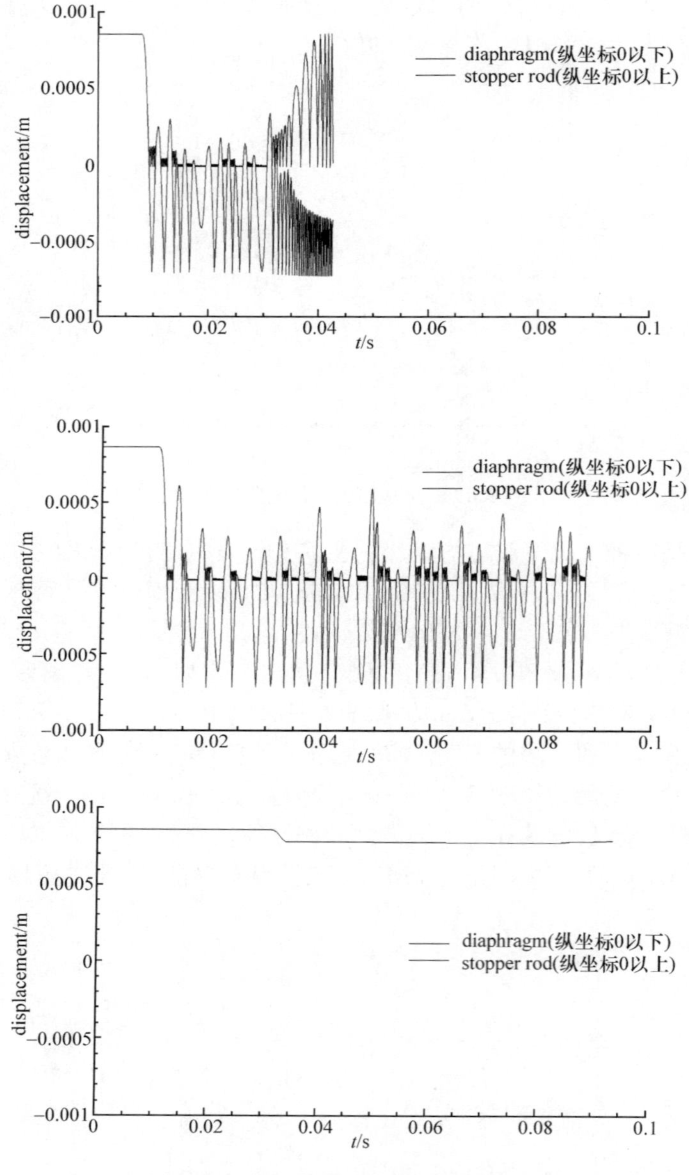

图 9.56　阀芯与膜片位移的变化历程

15MPa 这样的工作模态称为颤振，机理是气动力与动力学系统运动产生共振，较为典型的流固耦合现象。本书计算中颤振使减压器动态稳定状态发生转移(低压腔压力均值从 1.7MPa 变化到 7.5MPa)，实际产品出现了颤振常导致结构损坏。为了避免颤振，发挥数值模拟虚拟现实优势，考察了低压腔容积、涨圈结构摩擦力和缝隙宽度的影响，由于篇幅关系仅给出研究结论：增加低压腔容积后腔内压力波动幅度变小，未有效消除颤振；500g 以下的摩擦力对动态特性几乎没有影响，增大到 2000g 可以有效地抑制颤振；缝隙变宽，漏气进入卸荷腔再经由顶杆中心孔进入低压腔流量增大，消除了颤振，但是出口稳定压力明显偏低，说明涨圈漏气量过大会导致减压器失效。

2. 电磁阀动态特性的流固耦合模拟

本书研究的电磁阀结构和工作原理如图 9.57 所示，主阀和指挥阀的结构相似，包括弹簧、活塞等部件，通电后衔铁动作，推动指挥阀的阀芯运动，使主阀背压腔和出口连通，内部气压降低，在上下游的压差作用下主阀打开；电磁铁断电后，指挥阀的弹簧回位，切断主阀背压腔与出口联系，入口高压气体通过主阀的阀芯和阀座之间的环带缝隙进入主阀背压腔内，内外压差减少、气动力减小，主阀在弹簧作用下关闭。该电磁阀用于液体火箭发动机的增压系统，在点火前接通高压气源和储箱为发动机提供喷注压力，工作中为储箱补充气体弥补液体消耗空出的容积。实际应用中，为避免气源总压下降和开启气流冲击引起的扰动，在电磁阀下游安装有减压器调节气体流量，保证到达储箱的压力稳定。

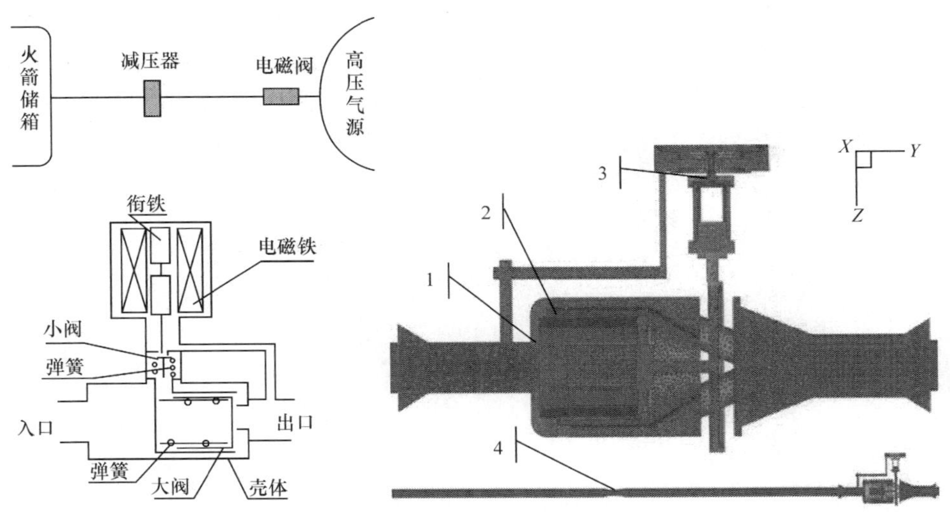

图 9.57　电磁阀结构图及虚拟挡板位置

计算中共设置 4 处虚拟挡板通气，如图 9.57 所示，包括主阀开启和回弹碰撞、阀芯和阀座之间的环带缝隙、指挥阀开/闭、减压器。为了模拟上游的恒压源，在电磁阀上游设置初始压力为 23MPa 的球形气罐，气罐体积足够大以保证在计算过程中气罐压降小于 1%。在电磁阀下游 125mm 处设置减压器，压力小于 1.1MPa 时减压器逐渐打开,压力超过 1.1MPa,减压器逐渐关闭。

图 9.58 为电磁阀开启过程中各腔室和不同管路位置的压力随时间变化情况。主阀开启前,进口管路测点 1 和靠近主阀座上游测点 2 维持储箱压力,主阀开启瞬间两点所在区域的流体从静止开始流动,局部膨胀效应引起压力迅速下降,随着储箱内气体补充进来,压力逐步恢复,主阀开启完全打开后这两测点压力接近储箱压力,测点 1 大约在 21.5MPa 波动,主阀座上游测点 2 流速稍大,压力均值约为 20.5MPa。测点 3 在主阀的背压腔内与指挥阀上游连通,压力因此在指挥阀开启后就开始下降,0.009mm 环带缝隙位于测点 2 和测点 3 之间,计算得到的压差大约是 1.5MPa。观测点 4 和观测点 5 在指挥阀开关的上下游两侧,变化规律符合流场特性,在主阀完全开启以后,观测点 3、4 和 5 的压力基本相等,约为 19.0MPa,表明指挥阀内为滞止流动。观测点 6 位于主阀下游管路,主阀开启缝隙的超声速气流碰撞到内壁形成激波,表现为观测点 6 压力急剧上升到接近 22.5MPa,主阀开启完全打开后压力比观测点 3、4 和 5 稍低。减压器下游的测点 7 压力围绕 1.1MPa 波动。

电磁阀主要功能是接通或切断管路内部流动,理论上在完全打开以后不影响流动,但是由于内部流阻总会存在压力差。可以看出,减压器上游的各测点压差较小,符合电磁阀原理。在 10ms 后,主阀上下游两侧观测点 1、2、6 和 7 压力表现为等幅振荡,由于同一流场内观测点 3、4 和 5 的压力变成稳定值,因此这些振荡不是计算方法引起的非物理波动,主要是由于流体经过阀门内部的复杂流道引起的噪声。这种压力振荡导致主阀受到的气动力也等幅振荡。比较图 9.58(b)和图 9.58(c)可以发现,气动力振荡频率高于结构频率,主阀开度的振荡幅度成指数衰减趋势,逐步收敛到 2.9mm 上限程。

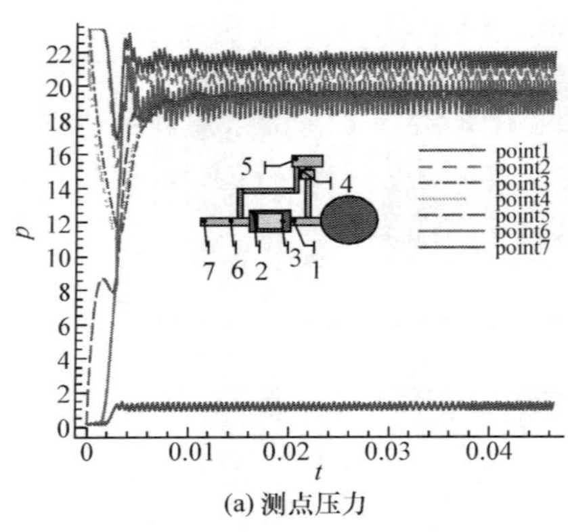

(a) 测点压力

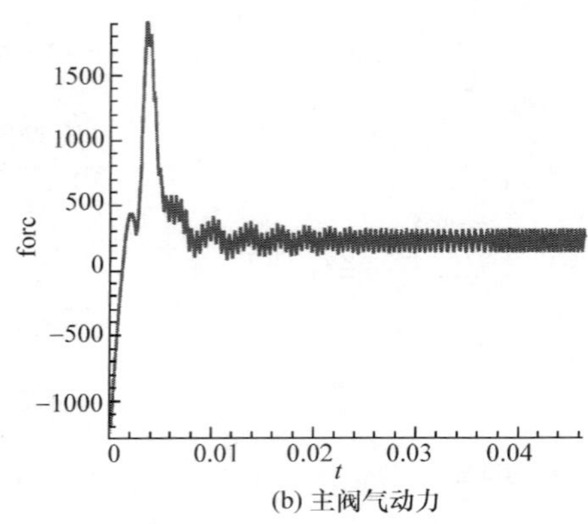

(b) 主阀气动力

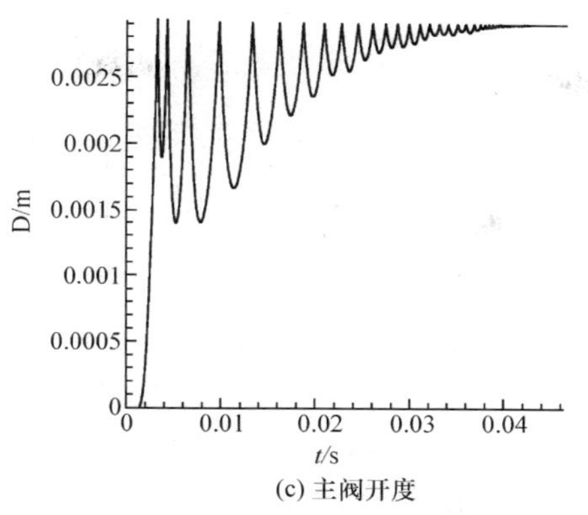

(c) 主阀开度

图 9.58　电磁阀动态特性计算结果

9.3　以非定常流动模拟为基础的多学科融合——数值飞行

根据牛顿力学理论，大气层内的飞行器在地球引力、发动机推力和空气动力作用下运动，对这三类力的变化规律的细致了解是飞行器稳定性分析和控制律设计的基础。火箭发动机推力数据通过地面试车提供，飞行过程中变化主要受高度影响，地球物理学家提供的地球引力模型对于飞行器设计者来说很准确，因此与飞行高度、速度、姿态、舵偏角等几十个参数相关的、变化规律复杂的气动力模型成为飞行器设计和研制的关键因素。

空气动力学主要采用风洞试验、理论计算（主要指 CFD）和飞行试验三大手段开展研究。在飞行器研制中需要综合应用这些手段，因为它们各有优缺点，单一手段不能解决所有问题。风洞试验的尺度效应和相似参数限制，不能模拟实际飞行环境参数和飞行器弹性变形，加上风洞机械结构等因素限制，也很难模拟飞行器操纵面摆动、机动飞行等动态过程的时间响应延迟。CFD 经过几十年发展，研究者日益众多，应用领域不断扩大，除了提供气动力数据外，还可以利用丰富的流场信息开展流动机理研究，指导新概念气动布局，在飞行器研制中的地位越来越重要。但是，现阶段 CFD 得到的气动力计算结果还低于风洞试验数据的精度，很多时候需要经过验证才能用于工程，因此 CFD 主要在概念设计（conceptual design）和方案设计（preliminary design）阶段使用。

常规风洞试验和 CFD 计算主要提供静态（定常）气动力，难以直接用于以考虑飞行环境各种扰动条件下维持飞行器稳定和可控飞行为目标的飞行控制分析，目前在稳定性分析和控制系统设计时，为了关联气动力与 6 自由度弹道方程自变量，常采用 Bryan 方法，引入气动敏感度导数，建立线性函数形式的气动力模型。下面以升力系数为例来简要说明。

根据空气动力学理论和飞行力学原理，升力与高度、马赫数、迎角、侧滑角、舵偏角等环境参数、运动参数、控制参数有关，对于给定布局的飞行器，可以通过气动力研究得到近似函数表达式，即

$$C_l = C_l(h, M_a, \alpha, \beta, \delta_1, \delta_2, \cdots)$$

其中，δ_i 表示第 i 操纵面的偏角。

风洞试验和 CFD 计算给出的是离散的数据，还需要进一步整理和建模才可以用于稳定性分析和控制系统设计，最常用的是定常和线性化假设。

① 升力仅与参数本身有关，而不考虑这些参数随时间导数的影响。

② 升力变化仅与参数一次变化量有关，也不考虑相互之间的耦合效应。

采用 Taylor 展开升力函数，省略高阶导数和交叉导数项，上式可以简化为

$$C_l = C_{l0} + C_l^{\alpha}\Delta\alpha + C_l^{\beta}\Delta\beta + \cdots + C_l^{\delta_i}\Delta\delta_i + \cdots$$

这样一来，气动力实际上是运动参数的线性函数。与此同时，描述飞行的 6 自由度弹道方程也简化为线性常微分方程组，在此基础上应用较为成熟的线性代数理论进行稳定性和操纵效率分析。理论和实践均表明这样的模型对于低亚声速、小迎角、大展弦比布局的飞行器有较高预测精度，但是由于模型没有计入非定常、非线性流动效应，不适于超声速、快速调整姿态、大迎角机动的飞行器。

验证飞行器的性能及安全性最有效和最直接的方法是进行飞行试验。新型号飞行器需要花费巨额资金进行数千小时的飞行试验，并根据试飞的结果对设计进行修改，这种反复迭代的设计方法不仅耗费巨大，而且经常延长飞行器的研制进程，有时还因为灾难性后果而前功尽弃。有关文献列举了美国近 20 年来由于研制初期对气动特性的预测不准确导致在飞行试验阶段需要不断修改的几十种飞行器，大部分以增加研制经费和周期、降低飞行性能指标、牺牲布局优化为代价通过定型试验，个别新概念飞行器，例如造价几千万美元的柔性翼飞机 Helios 在飞行试验中因为流动、结构、控制系统耦合作用引起的不稳定坠毁，导致整个项目以失败告终。

为了避免研制过程中出现这种试飞加整改的弊端，国外提出数值模拟飞行(flying by the equations)的新思想，即采用非定常流动计算软件实时得到动态条件下作用于飞行器的气动力，在此基础上耦合求解飞行力学、结构力学和舵面控制律等方程进行飞行过程的模拟，对稳定性和控制律等飞行性能进行全面验证和评估。国内研究者按照这一思想，采用多块结构网格插值更新方法对非圆截面导弹在自由状态和操纵舵控制两种条件下俯仰机动过程中的动态特性进行模拟研究，认为研究成果未来可用于非线性条件下飞行器稳定性和控制律的检验。

9.3.1 数值模拟飞行

为了便于理解，先介绍几个与这一概念相近的术语。

20 世纪 90 年代巨型计算机出现以后，美国和日本等国家的 CFD 专家提出建立数值风洞(numerical wind tunnel)的设想，其主要思路是数值模拟地面风洞试验工况，即计算以风洞壁面作为外边界，考虑气流的不均匀性，计算模型模拟真实试验存在的天平、支架、缝隙等外形影响。数值风洞经过风洞数据验证以后，除了提供丰富的流场信息，还可以开展洞壁修正、支架修正、天地换算等研究，从而提高试验数据的精度。数值风洞的作用是高效低价生产气动力数据和弥补风洞试验不足，其使用者依然是以气动研究工作者为主。由于大部分地面风洞设备是以定常流动模拟来设计的，作为替代手段的数值风洞即使能够模拟非定常流动，也无法验证和确认。

近几年美国发展了虚拟飞行试验(virtual flight testing)技术。美国阿诺德工程发展中心(AEDC)利用低速开口风洞的特点，采用先进的张线悬挂技术，研制了试验中实时响应的自动控制机构，风洞运行中模型动态变化，根据实际飞行过程的稳定性和控制律调整导弹模型姿态。根据演示试验结果，认为虚拟飞行试验技术能够"填补风洞试验和飞行试验之间的鸿沟"，可以极大地减少费用，同时也指出其存在的问题。

① 风洞试验段、悬挂张线、控制机构等限制。

② 只能实现 3 个转动自由度的运动(转动速率和幅值有限制)，在风洞内模拟 3 个平动自由度较为困难。

③ 不可能模拟飞行器全范围(特别是超声速)的动态特性。

④ 风洞中模型测量得到的响应不等于飞行器真实自由飞行的响应。

因此，虚拟飞行试验的本质是对传统风洞试验有效改进，而不是针对飞行器稳定性和控制律等总体设计提出的新方法。

飞行器设计常提到飞行仿真(flight simulation)，其主要内容是通过求解飞行力学方程得到飞行器的位置、速度、姿态、角速度等运动学参数。在飞行仿真过程中，气动力是输入条件，空气动力学模拟和飞行力学计算是串行模式，没有耦合求解方程。飞行仿真过程中气动力采用数据库插值或简化模型得到，因此用于分析飞行和操纵特性的耦合效应时存在较大误差，也无法用于火箭分离、飞机开舱、气动弹性等气动力变化规律表现为高度非定常、非线性特征的动力学过程分析。在飞行仿真中，仅涉及常微分方程求解，对计算机能力没有特别要求。

数值模拟飞行是耦合求解飞行力学方程和空气动力学方程，计算过程中作用于飞行器的气动力根据模拟流场沿表面压力积分得到，飞行器空气动力作用下位置、姿态、速度、角速度等运动特性的变化会引起流场改变，流体和飞行器之间的相互作用是实时交互的，理论上是对飞行过程最真实的模拟。数值模拟飞行与数值风洞的差异在于目的和使用对象不同，前者的目的是代替实际的飞行试验对飞行器总体性能进行验证，特别是对基于简化气动力模型设计的控制系统进行评估，主要使用者是飞行器总体设计人员。数值模拟飞行与虚拟飞行试验相比，不存在模拟参数和自由度的限制。数值模拟飞行与飞行仿真相比，不用事先进行风洞试验或数值模拟准备数据，实时计算得到的非定常和非线性气动力直接用于飞行力学方程计算，不需要引入气动敏感度导数进行简化，适用于快速机动飞行模拟研究。数值模拟飞行建立在非定常流动控制方程的基础上，除了可用于稳定性分析和控制律设计研究外，计算过程结合先进的动网格技术，可以模拟火箭分离、载荷投放、飞机开舱等存在相对运动的多体动力学过程，与结构动力学计算模块相结合可以开展弹体和机翼颤振、伺服机构气动弹性等问题研究。这些模拟能力也是数值风洞、虚拟飞行试验和飞行仿真无法比拟的。

最后从规范角度讨论相关术语的翻译。国外文献把“digital flight”分为“flying through the database”和“flying by the equations”两类。国内文献把这 3 个术语译为“数字化虚拟飞行”、“基于数据库的虚拟飞行”和“基于方程的虚拟飞行”，又把“数字化虚拟飞行”和 “虚拟飞行试验”合称为“虚拟飞行”。相关文献在论述研究内容时还采用“虚拟飞行模拟”、“基于数值模拟的虚拟飞行”、“基于 CFD 方程的虚拟飞行”等词语，略显混乱。根据国外文献对 3 个术语内涵的阐述，我们认为“flying through the database”的研究内容就是“飞行仿真”，没有必要创造新的名词。“基于方程的虚拟飞行”是不准确的，因为“飞行仿真”也用到各种方程和公式。为避免“基于数值模拟的虚拟飞行”中“模拟”和“虚拟”在语意上的重复，建议“flying by the equations”翻译为“数值模拟飞行”，既体现了 CFD 为基础的特征，又区别于“虚拟飞行试验”。由于“digital flight” 主要在于研究手段的归类，是对应于“虚拟飞行试验”提出的，翻译为“计算机虚拟飞行”更符合其特征。

9.3.2 数值模拟飞行的关键技术

国外文献提出研发数值模拟飞行软件系统涉及物理模型（physics modeling）、数值方法（numerical methods）、网格技术（grid generation，motion and adaptation）、气动弹性（aero-elasticity）和飞行稳定性和控制（automatic controls and stability augmentation）等 5 项关键技术。

我们认为这些关键技术过于宽泛，没有体现其要点。

① 国外文献的物理模型主要指湍流。实际上，不同飞行条件下湍流影响也不同。例如，对于细长三角翼布局飞机在亚跨声速范围出现自激摇滚现象进行模拟时，选择合适的湍流模型至关重要，但是超声速条件下这种现象消失，对气动力起到决定作用的是对激波和膨胀波的精确分辨和捕捉，流态变化的影响相对较小。

转捩、湍流、再层流化属于流体力学经典问题，经历一百多年努力依然没有彻底解决，但是也没有阻止新型飞行器的诞生。将湍流、控制方程等物理模型作为关键技术值得讨论。

② 气动弹性对现代飞机很重要，但是对于大部分航天飞行器和导弹属于设计后期的复核指标，在飞行控制系统设计初期很少涉及，即使考虑气动弹性，也可以设计为独立的软件模块，因此气动弹性不属于数值模拟飞行研究的核心内容。

③ 建立数值模拟飞行平台对飞行过程进行最为真实的模拟，主要目的就是验证稳定性和控制律，所使用的模型在设计阶段就已经常完成，作为关键技术没有内涵。

根据前面介绍的工程应用中感受，我们认为如下几个方面发展数值模拟飞行的关键技术。

① 超级计算机。描述飞行器在大气层中相对运动的空气动力学和飞行力学方程组在一百多年前就已经建立，应该说数值模拟飞行的理论基础并不新鲜，之所以作为一个新概念被提出是由于巨型计算机发展为方程的耦合求解提供了基础。研制和应用数值模拟飞行，除了对计算机速度和内存有很高的要求，计算资源优化配置、并行算法、流场海量信息处理、图表曲线动态显示等问题与计算机硬件环境和软件科学密切相关。因此，巨型计算机技术和计算科学是研发数值模拟飞行系统的关键技术之一。

② 包含运动边界的非定常流动模拟方法。数值模拟飞行又称为方程驱动的飞行，较为准确地反映了流动模拟方法的重要性。相对于为了生成气动力数据库的数值模拟，计算流体力学耦合飞行力学、控制律等方程以后，出现以下新问题。

第一，变形网格技术。数值模拟飞行是耦合求解空气动力学、飞行力学、结构力学和舵面控制律等方程，要求软件的流动计算模块能够模拟飞行力学方程计算得到飞行器的 6 自由度运动、结构动力学计算得到的变形、控制律给出的操纵面偏转和分离指令后的多体运动，因此需要发展高效率、鲁棒性好的变形网格技术。在模拟运动边界引起的非定常流动时，网格形状随时间变化，动网格和流场之间也属于耦合求解，需要满足几何守恒律。

第二，网格生成技术。品质良好的网格是提高计算结果精度的关键，但是在常规的 CFD 软件中不是必须配置。通常的做法是用专门的商业软件根据模型实体生成网格数据，然后被流场求解程序调用，计算过程保持不变。即使带有网格生成（常称为前置处理器 pre-processing）的 CFD 软件，网格程序和求解器之间很少交互，流场模块运行时不调用网格生成模块。在数值模拟飞行的软件研发时，需要考虑网格生成和流场求解之间的耦合，因为飞行器运动和变形可能引起流场网格扭曲交错，导致品质降低或计算失败，计算过程中需要网格重构（remeshing）。目前，常用空间插值方法处理网格重构以后新旧网格之间流动信息的传递，理论证明插值还会带来计算误差，导致精度降低，因此需要发展新的信息传递算法。

第三，时空高精度数值计算方法。常见的 CFD 软件主要应用于定常流动模拟，为了很快得到稳定解，经常采用以降低时间精度为代价的加速收敛算法，计算过程中的中间流场数据是非物理的。有些计算格式对于定常流动和非定常流动的精度不同。采用变形网格技术以后还需要在控制方程中增加几何守恒律方程，需要构造相应的离散格式，也给计算方法带来新的问题。

③ 多学科耦合出现的界面算法。由于涉及学科较多，下面以流固耦合问题为例进行说明。从理论模型看，流体动力学是非线性偏微分方程组，飞行力学是常微分方程，如果结构运动采用有限自由度的模态叠加法来解决，气动弹性和操纵面偏转所得到的运动学方程也是常微分方程组。这些方程数学性质上的差异给计算方法带来困难。目前建立的求解方法有全耦合方法(monolithic method)和分解方法(partitioned method)。全耦合算法是指流体控制方程和其他方程化为一个动力学系统方程，由于公式推导复杂、涉及矩阵运算、建立高精度算法困难，针对一维问题有方法探索，难以应用于实际工程中的多自由度结构系统。分解算法是把多个方程分解，求解过程中通过界面上的信息交换来模拟物理问题的耦合效应，又称为交错迭代算法。相对于全耦合算法，分解算法具有可以充分利用已有的流场(CFD)和飞行力学、结构(CSD)计算方法和程序的优势，可以减少程序开发的难度，保持程序的模块化。自从分解算法提出以来就受到重视和广泛应用，但是在接触界面上的信息交互带来新的问题，这在前面章节进行过讨论。如果同时耦合求解空气动力学、飞行力学、结构力学和舵面控制律多个方程，界面交换的信息更丰富，界面耦合算法直接关系到数值模拟飞行的结果精度，因此需要细致研究。

④ 并行算法。集群技术具有性价比高、可靠性、可扩展性好、可管理性强、应用支持性好等优势，成为了高性能计算的主流体系结构。在这样的计算机体系下开展大规模科学计算，合理利用计算机资源才能获得好的效率，因此需要研究与具体计算机环境密切相关的分区并行算法，除了解决由于扩大计算规模带来的内存墙、存储墙、功耗墙等常规问题外，还需要解决控制离散方程分解、计算区域分解、不同子域物理模型确定等 CFD 并行计算问题。例如，流体动力学方程属于分布参数系统，弹道方程属于集中参数系统，除了求解方法差异外，计算需要的时间也有非常大的差别，并行计算时如何匹配载荷非常重要。

⑤ 软件集成技术。对于 100G 以上或者 TB 量级的大规模科学与工程计算，运行过程中需要进行数据管理，包括并发访问、数据检索、缓存管理、分布式/集群存储等；研发数值模拟飞行平台首先需要开发高性能的工程数据库管理系统。数值模拟飞行平台是个大型的力学计算软件系统，涉及多类数值算法(代数方程求解、特征值求解、时程积分)，在开发过程中需要研究优化求解算法和最优控制算法库，针对飞行器设计专业用户的特点，研究具有更好适用性、包括本地/远程软件调

用、数据传输/控制、与网格技术融合的面向流程集成软件平台的设计方案，开发包括界面、文件、路径、资源、扩展等功能的通用管理工具。

9.3.3　数值模拟飞行是新的发展趋势

在计算机出现后不久，美国等西方发达国家就高度重视计算科学在国家工程中的重要作用。美国 NASA 在 20 世纪 60 年代就开始在航天领域研究如何利用计算机进行分析与设计，逐步发展了一批计算机辅助软件(CAE)。目前，我国航空航天领域应用的专业工具软件主要依靠国外进口。

① 计算固体力学(CSD)软件，如 ANSYS、NASTRAN、ADAMS 等都由美国开发的，其中 NASTRAN 是美国国家航空航天局开发的结构分析有限元分析软件。

② 计算流体力学(CFD)软件，如 Fluent、CFX、Phoenics、Star-CD 等，其中 Fluent、CFX 均是美国 ANSYS 公司的软件。

③ 控制系统分析与设计软件，例如最主流的 MATLAB 是由美国 mathworks 公司开发的。

④ 可视化仿真软件，例如航天工业领先的卫星工具包软件 STK 是由美国 Analytical Graphics 公司开发的。

美国在 CAE 领域一直保持领先地位，有些软件甚至成为行业内部的考核标准，成为世界航天设计主导力量，近些年美国更是将 CAE 提高到战略性高度。

① 2005 年 6 月美国总统信息技术咨询委员会的报告："计算科学已成为科学领导地位、经济竞争力和国家安全的关键"。

② 美国国家基金会 2006 年 5 月发表由计算科学领域顶尖学者完成的报告："基于模拟的工程与科学(SBES)"，提出"SBES 应成为工程与科学领域国家优先发展项目"，强调计算科学"在过去的三十年中已对科学和技术产生了深远的影响"。

③ 美国的"竞争力委员会"2009 年发布白皮书"美国制造业——依靠建模和模拟保持全球领导地位"，将"建模、模拟和分析的高性能计算"视为维系美国制造业竞争力战略优势的一张王牌，呼吁"从竞争中胜出就是从计算中胜出"，并号召美国智力资本、计算机软件、先进计算设施等各类资源采取切实措施扩大建模和模拟的应用。

④ 2010 年 2 月发布"高性能计算与美国制造业圆桌会议报告"白皮书指出"高性能计算建模与模拟可以通过缩短设计周期，减少研发、验证与再建成本，提高性能和效率，减少浪费等，来加强竞争力"。

⑤ 2010 年 4 月，在美国科学基金会、能源部、国防部、国立卫生研究院和航空航天研究院等的联合支持下，世纪技术评估中心(WTEC)继 2005、2006 和 2008 年

的研究报告，又发表了“通过科学、工程和医学的发现和创新造就一个新的美国：对未来十年基于模拟的工程与科学的研究和发展的建议”。

美国等西方国家在对通用数值分析软件系统进行商业化开发并获取重大直接经济效益的同时，对一批特殊与高端功能的装备和工程分析软件严格限制对我国出口，目的是为了保持其在重大经济产业和国家安全战略领域先进装备与工程核心技术的领先地位和竞争优势。上面提到的这些主要 CSD 和 CFD 软件，由于技术出口和开发平台限制，一般只能在 250 个核的计算机上运行。2009 年 8 月 31 日浪潮公司提供的一份资料显示，虽然数百上千个 CPU 级别的计算机集群在我国很多地方出现，但支持 500 个 CPU 以上的应用软件却很少。许多流行的高性能软件，特别是广泛应用的开源软件，并行度不高，有的甚至还是串行程序。2010 年以后，“天河”巨型计算机成为国内几家超级计算中心的主力机型，但是能够充分发挥其效应的软件还很少，目前国内计算机应用情况如浪潮集团高性能服务器产品部总经理刘军所言：“关键是软件跟不上硬件的发展速度，导致超级计算机的计算能力发挥不出来，就像修了一条好路，没有好车跑”。我国航天领域应用的专业工具软件情况基本如此，主要是缺乏国外产品源代码，不能充分发挥超级计算机能力。例如，受到核数限制，即使有经费购买 Fluent 等专业软件，也很难在超过 500 个核的计算机上开展复杂模型的精细流场模拟。随着我国计算机水平的提高，出现的一个新现象就是国外也买不到相应的软件。Fluent、Ansys 这些软件开发商无法提供 “天河”这样的开发环境，因此也难以出现满足这类用户的高效率版本。

过去受计算机技术和科学认知所限，航天领域应用的专业工具软件主要针对单个学科问题，不是综合考虑飞行器整个系统提供解决方案。为使世界一流的计算机在模拟复杂工程问题中发挥效益，形成满足经济和社会发展需求的生产力，必须进行独立自主的工程应用软件开发。在这种背景需求下，发展数值模拟飞行成为必然趋势，在计算方法和应用技术方面还需要进一步探索。

参考文献

[1] 郭正. 包含运动边界的多体非定常流场数值模拟方法研究. 长沙：国防科技大学博士学位论文，2002.

[2] 王巍. 有相对运动的多体分离过程非定常数值算法研究及实验验证. 长沙：国防科技大学博士学位论文，2008.

[3] 白晓征. 包含运动界面的爆炸流场数值模拟方法及其应用. 长沙：国防科技大学博士学位论文，2009.

[4] 徐春光. 爆炸流场与建筑物作用过程数值模拟算法及应用研究. 长沙：国防科技大学博士学位论文，2012.

[5] 刘瑜. ALE 有限体积方法和化学非平衡流计算方法研究. 长沙：国防科技大学博士学位论文，2014.

[6] 吕超. 变形网格计算方法研究及其应用. 长沙：国防科技大学硕士学位论文，2010.

[7] 张亚军. 爆炸流场及容器内爆流固耦合问题计算研究. 合肥：中国科学技术大学博士学位论文，2007.

[8] Visbal M R，Shang J S. Investigation of the flow structure around a rapidly pitching airfoil. AIAA Journal，1989，27(8)：1044-1051.

[9] Lehr H F. Experiments on shock-induced combustion. Astronautica Acta，1972，17(4，5)：589-597.

[10] Yungster S，Radhakrishnan K. A fully implicit time accurate method for hypersonic combustion：allpication to shock-induced combustion instability. AIAA-94-2965，1994.

[11]崔铭超，唐科范，等. 基于 CFD 技术的阀门内流道优化. 水动力学研究与进展(A 辑)，2010，29(4)：438-445.